知识产权法律与政策前沿问题研究丛书

主编　王迁

专利制度的历史变迁

一个演化论的视角

THE HISTORICAL CHANGE OF PATENT SYSTEM

An Evolutionary Perspective

袁锋　著

中国人民大学出版社

·北京·

总　序

“坐觉苍茫万古意，远自荒烟落日之中来!”

知识产权制度是人类文明程度和技术水平发展到一定阶段的产物。为了促进创新，各国大都通过立法创设知识产权，对智力创造成果进行鼓励和保护。自威尼斯1474年颁布第一部具有现代意义的专利法以来，世界知识产权制度已经走过了五百多年的历史。如果说20世纪以前知识产权制度是一个发展缓慢的、远离法律舞台中央的领域，那么进入20世纪，知识产权制度的发展之快可谓日新月异，重要性日益提升，这一制度已成为法律前沿领域。这与全球科技、经济的飞速进步密不可分。20世纪中后期以来，伴随着以信息为基础的高新技术的快速发展，各国经济和文化交往日益密切，人们迎来了一个以知识为基础经济的崭新时代。随着知识产权保护客体范围和内容的不断扩大和深化，知识产权的地域性在一定程度上被削弱，知识产权法律关系也日益国际化。知识产权日益成为一个企业乃至国家发展的重要战略资源和国际竞争力的重要体现，成为创新创造的关键因素，凸显出前所未有的重要地位。

对我国而言，知识产权的最初设立是基于国际压力而被动式立法，但随着国际经济一体化进程的加快，我国越来越认识到知识产权对经济社会发展和科学技术进步的重要性，进而开始主动对知识产权制度进行规划和调整。我国知识产权法制建设的重点也已经由单纯回应外部压力，升格为提升国际规则话语权、改善营商环境和促进本国产业创新发展。党的十八大提出了“加强知识产权保护”的重大命题；党的十八届三中全会则进一步提出了“加强知识产权运用和保护”的指导方针；在党的十九大报告中，习近平总书记强调“倡导创新文化，强化知识产权创造、保护、运用”。在2020年11月30日中共中央政治局举行的集体学习中，习近平总书记更是将知识产权保护工作的重要性提到了前所未有的战略高度：知识产权保护工作关系国家治理体系和治理能力现代化，关系高质量发展，关系人民生活幸福，关系国家对外开放大局，关系国家安全。要加强知识产权保护工作顶层设计，要提高知识产权保护工作法治化水平，要强化知识产权全链条保护，要深化知识产权保护工作体制机制改革，要统筹推进知识产权领域国际合作和竞争，要维护知识产权领域国家安全，进而赋予了新时代知识产权工作新的历史使命。国家“十四五”规划和2035年远景目标也再次强调，要加强知识产权保护，大幅提高科技成果转移转化成效。

在党中央的高度重视下，我国知识产权法律制度进入了快速发展时期，这体现在：一方面，知识产权立法逐步完善，知识产权制度体系逐步健全。如1982年《商标法》制定以来至今已经完成四次修改；1984年《专利法》制定以来至今已经完成四次修改；1990年《著作权法》制定以来至今已经完成三次修改。与此同时，相关法律的配套条例、细则及大量司法解释陆续发布，使知识产权保护规则日益精细。另一方面，我国积极参与知识产权领域的国际合作。1980年，我国加入世界知识产权组织，后来又陆续加入《保护工业产权巴黎公约》《商标国际注册马德里协定》《保护文学和艺术作品伯尔尼公约》等一系列国际公约，以及世界贸易组织的《与贸易有关的知识产权协定》。在新形势下，我国进一步参与世界知识产权组织框架下的全球知识产权治理，在形成新的国际知识产权规则中发出中国声音。2012年，世界知识产权组织保护音像表演外交会议在北京举行。我国发挥积极作用，协调促成几个有争议问题的解决，成功缔结《视听表演北京条约》，充分反映包括中国在内的广大发展中国家的诉求，大大提升了中国在知识产权国际合作方面的影响力。未来我国将更加主动地参与知识产权保护国际条约和国际协定的谈判协商，推动全球知识产权保护合作走深走实。

知识产权法律与政策的制定不但是各国利益博弈和立法的产物，而且离不开理论研究的支撑。新技术条件下，知识产权法面临各种问题与挑战，例如人工智能等新技术和媒体融合等新业态不断出现和变化，越来越多的普通人参与创作并积极传播创作成果，各种新型侵权行为也层出不穷，这些对知识产权的保护提出了新的课题。深入研究知识产权保护方面的最新问题，加强知识产权法律与政策的制定，促进知识产权的保护和运用，已经成为当前法学领域理论研究的前沿。所有这些问题都亟待学术理论界的关注和解决，也亟须学术界对理论研究进行创新，进而为我国知识产权创新驱动战略的实施提供有益指引。据此，本丛书以“知识产权法律与政策前沿问题研究”为主题，组织一批知识产权领域的学者和法官撰写专著。这些作者或是崭露头角的青年才俊，或是具有丰富审判经验、善于理论联系实际的法官。他们长期关注知识产权法领域的前沿问题，具有较为深厚的理论功底和专业素养，对国外知识产权制度的发展历程和国内司法实践中的最新动态了然于心。据此，本丛书是他们对知识产权前沿理论和实践问题进行深入探索的成果，反映了他们对知识产权各领域问题的思考，包括著作权法、专利法、商标法等。他们将通过理论创新，为解决知识产权领域的重大疑难问题建言献策。

此外，“知识产权法律与政策前沿问题研究丛书”的出版也依托于华东政法大学知识产权法律与政策研究院。华东政法大学知识产权法律与政策研究院成立于2015年4月，致力于对知识产权立法问题、执法问题和知识产权国际应对问题的研究，是集学术问题研究、科研人才培养、国际谈判应对、立法决策咨询四项功能为一体的综合性科研机构。知识产权法律与政策研究院承担国家版权局等部门委托的大量研究任务，为其提供研究报告和咨询意见，承担与《著作权法》修改及国际条约谈判有关的大量研究课题。

德国著名的作家和哲学家费希特在其《论学者的使命》一文中谈到，学者的真正使命在于：“高度注视人类一般的实际发展进程，并经常促进这种发展进程。”学者的进步决定着人类其他领域的进步，“他应当永远走在其他领域的前头”。我想每一位知识产权学者都应高度关注知识产权领域的前沿动态，并将其最深刻的哲思跃然于纸上，奉献给社会，帮助引导知识产权法制朝着科学、理性和公平的方向发展。如此这般，实现建设创新型社会的宏伟蓝图指日可待。这也是本丛书希望完成的使命。

王 迁

2021年6月1日于上海

谨以此书献给我最敬爱的曾祖母林德金

目 录

导　论

一、研究背景与意义

包括专利制度在内的知识产权制度总被人们视为一种理性和逻辑的产物，因而人们总是喜欢从静态的法律文本含义出发，以逻辑推演的方式对知识产权制度进行研究。理性的制度构造是逻辑分析和演绎推理的基础，是人们对理想的制度模式所安设的神龛。然而制度变迁并不是一种自生自发的、合乎循序渐进逻辑的、田园牧歌式的演进，它充满着各种复杂性、偶然性与可能性，既有许多合乎情理的故事，也有许多出乎意料的情节。在很多时候，“现实主义”的历史考察与研究较之于纯粹的逻辑分析与演绎推理更具说服力，历史研究的价值在于表明知识产权制度的现有规则并非当然如此，而是在其特定的发生原因和发展过程中存在各种复杂性与可能性，从而增强令人理性认识的批判及变通创新的能力。[①] “时代所感知的需要，盛行的道德和政治理论，公共政策的直觉，公开的或未知的，甚至是法官及其同行所持有的的偏见，在确定人们应当遵守的规则时，都比三段论更有价值。法律历经数个世纪，使一国发展的历史具体化，它不能被视作似乎只包括一本数学书上的定理和推论。”法律的逻辑不等于逻辑的法律，法律是经验之学，它不是与生俱来的，而是各种经验因素合力使然的。[②] 事实上，早在1861年，威廉·阿诺德就曾指出：“历史就是法律的本源，法律就是历史的本源。”[③] 美国著名的大法官霍姆斯也曾精辟地说道：“一页历史胜过一卷逻辑。”[④] 基于相同的认识，本书认为专利制度是一个历史的概念。专利制度需要一个故事，一个事后解释的选择，因而本书选择以一种叙事性或者“历时性”的解释模式对专利制度进行研究。“制度与历史的结合，比之其他方式，将能使我们讲出一个更好的故事。”[⑤] 具体而言如下。

首先，本书将专利制度作为一种历史和现实存在进行研究，试图从历史的角度来追寻专利制度形成和发展的历史背景，以增进对专利制度、原则与规则的认识与批判。这在对专利制度严肃认真的历史思考付诸阙如的今天尤其具有现实意义。这是因为：1. 作为一项新兴的法律制度，当代专利制度面临前所未有的挑战和质疑。正如戴维·凯瑞斯和苏姗·K. 塞尔所言，20世纪之前的专利法是一个远离法律舞台中央的、古怪神秘的、专属于技术专家的领域[⑥]，而在后工业时代，包括专利制度在内的知识产权法律和政策突然被视为与自由贸易、国家经济增长和国际竞争息息相

① 黄海峰. 知识产权的话语与现实——版权、专利与商标史论. 武汉：华中科技大学出版社，2011：1.

② 余俊. 商标法律进化论. 武汉：华中科技大学出版社，2011：15.

③ 詹姆斯·W. 汤普逊. 中世纪晚期欧洲经济社会史. 徐家玲，等译. 北京：商务印书馆，1992：587.

④ New York Trust Co. v. Eiser，256 U. S. 345，349 (1921).

⑤ 道格拉斯·C. 诺思. 制度、制度变迁与经济绩效. 杭行，译. 上海：格致出版社，上海三联书店，上海人民出版社，2014：156.

⑥ 戴维·凯瑞斯. 法律中的政治：一个进步性批评. 信春鹰，译. 北京：中国政法大学出版社，2008：185；苏姗·K. 塞尔. 私权、公法：知识产权的全球化. 董刚，译. 北京：中国人民大学出版社，2008：178.

关，并被提到了全世界的法律日程的前沿，知识产权法律突然成为世界各国争议的焦点，各国和国际的知识产权保护的范围得到极大扩张，甚至逐渐呈现异化趋势。例如专利私权不断进行非理性扩张；“专利私有化”现象日益突出，企业日益将专利作为竞争策略；专利私权日益国际化，发达国家主导专利制度构建的话语权；全世界范围内的“反专利运动”此起彼伏；等等。① 面对专利制度所带来的各种问题和挑战，越来越多的人都会萌发出一些质疑：专利制度的本质为何？专利制度演变的根源在哪里？它到底出现了什么问题？又是什么在推动这一切的变化？它是否还有必要存在？因而从历史的角度去重新理解专利制度，有助于我们还原专利制度的本质与真实，对专利制度的存在进行更好的反思和诘问。

2. 对于当前专利制度的许多问题和现象，学者们往往从制度变化本身去探寻专利制度蜕变的原因，这使得他们对专利制度问题的症结总是给出五花八门的意见，却往往忽视了历史的因素。事实上，简单地从逻辑和理性判断上很难对这些问题作出是非对错的回答，甚至很难得出合理解释，例如专利制度的权利范围、公共利益平衡的界定标准以及技术的日新月异对专利制度不断带来新的问题和挑战（例如美国 1980 年“Dimondv. Charabarty 案”以及 2013 年的“Myriad 案”）等。并且许多专利制度的法律概念和原则在历史的演进过程当中遭到了改写，失去了其原本的含义，这导致一些问题看上去很难逻辑自洽。专利制度并非总是理性的产物，它的演化充满着偶然性和利益的博弈，如果只是简单地从法律文本去理解专利制度的主旨，很容易陷入文本主义思维。狭隘、局限的文本主义思维限制了人们对专利本质的思考，这也解释了为什么专利制度的许多问题至今还无法解决。因而在价值虚化和认同障碍的现代专利制度研究中，对于专利制度的许多问题唯有追溯过去才能得到解决。历史研究有着最为天然而直接的解释力，结论和判断蕴含在历史的事实之中。历史对于专利

① 除瑞典首先基于原有的 P2P 的交流平台而组建的政党外，截至目前，法国、意大利、荷兰、奥地利、比利时、德国、波兰、挪威、西班牙、英国、俄罗斯、秘鲁、南非、美国、加拿大、澳大利亚等国先后成立了类似的“盗版党”组织，而且于 2006 年各国盗版党还在欧洲成立了所谓的“盗版党国际联盟”。

制度而言不仅仅是过去的事实，更多的是一种对现在正确解读的开始。①

3. 从历史视野中，通过对大大小小的历史细节进行总结归纳，从中探寻专利制度的本质与演进规律，进而对专利制度的未来发展脉络提供预测和明鉴。因为“过去越是受人忽视，它对将来所施加的控制就越大”②。诺思也告诫我们“历史的重要性不仅在于我们可以从过去获得教益，而且在于现在与未来是通过社会制度的连续性与过去联结起来的”③。

其次，对于专利制度的历史研究可能存在多种方式，但以往学者对专利制度的历史研究存在不少问题。一方面，虽然国内外学者对知识产权制度的历史研究不乏异见，但现有的回答或解释总是不尽让人满意，一个非常重要的原因在于其未能提供一个具有解释力的理论框架。对于长时间的历史考察需要一个分析框架和科学方法，否则任何历史的研究都会变成一种材料的堆积，而未能实现知识产权制度历史研究本身所要追寻之意义。胡适先生对于历史研究方法总结了其自身心得：第一，他认为历史研究是存在“科学方法”的。至于何为“科学方法”，胡适解释道：“所谓的科学方法，说来其实很简单，只不过是‘尊重事实，尊重证据’。在应用上，‘科学方法’只不过‘大胆的假设，小心的求证。’”④“大胆假设”即对于历史变迁的线索和理论，要敢于“怀疑”，“疑难是思想的第一步”；“小心求证”即在仔细审定材料的基础上，对其理论予以验证。⑤第二，他对哲学史的研究提出了一套研究范式，这一研究范式实际上是对其所提出的科学方法的具体阐明，适用于不同学科的历史研究。这一研究范式具体而言包括三个步骤：一是明变和述学。明变即根据历史史料和事实，总结归纳出各位哲学思想家一生的行事风格、思想渊源、学说的真面目和变迁沿袭的线索；述学指在史料的审定和整理的基础上，用正确的手段、科学的方法、精密的心思对这一线索进行描述。二是求因，即根据个人才性、所

① 肖尤丹. 著作权文化转型与微观历史研究方法. 北方法学，2009 (4).

② 布拉德·谢尔曼，莱昂内尔·本特利. 现代知识产权法的演进：英国的历程（1760—1911). 金海军，译. 北京：北京大学出版社，2006：1.

③ 道格拉斯·C. 诺思. 制度、制度变迁与经济绩效. 杭行，译. 上海：格致出版社，上海三联书店，上海人民出版社，2014：123.

④ 胡适. 胡适文集. 北京：北京大学出版社，1998：105.

⑤ 同④519.

处时势以及所受思想学术的不同，探寻思想变革和沿袭的原因。三是评判，这种评判不是哲学史家以个人眼光进行主观评判，而是将每一家学说所呈现的“客观”效果价值予以呈现。①

另一方面，国内现有研究或者属于一种专利制度内史方面的整理和研究，或者是局限于对不同历史事实的静态描述，缺乏整体性的动态研究，或者仅仅对国内外专利制度形成的历史背景进行简单介绍，分析较为薄弱，缺乏对专利制度演进背后深层次动因的理解和研究，缺乏历史的广度和深度。实际上，如果只是就专利制度本身进行论述，将使得对专利制度的历史考察走入死胡同。② 马克思历史唯物主义告诉我们，法的发展同社会生活的经济条件、社会文化、政治关系等发展紧密联系起来。③ 博登海默也告诫我们：“我们的历史经验告诉我们，任何人都不可能根据某个单一的、绝对的因素或原因去解释法律制度。一系列社会的、经济的、心理的、历史的和文化的因素以及一系列价值判断，都在影响和决定着立法和司法。”④

综上分析，本书认为专利制度的历史研究必须把握两个要点：一是需要一个科学合理的视角或线索去论述和评价制度历史，从中获得启示。二是不能仅注重于法律文本自身的变化，而忽视了制度形成的宏观历史背景、制度变迁的社会条件和动因分析，包括技术、经济、文化和政治等因素。据此，本书从经济和社会学领域中择取了一个制度演化的模型，并将以此为视角对专利制度历史演进规律进行全面和系统的研究。一方面，制度演化理论模型重在揭示制度演化的根本机理，具有较强的解释力和广泛的适用性。制度演化理论采纳的是一种非决定论、非线性的演化思维，其研究的重心不在于静态的存在，而是动态的生成，倡导从生物学和其他自然社会科学中汲取丰富营养，广泛使用隐喻方法去理解和处理动态、复杂的经济社会系统。制度演化理论将社会经济演化理解为一个类似于生物进

---

① 胡适. 中国哲学史大纲. 北京：中华书局，2018：3-4.

② 金海军. 知识产权私权论. 北京：中国人民大学出版社，2004：21.

③ 王卫国. 过错责任原则：第三次勃兴. 北京：中国法制出版社，2000：2.

④ 博登海默. 法理学：法哲学及其方法. 邓正来，译. 北京：中国政法大学出版社，1999：200.

化的达尔文过程，因强调演化过程的复杂性、偶然性和历史重要性等特征而日益受到青睐。它不但更契合自然科学革命性的进展，也吻合和呼应了现代哲学发展的历程，更重要的是其本身具有强大的理论整合力和现实解释力。另一方面，演化理论模型中包括技术、经济、文化与权势等四因素，其为制度变迁提供了一个宏大的历史背景线索，能够从宏观的历史背景中发掘、整理和分析专利制度变迁的动因及规律。因而本书以演化理论为视角对专利制度历史的演化进行解释，系统地论述技术、经济、文化以及权势的变化如何一步步推进专利制度的演进，这不但有经济、社会学理论的支撑，而且能够根本地解释专利制度的演化动因，具有较强的解释力。

二、现有文献综述

在现有知识产权法制史研究中，对专利制度历史进行的系统和体系化的研究相对薄弱。现有文献对专利制度历史的研究主要具有以下不足。一是专利制度从发轫、初建、改革完善到国际化，是不同历史时期，由威尼斯、法国、德国、英国和美国等不同国家和地区共同作用的结果，因此有必要根据不同历史时期和地区的状况进行有所侧重的比较研究。但现有文献对专利史的研究都是片段化、碎片化、区域性的研究，很少有对专利史的体系化、整体性的研究，更勿提对专利制度整体演进动因的规律总结。例如徐海燕的《中国近现代专利制度研究（1859—1949）》仅限于对1859—1949年中国专利制度历史的研究。① 再如邹琳的《英国专利制度发展史研究》②、宗华的《19世纪英国专利废除之争》③、杨利华的《美国专利法史研究》④、孙旭华的《美国专利制度的历史发展》⑤ 以及陈和芳的《美国专利制度的沿革及启示》⑥ 等都限于对一国专利制度的断代史研究。并且

① 徐海燕. 中国近现代专利制度研究（1859—1949）. 北京：知识产权出版社，2010.

② 邹琳. 英国专利制度发展史研究. 湘潭：湘潭大学，2011.

③ 宗华. 19世纪英国专利废除之争. 上海：华东政法大学，2014.

④ 杨利华. 美国专利法史研究. 北京：中国人民大学出版社，2009.

⑤ 孙旭华. 美国专利制度的历史发展. 北京：中国政法大学，2007.

⑥ 陈和芳. 美国专利制度的沿革及启示. 广州：暨南大学，2009.

现有研究都往往太过于注重对英美法律制度的研究，而较为忽视对大陆法系国家专利史的研究。此种研究视野上的偏颇难以在综合比较分析的基础上揭示专利制度演进的一般规律。

二是现有专利史研究对专利特权史方面的研究较为少见。大多数学者都熟悉和热衷于对英国 1624 年《垄断法案》的研究，并倾向于把英国 14 世纪的特许经营权作为专利制度的起源，甚至把英国 1624 年的《垄断法案》视为现存专利法的唯一重要渊源①，却鲜有对近代专利制度起源之国——威尼斯*的专利特权制度建立的动因和内容的研究。一些国内文献，例如张新锋的《专利权的财产权属性——技术私权化路径研究》②、黄海峰的《知识产权的话语与现实——版权、专利与商标史论》③ 在文中都只是片段式地提到了威尼斯专利特权制度的历史，并未对其进行详细研究。此外法国、德国的专利特权制度都早于英国，但现有研究对此并未予以足够重视。在国外研究当中，例如弗兰克·普拉格（Frank D. Prager）的《知识产权史 1545—1787》④、曼迪克（Mandich G）的《威尼斯发明者权利的起源》⑤、弗鲁姆金（M. Frumkin）的《专利权的起源》⑥ 都只是对威尼斯、法国、英国专利特权的法律文本和实践的片段式研究，对专利特权制度内在演进机理的研究尤显不足。

三是大多数文献都只是对专利制度内史方面的整理和研究，而缺乏对专利制度外史及宏观背景（技术、经济、文化等）的考察。例如黄海峰的《知识产权的话语与现实——版权、专利与商标史论》虽然对知识产权制度的历史演进提供了大量翔实的史实，但颇为遗憾的是，其仅对知识产权的内史进行归纳和总结，而忽视了对知识产权制度外史的考察和研究。不

---

* 指中世纪威尼斯共和国——编辑注。

① Robinson William C, *Robinson on Patents*, vol. I, 1890, p15.

② 张新锋. 专利权的财产权属性——技术私权化路径研究. 武汉：华中科技大学出版社，2011.

③ 黄海峰. 知识产权的话语与现实——版权、专利与商标史论. 武汉：华中科技大学出版社，2011.

④ Frank D. Prager, A History of Intellectual Property from 1545 to 1787, *J. Pat. Off. Soc'y*, 1944, pp. 711 - 758.

⑤ Mandich G, Venetian Patents (1450—1550), *J. Pat. Off. Soc'y*, 1948, pp. 166 - 224.

⑥ M. Frumkin, The Orgin of Patents, 27 *J. Pat. Off. Soc'y* 143, 1945, pp. 143 - 148.

仅国内研究如此，国外研究也存在类似问题。正如奥伦·布拉查（Oren Bracha）教授所言："学者们多从狭隘的专利内史角度来看专利制度的形成与变迁，这一视角太过狭隘，因为它会忽视太多社会的因素。专利制度的演进与技术、经济、文化与政治条件及其运动都密切相关。因为在历史上，上述现象无一不是相互依存和联系的。一个好的制度史研究应该是一种体系和综合的研究方式，不但包含法律本身还有社会因素的分析。"①

四是现有文献对专利制度的历史研究缺乏一个科学合理的方法或论述视角，这些问题都会导致对知识产权制度的历史研究变成一种材料的堆积，而未能实现专利制度历史研究的价值。例如李宗辉的《历史视野下的知识产权为例》已经意识到了结合外史和内史对知识产权制度进行研究的意义，其在文中指出："在数百年波澜壮阔的历史长河中，影响知识产权制度产生和发展内外部因素是多方面、深层次、交错性的，因此我们无法孤立地就某一方面的问题进行单独的讨论，而只能以大致的历史分期和思考维度，围绕知识产权制度不同质、不同量、不同方向和层次的材料，综合运用宏观、微观历史分析方法，在恢宏的历史背景中明确知识产权制度的定位，在丰富形象的多重历史细节中发现知识产权制度的特性。"② 该文试图结合知识产权制度的内史与经济、科技、政治和文化背景对著作权、专利、商标的制度演进进行研究，但由于缺乏一个明晰合理的历史线索或模型，该文在论述过程当中显得零散、缺乏条理，未能够清晰揭示出知识产权制度背后演进的动因。再如克里斯多弗（Christopher）和苏姗（Susan）教授在《知识产权：一个批判的历史的视角》一文中试图利用技术、文化和政治的系统理论对包括专利制度在内的知识产权制度历史进行论述，但该文在研究当中仅把技术、文化和政治的系统理论当作一个引子，一方面对该方法的理论解释不足，另一方面并未以一个统一的视角和方法对知识产权制度历史进行描述。文中的大多数篇幅仍然是对专利的法律制度和实践的介绍，由于历史跨度较大，这些历史的论述就像一盘散

① Bracha O, The Commodification of Patents 1600—1836: How Patents Became Rights and Why We Should Care. *Loy*, *LAL Rev.*, 2004, p50.

② 李宗辉. 历史视野下的知识产权制度. 北京：知识产权出版社，2015：4.

沙，难以凝聚。①

在现有文献当中，还未有文献以演化理论为视角对专利制度的历史演进行描述，而在著作权领域，保罗·大卫（David）教授首次运用了演化理论对版权制度的历史进行研究，他考察了近五个世纪的印刷和出版业，认为技术、经济和文化的发展导致了著作权制度观念的变化，而利益博弈是著作权印刷和出版产业制度塑造的主流，后来逐渐扩展到了网络环境下的复制、视听、音乐等领域。② 但该文所运用的演化理论模型较为简单，欠缺解释力，并且对技术、经济和文化等外史方面的论述不够充分，内史和外史结合的程度不够。

三、研究对象与方法

（一）研究对象

本书将专利制度作为一种历史和现实存在进行研究，基于本书所构建的制度演化框架，在一个宏观的大历史背景下勾勒出技术、经济、文化和权势发展如何推动专利制度一步步演化。本书所言的专利制度，不仅包括专利特权制度，而且包括专利私权制度以及相关国际条约。因而本书的研究对象和范围不仅包括前工业时代、工业时代以及后工业时代中，威尼斯、英国、法国、德国、美国等国家的技术、经济、文化发展史，还包括上述不同国家的专利制度文本、判例以及学说。此外，本书所择取的研究对象均具有相当的历史代表性和典型性：其中威尼斯是专利特权制度的起源地，法国、德国和英国因袭了威尼斯专利特权制度的大部分规定。虽然英国的专利制度和规则对其他国家的制度构建产生了重大影响，但法国是大陆法系专利私权制度的起源地，美国是英美法系专利私权制度的起源地。Trips 协定建立了首个有约束力的全球知识产权保护体制，统一了各国知识产权保护的标准。

---

① May, Christopher, and Susan K. Sell, *Intellectual property rights: A critical history*. Boulder, CO: Lynne Rienner Publishers, 2006, p17.

② Paul A. David, *Techno-Institutional Co-evolution and the End of Copyright History*, available at http://www.epip.dk/papers/20041001/paris/slides/david-slides.pdf.

（二）研究方法

根据本书的研究对象和性质，需要采用以下研究方法。

1. 模型分析法

本书在社会学和经济学相关领域中择取了一个制度演化的模型，从而确定了本书研究专利制度演进的理论框架。简言之，制度演化的分析框架如下：具有自利动机的异质行为体受物质活动（技术、经济和文化）影响产生新的制度观念（变异机制）→持有不同制度观念的行为体利用其议价优势（包括经济势力、政治势力、观念吸引力）争夺制度安排的权力（人工选择机制）→制度权力之争中获胜的一方构建制度，将反映其偏好的观念予以合法化、稳定化及复制（复制机制）。

2. 史料考据和历史考察法

本书是一篇历史主题的研究性著作，试图结合专利制度形成的技术、经济、文化、政治背景，以及专利制度内史方面的变化，对技术、经济、文化以及权势变化与专利制度在各阶段的互动关系进行历史考察。尤其是将技术变化的考察融入专利制度的变迁动因中，这就涉及对技术史、技术思想史的考证和研究。这不但需要十分重视审查和考证当时历史情境下出现的典籍、文本、事例等史料，而且离不开历史考察方法的运用。本书所用的历史考察法主要包括情境分析法、文本研究法、关键事件分析法。所谓情境分析法，即是考察具体事件发生的特定社会环境，分析各种因素可能的作用和影响。文本研究法则是注重特定文本本身的修辞与表达及其对社会实践的影响，而关键事件分析法则表明本书并不试图全面综述专利制度演进过程中的所有大小事件或人物，而是力求通过对一些关键历史事件或人物进行观察、分析和评价过去数百年来推动专利制度产生和发展的各种社会力量，透视促使变革的行为方式和思考逻辑。

3. 比较研究法

本书所用的比较法既包括对同一历史事物、历史现象上下古今的纵向比较，也包括对同一历史时期发生于不同空间的历史事物、历史现象的横向比较；既有从整体观对历史事物高度概括的宏观比较，也有基于特定历史阶段，对特定历史事物、特定历史现象局部具体的微观比较。本书通过对中古时期不同科技文明国度的技术、经济和文化史实的比较研究，归纳了中古时期没有形成专利制度的原因；在前工业时期，通过对威尼斯、法国、德国、英国等国家技术、经济和文化的史实及其专利特权制度内容的比较考察，探寻专利特权制度演化的动因和规律；在工业时代，通过对法国、美国以及其他西欧诸国的技术、经济和文化的史实及其专利私权制度内容的比较考察，探寻专利私权制度背后的演化动因和规律。

四、本书的结构与创新

专利制度是历史的概念，本书以演化理论为模型来研究专利制度变迁的历史进程、基本规律与主流趋势。本书试图跳出专利制度自身的界限，在一个宏观的大历史背景下，勾勒出技术、经济、文化和权势因素的变化如何推进专利制度一步步演化。从历史的细节中探寻专利制度的原本样貌和本质，不但有利于对专利制度的存在价值进行更好的反思和诘问，而且有利于明晰现有专利制度异化问题的动因，同时也有助于对未来专利制度的发展脉络进行预测和明鉴。

本书各章简要内容如下。

第一章“基础理论分析：专利制度变迁的理论框架”。本章在明确从纷繁复杂的历史线索中厘清专利制度的变迁过程，需要一个科学方法和理论框架之后，基于社会学和经济学的相关制度变迁或演进的理论，择取了一个制度演化模型，从而确定了本书的主要研究框架和研究线索。

第二章“前工业时代：专利特权制度的起源及发展”。该章首先考察了中古世纪时期一些文明古国的社会历史状况，总结归纳了这些不同历史文明之所以没有产生专利制度，最为根本的原因是没有产生技术的经济价值和经济利用的观念，而这一观念的产生与各个文明的技术、经济和文化环境息息相关。在中世纪末期，威尼斯行会依托其技术、经济和文化传统，最先萌发了技术价值和经济利用的制度观念，并逐渐在内部形成了行会成员对技术享有收益的规定。与此同时，威尼斯政府日益重视工商业的发展，并且采取各种措施鼓励技术和工商业的发展。行会与威尼斯政府最终的利益妥协导致了1474年威尼斯专利特权法的形成，但威尼斯政府始终控制着构建专利特权制度的主导权。法国、德国和英国在本国技术、经济和文化的发展下也具备了建立专利制度的条件，而引进威尼斯的专利特权制度最关键的动因是这是本国政府重商政策的产物。法国、德国和英国因袭了威尼斯的大部分规定，在具体的制度构建和演变过程当中，虽然具体路径不一样，但相同的是私人部门和政府的不断博弈。

第三章“工业时代：专利私权制度的产生与发展”。该章在明确了专利特权和私权范式的区分标准之后，分别对法国和美国的历史进行研究，探寻其背后的演化的动因。对于法国而言，18 世纪手工技术和手工产业的发展使其最先产生了工业资本主义的萌芽，这些新兴的工业资本家逐渐萌发了技术垄断的念头。法国大革命之后，专利特权制度被废除，新兴的工业资本家代表克劳德与布孚雷大力游说，利用洛克和狄德罗的理论，通过将专利与自然权利和人权联系在一起，使法国得以确立 1790 年专利私权法。对于美国而言，建国初期的美国是一个小农经济占主导地位的国家，工业技术和工业经济非常落后，代表小农资产阶级利益的杰斐逊主张“农业立国”和“共和”思想。他视专利为垄断，主张对其进行严格限制，并且对早期专利制度塑造影响深远。无论是 1787 年宪法中的知识产权条款、1790 年专利法还是 1793 年专利法，它们的制定都深受杰斐逊的影响。18 世纪末期，美国专利制度依然属于专利特权模式，政府通过对公共利益标准的自由裁量来授予专利。而到了 19 世纪初，随着工业技术和工业经济的逐渐发展，美国工商业阶层的力量逐渐壮大，同时日益兴起了个人主义和自由主义的思潮。越来越多的新兴工商业阶层、发明家和律师萌生了专利私权的观念，并不断通过专利申请和诉讼主张专利私权，此外法官的观念也发生了转变。这使美国 1836 年建立了以实质审查为基础，一般专利授权标准为特征的专利私权制度。最后，该章还讨论了 19 世纪中叶西欧爆发的反专利运动，通过当时历史环境中的技术、经济、文化和权势等因素，对这场反专利运动的起因、发展和后果进行分析。

第四章“后工业时代：专利私权制度的国际化和异化”。在后工业时代，技术日益复杂和多样化，技术与经济的关系日益紧密，并且随着经济的全球化，技术密集型产品在国际贸易中发挥着越来越重要的作用。同时在后工业时代，新自由主义思潮开始兴起，大企业掌握着经济发展的主导力量，这些企业不断通过结盟、游说等各种方式尽可能地把将其观念、利益和主张转化为政策、制度。在这样的情境之下，包括专利制度在内的知识产权制度逐渐走向国际化，乃至不断呈现异化的趋势。就专利制度的国际化而言，本书通过对 Trips 协定制定过程的历史描述，揭示了 Trips 协定本质上是美国企业集团通过游说和设计技能而达成的利益产物。就专利制度的异化而言，本书以为这些企业不断寻租导致专利制度逐渐成为阻碍知识传播，影响新技术扩散，挤占公共利益的制度。具体表现为：专利成为企业的竞争策略和工具、专利私权的非理性扩张、一刀切的单一专利制度与技术产业发展的不适应性、专利申请和诉讼的爆炸式增长。

第五章“未来技术时代：专利私权制度的重生抑或式微”。在未来技术时代，大数据、物联网、3D 打印技术和人工智能技术等关键性技术力量将对未来经济、文化和权势变化带来影响。技术发展将导致技术创新范式的根本变化，同时共享经济、知识共享和参与文化将更加普遍，大企业的力量将逐渐式微，中小企业和消费者力量将逐渐崛起。因而多样化的民间力量将与政府、企业共同平等协商，构建一个更加公平合理的专利私权制度。而当未来社会的技术创新不再稀缺，共享经济和文化成为潮流的时候，专利私权制度将逐渐式微。同时本书也通过对当前时尚产业、数据库产业等知识产权负空间领域的探讨，展示了未来技术时代，在没有专利制度的保障下，企业和产业将如何发展的态势。

本书综合运用模型分析法、史料考据和历史考察法、比较研究法，研究专利制度演化的历史进程、基本规律与主流趋势，希望完成如下创新。

1. 本书基于社会学和经济学相关制度变迁或演进的理论，择取了一个制度演化模型，在这一模型的基础上对专利制度的演化过程进行研究。这一模型的建构保障了本书遵循一个较为合理且清晰的历史脉络。

2. 技术、经济、文化、政治与专利制度的关系一直是知识产权理论研究的一个“荒地”。专利制度向来被视为是科技、经济、文化、政治相协调的产物，然而专利制度与这些因素的关联性的研究却乏陈可数，它们的关系就像黑箱之物，世人知道它们之间存在某种朦胧关系，却又无法清晰地道破这些因素的作用机理。虽然在对一些问题的讨论上，一些学者会对专利制度与技术、经济、文化或政治的关系有所论述，但到目前为止，都只是浅尝辄止的研究和讨论，完全没有进行系统和内涵性的解构，并且相关学者的研究对技术、经济、文化、政治因素与专利制度的之间的关联性和因果关系的确定尤显疏远和牵强，毫无理论依据。本书则试图考察不同时期和国度（地区）的技术、经济、文化和政治因素的变化如何推进专利制度的一步步演化。

3. 本书并不限于对专利法律文本变化的考察，而是将专利制度的研究置于一个宏观的历史背景，结合专利制度的内史以及技术、文化、经济、政治等外史对专利制度演进背后的动因进行深层次分析，有助于更好地理解专利制度演化的动因和规律。

4. 对威尼斯、德国、法国等国家的专利特权制度进行了研究，弥补了当前学术领域对专利特权制度研究的空白。尤其是对法国、德国等大陆法系专利制度的研究，拓展了本书比较研究的视角，进而总结出更具有普遍适用性的制度演化规律。

5. 知识产权制度向来被视为是逻辑和理性的产物，本书将提供一种全新的视角来揭示专利制度的演进充满着复杂性和偶然性，释放被压制的制度想象的空间。本书研究的目的不仅在于展现过去发生的实践，而且试图探寻导演这些事件的历史代言人的想法，从而努力实现视界的融合和跨历史的理解。“重温过去的经验，以同情之心设身处地地理解前人的思考”①。

6. 揭示当前专利制度出现的种种异化问题及其动因，明晰了技术、经济与文化的相互作用引起的新的制度观念和权势主体的变化是制度演化的重要影响要素。这些因素对未来专利制度的发展脉络提供了明鉴和预测。历史不仅可以“积昔哲遗产，启后学智慧”，而且可以娱乐我们的幻想，满足我们急切或随便的好奇心，试验我们的记忆力，贡献一种“可信的蒙昧”②。

① 黄海峰. 知识产权的话语与现实——版权、专利与商标史论. 武汉：华中科技大学出版社，2011：3.

② 詹姆斯·哈威·鲁滨孙. 新史学. 齐思和，译. 北京：中国人民大学出版社，2011：9.

第一章 基础理论分析：专利制度变迁的理论框架

人离开狭义的动物愈远，就愈是有意识地自己创造自己的历史，不能预见的作用、不能控制的力量对这一历史的影响就愈小，历史的结果和预定的目的就愈加符合。

——恩格斯

财富、知识、荣耀，不过是权力几种类型。

——霍布斯

人类社会历史是一部制度认知、选择、演变的历史①，制度演进是一个复杂的历史过程，它决定了人类历史中的社会演化方式，其起源与动力一直是经济学和社会学中最富魅力却又远未得到充分解释的领域，也一直是学术界长期争论不休的问题之一，正如拉坦所言，制度变迁原理一直是那些对发展的历史和制度方面感兴趣的经济学家和其他社会学家所感到困惑的。②

---

① 道格拉斯·C. 诺思. 制度、制度变迁与经济绩效. 杭行，译. 上海：格致出版社，上海三联书店，上海人民出版社，2014：20.

② R. 科斯，A. 阿尔钦，D. 诺斯，等. 财产权利与制度变迁——产权学派与新制度学派译文集. 刘守英，等译. 上海：上海三联书店，1994：329－338.

胡适先生认为，对于历史的研究需要“大胆假设，小心求证”①。“大胆假设”即提出历史变迁的线索和理论，并要敢于“怀疑”，“疑难是思想的第一步”；“小心求证”即在仔细审定历史材料的基础上，对这一线索和理论予以验证。② 对于研究纷繁复杂的专利制度历史而言也是如此，我们需要一个科学合理的视角或线索去论述和评价制度历史，从中获得启示。是以，本书基于社会学和经济学相关制度变迁或演进的理论，择取了一个制度演化模型，从而确定了本书研究专利制变迁的基本理论框架。

一、一个制度演化的理论模型

自从人类开始探索社会以来，一个幽灵就一直游走在社会科学领域。这个幽灵被冠以多样的称号：制度、规则与规范的变迁或演进。由于制度变迁的复杂性和争议性，制度变迁或演进一直是经济学、历史学、政治学和社会学领域学者所广泛讨论和研究的核心。③ 例如社会学的三大奠基人卡尔·马克思、马克斯·韦伯和埃米尔·涂尔干，新旧制度学的启蒙者索尔斯坦·凡勃伦、约翰·康芒斯以及道格拉斯·诺思都曾致力于研究制度变迁的规律。本书无意对这些纷繁的理论进行一一辨析，只是从这些理论中择取了一个科学合理的制度演化模型作为本书讨论的一个理论框架。本书以为一个模型只要没有被经验完全推翻，就不能断言它毫无价值而应被摒弃。只要构建得足够好，就能为学者们提供一个分析的样板，从而找到各自历史经验在理论上的支撑点，充分领受历史作为独特性和一致性（个性和共性）的统一体实质。这样的模型，其价值在于启示性，而不仅仅是信息传递。它不重在讲述事件本身，而是教人如何对客观事实进一步发掘和认知。④

（一）几个基本概念的澄清：社会、结构和制度

在对相关问题分析之前，一些基本概念和共识应该予以明晰，这几个

① 胡适. 胡适文集. 北京：北京大学出版社，1998：105.

② 同①519.

③ 唐世平. 制度变迁的广义理论. 北京：北京大学出版社，2016：1－2.

④ 大卫·兰德斯. 解除束缚的普罗米修斯. 谢怀筑，译. 北京：华夏出版社，2007，539.

概念分别是社会、结构与制度。

首先，对于社会的概念，本书采用吉登斯的界定，即社会是具有系统特征的个体集合，是由众多行为体或参与者（如个人以及个人组成的集体）、结构（制度体系）和物理环境所组成的。由于社会系统存在动态维度，社会不能还原为不同个体的简单相加，社会必然拥有使各个个体联系起来的结构。① 物理环境指的是自然世界和人类活动，吉登斯和布迪厄认为这些物理环境本质上是以“时间和空间”或“地点与时刻”的形式存在的。

其次，关于结构的概念，社会由各种规则来支撑，相关联的制度构成一个制度子系统，而支撑社会的完整制度体系即社会“结构”。吉登斯认为“结构是由行为体塑造的”，“结构是行为行动的媒介，同时也是行动不断重复组织的结果”，并且结构是“虚拟秩序”，只以“记忆痕迹”的形式存在。② 因而结构本身是一个纯粹观念化的概念，其实质是由相互关联的制度所组成的一个制度体系，并且结构只能在由人组成的社会系统中存在。对于栖居在荒野的单个人来说，根本不需要制度。而且，结构不是整个社会系统，而只是社会系统的一个能够将个体胶合起来的部件。③ 行为体、结构（制度体系）和物理环境一起组成了整个社会系统。在这个系统中，行为体在本体论上要优先于结构和制度。因为行为体和行为体的行动有着物质输入，结构却纯粹是观念化的，而鉴于物质力量总是在本体论上优先于观念力量，所以行为体在本体论上优先于结构，但根据系统动力学，结构与行为体是相互建构的：因为结构一旦被行为体所创设出来，就有了自己的生命，它们直接或间接、公开或隐蔽地塑造行为体及其行动④，正如吉登斯所言：“不应将结构等同于制约。相反，结构总是同时具有制约性和使动性。”⑤

再次，作为结构的基本组成因素，制度在经济和社会学领域是一个

① 安东尼·吉登斯．社会的构成：结构化理论纲要．李康，等译．北京：生活·读书·新知三联书店，1998：264-266.

② 唐世平．制度变迁的广义理论．北京：北京大学出版社，2016：15.

③ 同②.

④ 同①89-93.

⑤ 同①89-90.

比较广泛的含义，本书采用诺思的定义，即制度是人们构建的，对人们行动和交往的一种约束，它构造了人们在政治、社会或经济领域里交换的激励，一般由正式的规则（规则、法律、宪法）和由非正式的约束（行为规范、惯例和自我限定的行事准则）组成。[①] 并且制度与组织是相互区分的，组织是行为体的一部分，一般被看作为达到某些目标并受共同目的约束的由许多个体组成的决策单位，包括国家、政治团体、经济团体、社会团体以及教育团体等。[②] 由于组织有着物质输入，而制度作为结构的子要素，其本身是观念的构建，因而组织优先于制度，组织塑造了制度。正如诺思所言，制度是博弈的规则，组织是博弈的参与者，组织和制度的交互作用推动着制度的变迁。[③] 但诺思仅强调了制度的约束性，而忽视了制度的助力作用，事实上正如林毅夫所言，制度本身可以减少人们交往和互动的不确定性，减少交易成本，因而制度具有安全和经济功能。[④]

最后一点也是最重要的一点，制度是社会知识的化身或由固化的观念构成，制度本质上就是观念的化身或者被规制化了的观念。观念只是我们思想活动的产物。一个观念可以表现为信念、计划、观点或科学知识等多种形式，而与制度相关的观念便是行为体关于制度系统构建的观念以及特定制度安排是什么的观念。[⑤] 由于不同行为体经常持有不同的观念，通常会有多种观念描绘未来制度安排应有的形态，制度变迁本质上是将某些观念固化为制度的一个过程，因而制度观念仅是建立某种制度的雏形，制度是观念的化身并且反过来能够塑造观念的产生，制度与观念并不相同：只有“规制化了的”观念才是制度。并且制度是观念的体现或是规制化的观念，并不是说从观念到制度有一个简单的因果关系，其本质上是一个复杂

---

① 道格拉斯·C. 诺思. 制度、制度变迁与经济绩效. 杭行，译. 上海：格致出版社，上海三联书店，上海人民出版社，2014：3-7.

② 同①.

③ 道格拉斯·C. 诺思. 理解经济变迁的过程. 钟正生，等译. 北京：中国人民大学出版社，2013：55.

④ R. 科斯，A. 阿尔钦，D. 诺斯等. 财产权利与制度变迁——产权学派与新制度学派译文集. 刘守英，等译. 上海：上海三联书店，1994：264-265.

⑤ 唐世平. 制度变迁的广义理论. 北京：北京大学出版社，2016：13.

的演化过程，这在下文会详述。

（二）制度演化理论提出的背景及意义

制度演化理论是指运用一套生物隐喻，如变异、选择、进化等语义体系，借鉴生物演化的思想方法来研究经济增长、制度变迁等规律的科学。广义的社会演化理论思想源远流长，可一直追溯到马歇尔、熊彼特、马克思、阿尔钦、斯宾塞、门格尔、哈耶克、凡勃伦、约翰·康芒斯等学者，自20世纪80年代的博尔丁、纳尔逊和温特开始，制度演化理论进入了一个新的阶段，之后在霍奇逊、梅特卡夫、多西、青木昌彦等学者的共同努力下，他们发展出了一个富有前途的研究范式。虽然他们运用的具体模型有所差异，但是他们都遵循自然演化与社会经济演化的类比原理。制度演化理论最初来源于自然演化理论，尤其是拉马克和达尔文的进化论，而后随着生物学研究的深化和社会科学的发展，越来越多的学者发现生物学与其他经济社会学之间的相似性，因而演化思想逐渐超出生物界，开始引起人类学家、社会学家、经济学家甚至政治学家的广泛关注，学术界开始把演化的概念拓展运用到社会科学领域，为探寻一些社会问题和经济现象的发展规律提供了一种理论视角和分析框架。正如伊森哈特（Eisenhardt）和伽鲁尼克（Galunic）所认为的，演化现象不仅存在于生物演化中，而且还存在于社会经济系统中①，温特也认为："自然选择和演化不应该被看作是为了生物学的特定目的，也可适用于为经济学的特定目的而提出来的概念，应该将其视为生物学、经济学和其他社会科学所共同分享的概念。"②

制度演化理论内涵广泛，不但包含达尔文的生物进化原理，而且还具有哲学、物理学和经济学的渊源。哲学方面，它抛弃了建基于牛顿的机械世界观，而采用有机体世界观（也即认为世界的根本特征是一个有机的整体，不仅是运动而且是变化的、非线性的、非决定论的，因而应

① Kathleen M. & D. Charles Galunic，Coevolving：At Last，a Way to Make Synergies Work，*Harvard Business Review*，2000，pp. 91 - 101.

② 任力. 经济增长中的技术进步机制：基于理论变迁的研究. 上海：上海社会科学院出版社，2014：25.

该坚持整体分析法）；物理学方面，它适用热力系统论；经济学方面，它则批判地继承了西蒙的有限理性理论。① 其总体上具有以下特征：一是个体的异质性或多样性。制度演化理论所预设的个体具有有限理性和不同利益偏好。二是演化机制，系统遵循一定的演化规律，也即其具有与达尔文生物进化论的三个核心概念（遗传、变异与自然选择）相类似的三个因素。三是历史的重要性。演化理论重视历史的过程和时间维度，历史分析已经成为演化分析的重要手段。因为对事物存在的解释涉及对事物起源及其演化的解释，这种解释是与历史特性紧密相关的，历史的不可逆性解释了路径依赖产生的原因。②

制度演化理论采纳的是一种非决定论、非线性的演化思维，其研究的重心不在于静态的存在，而是动态的生成，倡导从生物学和其他自然社会科学中汲取丰富营养，广泛使用隐喻方法理解和处理动态、复杂的经济社会系统。制度演化理论将社会经济演化理解为一个类似于生物进化的“达尔文过程”，强调演化过程的复杂性、偶然性和历史重要性等特征而日益受到青睐。它不但更契合自然科学革命性的进展，也吻合和呼应了现代哲学发展的历程，更重要的是其本身具有强大的理论整合力和现实解释力。首先，自1953年DNA结构发现以及古尔德“间断平衡说”的提出，各种科学的论据不仅验证了进化论的科学性，也丰富了达尔文主义，使之日益渗透和影响到人类的世界观和思维方法，并且量子力学、混沌理论以及包括随机过程在内的现代学术理论的发展，都要求人类以一种演化世界观来观察和认识世界。其次，在现代西方哲学中，以伯格森等为代表的非理性

① 西蒙认为，经济分析的出发点不应是人具有处理信息的完备能力，而应该从实际出发，从有限理性出发。经济理性不是一种实质理性，而是一种过程理性。实质理性是指在给定的条件下能够自动地实现既定目标；过程理性却并不要求行为人每一次决策都完全正确，只要行为人能够根据经验逐步调整其行为、不断提高其决策的正确性，即过程理性的实现完全取决于产生它的本身，理性只是一种不断趋进的过程。以此为基础，西蒙提出满意假说，认为在有限理性和过程理性概念下，人们的基本行为模式不是寻求最优化，而是遵循满意原则。赫伯特·西蒙. 现代决策理论的基石. 杨砺，徐立，译. 北京：北京经济学院出版社，1989：53.

② 路径依赖是一个具有正反馈机制的体系，随机的非线性可能会受到外部偶然事件的影响，一旦这种影响被系统所采纳，便会沿着一定的路径发展演进，很难被其他潜在的甚至更优的路径所取代。因此，路径依赖阐述了系统如何被锁定在由某一历史事件引起的路径上。张福军. 技术与制度共同演化理论研究. 北京：经济科学出版社，2013：25.

哲学开始了对理性的怀疑和对时间、演化和创造的肯定，西方哲学开始了从理性主义向非理性主义的转向。同时在科学哲学领域中，20 世纪 60 年代，历史社会学派强调科学并非一个理性自然发展的逻辑过程，而是一个社会历史过程，这种思想导致了科学哲学观的一次变革。①

（三）制度的演化机制

生物意义上的演化是指在生物与其环境相互作用下，有机体、物种、适应性、基因和变异相互缠绕，“物竞天择，适者生存”的过程。② 所有的生物演化现象都可以归结为两个进程之一：一个是适应性状的获得和保持；另一个是生物器官多样性状的起源和作用。其中变异机制、选择机制和复制机制的循环作用是凸显演化进程的主要机制。③ 类比于达尔文主义的分析方法，制度演化理论的分析框架运用了其三个基本的生物学隐喻：变异机制、选择机制和复制机制。但制度演化理论绝非对自然演化理论的机械应用，其与自然演化最重要的区别在于：与生物进化中，生物只有自然事物能决定表型的被动适应度不同，在制度演化中，人类智力决定了一项制度安排的适应度。即人类智力对制度安排的福利效应作出衡量：受众对幸福的需求及其福利计算决定了某项制度安排能否改善福利以及合适与否。而正如约翰·康芒斯所言，由这种追求幸福的自利行为所作出的人工选择是人类进步的终极动力和保证④——尽管人类进步之路通常是漫长、艰难而又血淋淋的。

任何社会理论都要接受一些关于人类社会及其行为体的元事实(meta-fact)，并以此作为理论构建的前提基础或逻辑起点。制度演化理论

① 杨勇华. 演化经济学视角下的技术创新机制与政策研究. 北京：社会科学文献出版社，2015：75-76.

② 演化涉及个体表型，也涉及群体、物种。生物意义上的演化是指生物在与其环境相互作用下，其遗传系统虽实际发生一系列不可逆的改变，并导致相应表型的改变，在大多数情况下这种改变导致生物总体对其生存环境的相对适应。在生物进化中，复杂性和有序增长性是普遍的。秦海. 制度、演化与路径依赖——制度分析综合的理论尝试. 北京：中国财政经济出版社，2004：78.

③ 刘业进. 经济演化：探索一般演化范式. 北京：中国社会科学出版社，2015：87.

④ 约翰·康芒斯首次逻辑连贯地提出这样的论点：社会进化在根本上是一个通过人工选择而进行的人为过程，并非凡勃伦所理解的自然过程。约翰·康芒斯. 制度经济学. 赵睿，译. 北京：华夏出版社，2017：340.

的三类元事实为：一是行为体是自利的或自我中心主义的，自我中心主义是进化的结果，因此在道德上是中立的。自我中心主义是人类行为的最基本的驱动力之一：它对我们的生存来说必不可少。并且由于行为体的有限理性，其知识永远是不完备的：在一个特定的制度被确立之前，该制度是否增进个人或社会福利是不确定的。① 二是由于人力和物质资源的稀缺性和行为体的过剩，具有不同偏好的异质行为体之间不得不围绕资源展开竞争，最主要的方式体现在通过影响制度安排来规定他们的权利和义务，进而有效获取和控制现有的人力资源和物质资源。正如康芒斯所言，资源的匮乏为制度的存在提供了一个根本的依据：如果资源是充足的，那么制度将几乎是不必要的。② 三是自人类从猿类物种进化以来，人类社会和文明都在不断进步，这可以从人口总量、人均寿命和人均国内生产总值等指标上看出。然而人类的进步是曲折前进的，在特定时空下甚至会有所反复（进步或退步）。③

因而制度演化理论把内源性（即行为体自身的因素）作为制度变迁的源头，正如伯兰德（Boland）所言，要对制度变迁作出解释必须根源于内生而不能是外源性的因素（外在于行为体的因素，例如战争、意外事件等）。④ 其把行为体的观念作为基因而把制度安排视为表型，因为社会进化中观念基因是易变的，而表型则没有那么善变，并且把观念作为基因也符合制度变迁的个人主义基础：观念最终系于个体。⑤ 由于异质行为体的

---

① 唐世平. 制度变迁的广义理论. 北京：北京大学出版社，2016：57.

② 约翰·康芒斯. 制度经济学. 赵睿，译. 北京：华夏出版社，2017：342.

③ 唐世平. 制度变迁的广义理论. 北京：北京大学出版社，2016：57.

④ Boland L A, A critique of Friedman's critics, *Journal of Economic literature*, 1979, pp. 503 - 522.

⑤ 基因是DNA分子上含有特定信息的一段核苷酸系列，是遗传物质的最小单位，通过复杂的生物化学过程，DNA序列能够被转译成蛋白质或RNA，部分DNA序列还参与这种转译过程的调节。基因通过准确的复制，可将遗传信息传递给后代，通过转录、翻译等一系列复杂的生物化学过程，可将遗传信息表现为特定的性状，这被称为基因表达。因而一种生物的基因组成称为基因型，代表生物遗传潜在性的总和。显然，基因型只有通过特定的实现、其与环境相互作用时的表达，在其表型展现出来时才具有意义，这种特定的基因表现的性状则被称为基因型的表型。基因是多样且易变的，其代表各种潜在可能性，而基因通过一系列作用而表现出来的表型则比较稳定，生物的几乎每种性状都受几个或很多基因的影响。

自利性以及存在多样化的知识（关于未来制度安排应该如何，总会有着不止一种的观念），所以制度演化的实质就是从不计其数的观念中择取非常有限的几种观念，然后将其转化为制度，观念之间的竞争以及对规则制定权的争夺通常居于制度演化的核心位置，其本质上也遵循“变异—选择—遗传”。总体来看，制度演化过程包含三个阶段：1. 异质行为体产生了新的制度观念；2. 利用政治或经济势力争夺设计和强行规定特定制度安排的权力；3. 制定规则，进行合法化、稳定化及复制。合在一起，这三个阶段对应着进化中的三个阶段——变异、选择（减少变异）、遗传（稳定化）。[①]

1. 变异机制：制度安排的观念产生

（1）物质力量与制度观念

制度演化理论所预设的行为体是有限理性，不具有处理信息的完备能力，具有有限的知识。观念是有限理性的行为体认知和思想活动的产物，制度相关的观念便是行为体关于制度系统构建的观念以及特定制度安排是什么的观念。新制度观念的产生是人为地解决问题或为达到目标与预期而创造、引入某种观念。[②] 制度观念是建立某种制度的雏形，关于制度安排的观念不必是非常精确和具体的，事实上大多数制度观念最初都是模糊的，正如政治家倾向于提供宏大和模糊的前景而不描述具体的细节意义。任何具体制度的构建都是从一个原始的观念开始形成，服务于这一观念本身的，制度是观念的具体化、丰富化和规制化。问题在于这种观念的本源又是来自何处或者说新观念是如何产生的？

物质至上的理论认为，物质对于观念的产生具有绝对的优先性。尤其以马克思最为典型，马克思认为物质决定意识，意识只是对外在物质世界简单的主观反映。[③] 而根据制度演化理论，观念并非是对物质世界简单的反映，观念的产生不是随机和盲目的，而是行为体在物质力量的基础上利

---

① 唐世平. 制度变迁的广义理论. 北京：北京大学出版社，2016：60.

② 唐健. 系统、时间与社会进化——评唐世平（国际政治的社会进化）. 国际政治科学，2015（2）.

③ 高放，高哲，张书杰. 马克思恩格斯要论精选. 北京：中央编译出版社. 2016：190－191.

用人类心智能动的再构造。① 人类是依靠某种心智模型进行决策的，心智模型处理信息的方式依赖于“大脑的学习能力，而这种学习能力通过一种或多种精心构造的自然语言程式来将感性的、态度的、道德的（行为的）以及事实的信息转换为能被接受的符号”②。正如梅洛·庞蒂和阿多诺所说的，被行为体所认识和感知的物已经不单是客观存在的物，而是在人脑的理解和作用下形成了新的形象。③

制度演化理论并不否认物质力量对行为体观念形成在本体上的优先性，只是否认其绝对优先性，人的观念形成极大程度上受制于物质世界。正如卡尔·波普尔和多纳德·坎贝尔“进化的认识论”所言的：1）物质输入具有本体上的优先性；2）观念受物质约束，但依然是人脑的能动性构建；3）人类可以改变物质世界进而重塑人类的演化环境。④ 那么物质世界主要指的是什么？列宁认为，物质是不依赖于行为体认知和作用的客观存在。⑤ 马克思认为，人类社会是物质世界的组成部分，离开了物质自然环境，人类社会不可能存在；同时人类获取生活资料的活动是物质性活动（实践活动）。⑥ 由于制度观念是关于制度构建的一种社会知识，其与自然环境并没有太大关联，其本质上受制于人类实践性活动。由于实践活动的主体、客体和手段都具有客观性，因而人类的实践活动是一种物质性活动，具体而言主要包括经济活动（物质生产实践）、人类技术创造活动和文化活动（科学文化实践）。⑦

---

① 唐世平．社会科学的基础范式．国际社会科学杂志，2010（1）．

② 道格拉斯·C．诺思．制度、制度变迁与经济绩效．杭行，译．上海：格致出版社，上海三联书店，上海人民出版社，2014：44．

③ 陈慧平．辩证地发展马克思主义意识论．山东科技大学学报：社会科学版，2018（1）．

④ Popper，Karl，Objective Knowledge：An Evolution-ary Approach，Oxford：Claredon Press，1979；Campbell，Donald T，a. Evolutionary Epistemology. In The Philosophy of Karl Popper，2 vols，ed. Paul Arthur Schilpp. La Salle，IL：Open Court，1974.

⑤ 列宁．列宁选集：第 2 卷．中共中央马恩列斯著作编译局，译．北京：人民出版社，2012：66，89，192－193．

⑥ 《马克思主义基本原理概念》编写组．马克思主义基本原理概论．北京：高等教育出版社，2018：29．

⑦ 同⑥57－58，60．

（2）技术、经济、文化与制度观念

虽然当前学界对技术有诸多含义①，但技术本质是人类利用知识，实现人的目的和需求的一种实践性活动。这有三重含义：1）技术本身并不是知识，而是知识利用的产物。知识是对信息、事实、理解的占有，以及通过保有这些来区别某事物与其他事物的不同。知识对技术来说是必要的，任何技术的创造都是人类通过捕获或驾驭现象而积累的知识的利用。例如很多电子设备的发明，都是随着一系列现象的捕获或利用。人类最初在1750—1875年陆续发现了静电现象、电磁场、感应现象、电磁辐射等等，通过对这些现象的捕获或驯服，人们积累一定的有用知识，通过利用这些有用知识，制作了一系列的设备，包括电池、电容和电感、电报、发电机、电话、无线电等。2）技术具有目的功能性，换言之，每一种技术都是基于一定的目的或功能而存在的，总体来说，技术的一般功能就是由人组织的物质、能量和信息的交换。例如在车床上切削金属很明显属于物质交换；热机、发电机这些技术在转运时实现的是能量交换功能；存储、通讯和决策装置实现的是信息交换功能。② 3）技术必须是一种实践手段，是具有操作性和实用性的一套指令，但其形态不受限，它可能是一种装置或设备，例如发电机，也可以是一种方法或流程，例如化学物质过滤法。③

经济活动主要是以物品和服务的生产、分配、消费为主要内容的活动，一个社会借助它来满足需求。而文化活动是人类历史地创立的有意义的符号系统活动，具体而言，包括思想、价值观、传统、宗教、习俗、学说等。④ 马克斯·韦伯将文化称为“是由人自己编织的意义之网”⑤，克利

① 当前学界对技术的定义可为概括为以下几种类型：一是技术的本质是器物，诸如工具、机器及消费品。二是技术的本质是知识，这反映了认识论的偏好。三是技术是实现目的的手段和方法，或者说是实现目的的过程。四是技术的本质是意志，这主要是从哲学的视角进行界定的。五是技术分为自然技术、社会技术与思维技术。

② F. 拉普. 技术科学的思维结构. 刘武，等译. 长春：吉林大学出版社，1988：17.

③ 布莱恩·阿瑟. 技术的本质：技术是什么，它是如何进化的. 曹东溟，王健一，译. 杭州：浙江人民出版社，2014：206－210.

④ 克里斯·弗里曼，弗朗西斯科·卢桑. 光阴似箭：从工业革命到信息革命. 沈宏亮，等译. 北京：中国人民大学出版社，2007：130.

⑤ 克利福德·格尔茨. 文化的解释. 韩莉，译. 南京：译林出版社，2008：5.

福德·格尔茨将文化称为“符号控制机制”①，他们所强调的基调是一致的，文化是人类有意构造的符号世界。② 诺思对此进一步指出，观念是对物质信息的再构造，而文化的基本要素是语言，文化借助语言来对传递至大脑的信息进行编码和演绎，“符号环境可能影响个体大脑配置资源的方式”③，因而观念是在文化所编制的符号之网中交流构成的，行为体通过心智模式与文化系统的交互作用来改变人类的心智模式，进而影响行为体的观念建构。④

制度观念的产生是一个复杂、动态的、系统的过程，是人类心智受技术、经济和文化因素之间相互作用和相互影响的系统过程。技术、经济和文化活动总是在变化，然而技术、经济和文化因素在既定的时空中总是相对稳定的，当各个要素达到一种耦合状态时，就能维持整个系统的动态稳定性⑤，导致一个新的制度观念的产生。正如系统论所揭示的，复杂系统内部是由多个子系统构成的反馈关联体系，不同子系统的变化速度不同、变化频率不同；同时不同子系统对于其他子系统的状态作出反应的时滞也不同，作出反应所需的临界值也不同，有的只要其他子系统一有变化就会作出反应，而有的则要等到其他子系统累积变化到一定程度之后才会作出反应。⑥ 此外，由于人体心智结构的异质性，不同的行为体具有不同的自利动机或利益目的，因而即便是在相同的技术、经济和文化环境下也可能形成不同的制度观念。

---

① 克利福德·格尔茨. 文化的解释. 韩莉，译. 南京：译林出版社，2008：5.

② 同①.

③ 道格拉斯·C. 诺思：理解经济变迁的过程，钟正生，等译. 北京：中国人民大学出版社，2013：31.

④ 同③。

⑤ 耦合（Coupling）是指两个或两个以上的系统或运动方式之前通过各种相互作用而彼此影响以致联合起来的现象，是在各子系统间的良性互动下，相互依赖、相互协调、相互促进的动态关联关系。如两个单摆之间连一根弹簧，它们的震动就彼此起伏、相互影响，这种相互作用被称为单摆耦合。类似地，假设研究对象为A与B的关系，则可以把A系统与B系统通过各自的耦合元素产生相互作用彼此影响的现象定义为A—B耦合。

⑥ 张旭昆. 制度演化分析导论. 杭州：浙江大学出版社，2007：42.

（3）技术、经济与文化之间的关系

技术、经济与文化之间存在相互作用的关系。

首先，技术的变迁路径受经济和文化的影响。技术史学家布莱恩·阿瑟和凯文·凯利的研究表明，技术变迁有着自身演化的规律，例如随着有用知识的扩张和“组合进化”而渐进演进，并呈现日趋复杂和自创生的趋势。[①] 技术史专家乔尔·莫基尔也认为技术随着有用知识的扩张而渐进演进，并且这种演进速度是不断加强的。在1800年前大部分技术进步是自然而然出现的，虽然工业革命出现过新技术，但它们只有很狭窄的认知基础，相应地很少出现（虽然也有过）连续和持续的技术改进。认知基础在1800年以后有了显著的扩增，这也标志着有用知识在动态机制上出现了全新的转型或模式变迁，这导致了技术的促进和推广。[②] 但技术的演进并不是只由技术自身的内在逻辑性和规律性所决定，也不是一个固定的、单向的过程，而是一个充满诸多异质因素的过程，是一种多向的、分布密集的网络结构。技术是社会建构的产物，制度、经济、文化（价值观、宗教、技术观等）、人口、军事等要素都对技术的变迁产生了重大影响。例如美国著名的社会学家和科学社会学家默顿利用社会学的统计方法发现，推动17世纪英格兰科学技术发展的是一系列社会因素，包括对科技职业兴趣转向、清教徒的理性主义和功利主义原则、采矿业和交通运输业等行业经济发展的需求、军事技术、日益增长的人口密度所提出的新的需要、科学技术专家之间便利的互动、人们对经济和技术的信仰等。[③] 美国技术史学家乔治·巴萨拉、美国社会学家吉尔菲兰以及技术史专家乔尔·莫基

---

① 布莱恩·阿瑟. 技术的本质：技术是什么，它是如何进化的. 曹东溟，王健一，译. 杭州：浙江人民出版社，2014：206－210；凯文·凯利. 科技想要什么. 严丽娟，译. 北京：电子工业出版社，2016：110－115.

② 乔尔·莫基尔. 雅典娜的礼物：知识经济的历史起源. 段异兵，唐乐，译. 北京：科学出版社，2011：20－21.

③ 罗伯特·金·默顿. 十七世纪英格兰的科学、技术与社会. 范岱年，译. 北京：商务印书馆，2000：36－259.

尔也认为社会因素影响着技术的变迁。① 事实上技术之所以具有社会建构的特质，最根本的原因是技术本身是由人所创造的满足人的各种需求的活动，而人类的需求是多方面的，有名誉、生存、娱乐、文化、战争以及经济等。例如美国著名的心理学家马斯洛在其著作《人类激励理论》中，把人类的需求分成生理需求（Physiological needs）、安全需求（Safety needs）、爱和归属感（Love and belonging）、尊重（Esteem）、自我实现（Self-actualization）五类。② 任何人都是身处于社会网络结构当中的，社会的各种因素会刺激人类的多样性需求，进而推动人类进行创造。

其次，经济活动受技术和文化的影响。经济的发展有多种方式：1）投资的增加。正如经济学家罗伯特·索洛所发现的索洛增长现象：当资本积累的增速快于劳动力的增速时，就能使得每一名工人所配置的资本日益增加，这时候就会出现经济增长，即单位资本的产出将增加。③ 古典经济学

---

① 美国技术史学家乔治·巴萨拉以达尔文进化论为理论模式来解释技术的变迁，其将人造物作为技术的基本单元，人造物的演化具有累积性和延续性，也即是说每一种人造物不是独一无二的存在，而是在原有人造物的基础上逐步发展的，人类想象力、社会经济和文化力量、技术传播、科学进步等要素不断激励人类创新，使得人类创造物不断延续和多样，然而在经济因素、文化因素、军事因素等影响下，人类作出了选择，使某些人造物得以延续，而某些人造物则在历史洪流中被淘汰（乔治·巴萨拉. 技术发展简史. 周光发，译. 上海：复旦大学出版社，2000：224-237)。美国社会学家吉尔菲兰以轮船的发明为例，将技术变迁的分析框架拓展到与技术因素相互作用的非技术因素。吉尔菲兰提出了38项发明的社会原则和环境要素，其中包括财富、教育、人口和工业主义等。按照他的观点，技术变迁与达尔文进化过程非常相近（Gilfillan S. C.，*The society of Invention*，MIT Press，1970，p24)。乔尔·莫基尔认为社会对技术的演进是最为关键的，并总结归纳了制度和产权、平均寿命、营养、承担风险的意愿、地理环境、路径依赖、劳动力成本、宗教、价值标准、对革新的抵制、政治和政府、战争、对信息的开放态度、人口因素等要素对技术演化的影响（乔尔·莫基尔. 雅典娜的礼物：知识经济的历史起源. 段异兵，唐乐，译. 北京：科学出版社，2011：20-21)。

② 马斯洛需求层次理论由美国心理学家亚伯拉罕·马斯洛在1943年在《人类激励理论》论文中所提出。马斯洛理论把需求分成五类，依次由较低层次到较高层次排列，自我实现的需要是最高层次的需要，是指实现个人理想、抱负，发挥个人的能力到最大程度，达到自我实现境界，接受自己也接受他人，解决问题能力增强，自觉性提高，善于独立处事，要求不受打扰地独处，完成与自己的能力相称的一切事情的需要。也就是说，人必须干称职的工作，这样才会使他们感到最大的快乐。马斯洛提出，为满足自我实现需要所采取的途径是因人而异的。自我实现的需要是在努力实现自己的潜力，使自己越来越成为自己所期望的人物。

③ 乔尔·莫基尔. 富裕的杠杆. 陈小白，译. 北京：华夏出版社，2008：5.

家大卫·李嘉图也意识到了这一点。① 2）商业扩张。在微观经济学中，正是中间过程的标准费用体现了物品、服务、劳动力或资本等的交换的增长能够让所有参与方都受益。当以前分割的两个单位实现了产品和服务的商业交换时，就能使两者的收入都获得增加，这种受益就是贸易受益。亚当·斯密在1776年就曾指出这一现象，斯密认为贸易收益得自劳动分工、专业化以和劳动技能（称为“干中学”或人力资本）以及随之而来的生产率的提高。并且劳动分工随着服务市场范围的扩大而增加，分工越细，每个工人的产出也就越大。这种由贸易增加而促成的经济增长可以称为斯密增长。② 3）对包括土地、人口和其他自然资源在内的生产要素进行有效配置。在经济学中有一种现象称为“规模效应”，即通过扩大生产要素的规模，经由纯粹数量的增加而引起经济中单位资本的生产效率的增加，尤其是人口的扩张可以导致单位收入的增长。③ 4）也有一些经济学家指出，文化精神可以促进经济增长，例如人们越来越有责任心，越来越具有合作精神，越节俭、勤奋、谨慎，人与人之间信任程度越来越深。也有学者指出文化是西方世界兴起的主要原因：诚信、勤奋、节俭及教育子女的传统从一代传到下一代可以改善经济状况，这些传统在不同社会是大不相同的。④ 5）技术进步。上述几种方式都可能带来经济发展的短暂繁荣，但都终将陷入报酬递增的困境，斯密和李嘉图早已认识到这一点，他们认为包括土地资源在内的自然资源本身是稀缺的，劳动和资本的投入也存在限度，这将导致边际报酬不断减少，进而造成利润的不断下降，资本积累也

① 大卫·李嘉图. 政治经济学及赋税原理. 郭大力，王亚南，译. 北京：商务印书馆，1962：3.

② 任力. 经济增长中的技术进步机制：基于理论变迁的研究. 上海：上海社会科学院出版社，2014：25.

③ 但要注意的是在其他生产要素没有增加或增长的较慢时，人口的连续增长会在其他生产要素上加大人口压力，而经济就会从逐渐增长的状态向报酬递减的状态改变。尤其是当人口增长的过快时，会导致生产的紧张化，造成人均收入下降，因此人口增长对经济增长来说并非越多越好。事实上，马尔萨斯的《人口论》最早提出了这一观点，甚至陷入经济增长的悲观主义。

④ 乔尔·莫基尔. 雅典娜的礼物：知识经济的历史起源. 段异兵，唐乐，译. 北京：科学出版社，2011：291.

不断缩减，最终造成经济发展的停滞不前。① 唯有技术进步是经济发展的最根本也是最持久的动力，能够永久地消除繁荣增长的极限。② 尤其是自20世纪80年代以来，以保罗·罗默、卢卡斯和格鲁斯曼为代表的新经济学家通过构建新的经济模型，认为技术是内生于经济系统的，技术创新是经济发展的根本性因素，是厂商追求利润最大化的结果。

技术对经济增长的作用机制可以概括为如下几种：1）技术可以重复使用，并通过对各种要素进行各种新的组合，提高对现有资源的利用率，缓解资源的稀缺性，可以实现规模收益；2）技术进步可以提高劳动生产率，实现给定要素的最优分配，增加外在产出；3）技术具有外溢性，即由于技术可以不断累积，不同企业可以通过学习其他企业技术获得好处；4）由于技术成为产业研发的一个部门，因而技术可以和商品一样通过企业不断的投资研发获得，技术本质上又会提高资本的利用率，增加企业资本的累积，进而达到一个良性循环；5）技术进步物化为“干中学”和人力资本，成为经济增长的发动机。劳动者通过“干中学”或企业通过对劳动者进行教育和培训增加劳动者的基本技能（人力资本），使得劳动者的生产效率和产出大大提高，并且不同于有形资本的损耗，“干中学”和人力资本可以实现边际收益递增，进而不断促进经济增长。③ 但技术对经济增长的重要性，是与不同历史阶段技术发展水平和技术创新的范式密切相关的，早期历史阶段的技术创新都是外在于企业，由个体发明家和技工研发，并受制于知识的有限性的，因而技术创造相对来说是“偶然性”和稀缺的，并且技术的实用程度和范围也有限，因而其对经济增长的作用力有限。经济发展可能更多的是依靠商业贸易或土地、人口、劳动力和资本等生产因素。在之后的历史阶段，尤其是到了近代，技术的累积以及技术创造逐渐由企业进行专门研发和对人力资本的投资，技术创造可以逐渐受控

---

① 亚当·斯密. 国富论. 杨敬年，译. 西安：陕西人民出版社，2006：25；大卫·李嘉图. 政治经济学及赋税原理. 郭大力，王亚南，译. 北京：商务印书馆，1962：3.

② 乔尔·莫基尔. 雅典娜的礼物：知识经济的历史起源. 段异兵，唐乐，译. 北京：科学出版社，2011：291.

③ 任力. 经济增长中的技术进步机制：基于理论变迁的研究. 上海：上海社会科学院出版社，2014：256.

于企业，技术创新速度加快，技术实用程度也越来越高，范围也越来越广，技术对经济发展的作用力越来越显著。

最后，技术和经济对文化的形成也产生影响。不同的技术和经济形态会将不同的意义、信仰和价值引进到混合了各种过程和要素的文化之中，变化的方向常常是不可预见的。技术和经济非常彻底地与文化，与意义、信仰和价值交织在一起。例如在过去没有汽车的时代，传统意识形态都认为只有男性可以大摇大摆地骑马，妇女应该待在她们该待的地方，而自工业时代汽车出现之后，妇女也可乘坐汽车，妇女的社会角色和价值观开始改变。于是更多的妇女开始进入汽车甚至工厂，在这种背景下，产生了宗教复兴运动、厌恶妇女的情绪以及对同性恋的抨击。① 再如 18 世纪的时候美国还是一个技术发展缓慢、农业经济占主导地位的国家，因而那时候主流的思想是集体主义和共和思想，而随着 19 世纪初美国工业技术的发展，工商业经济逐渐蓬勃发展，个人自由和自由主义思想开始兴起。

2. 人工选择机制：制度安排权力的争夺

持有或支持某个或某些有关特定制度变化观念的行为体，不必是制度观念的首次提出者，可能是从其他地方收购、吸收、借鉴甚至剽窃而来的。由于在大多数情况下，行为体并不知道谁的观念可以提高福利水平，或者更重要的是，行为体并不相信其他人制定的制度会改善自己的福利水平。据此，最终由谁来制定规则便唯有诉诸一种途径予以解决，这便是争夺一个制度安排的权力。② 行为体包括个体或组织，组织包括政府、经济团体、社会团体以及教育团体等。总体而言，行为体主要包括两大类，即政府和私人部门。正如新制度学家林毅夫所言，政府的最大权威是被操控在某些政治家、政治团体或统治者手中的，和任何一个具有有限理性的个人一样，政府也关心它自己的生存、经济、威望、权力、历史地位等，政

① 威廉·M. 杜格，霍华德·J. 谢尔曼. 回到进化：马克思主义和制度主义关于社会变迁的对话. 张林，等译. 北京：中国人民大学出版社，2007：60.

② 唐世平. 制度变迁的广义理论. 北京：北京大学出版社，2016：63.

府与私人部门一样都有自利动机。① 政府和私人部门将动员物质资源（例如，财政的资源）和政治支持来争夺规则的制定权。他们所能动员的物质资源和政治支持的总量在很大程度上决定了其在下一个阶段中争夺规则制定权的结果。② 因而很多时候，行为体需要具备足够的经济实力或感召力量上的初始禀赋才能参与制度变迁的过程。大多数情况下，经济实力和政治实力是行为体参与制度构建的门槛，行为体必须在整个过程中动员、部署、维持甚至增进这些实力。

在争夺制度安排权的这一过程当中，行为体极有可能把争夺视为零和博弈，这有两个原因：其一，行为体如果获得了权力竞争的胜利，那么便意味着其可以按照自身意愿来制定规则，如若失败则将失去制定规则的资格而只能被迫遵守他人制定的规则。其二，自利主义的行为体无法事前预知其他人制定的规则为何，总是担忧自身利益会因为他人制定的规则而受损，即便他人制定的规则可能最终会有利于行为体。由于行为体把争夺制度安排权的过程视作零和博弈，所以他们的最终目标便不是相互合作去实现集体福利水平的帕累托最优，相反是竭尽全力去赢得这一斗争，甚至是诉诸暴力的手段，这种历史史实随处可见。③ 在争夺过程中，行为体为了使其提出的观念更具吸引力，往往还会通过编织过的话语、言辞和政治技能使其观念更具诱惑性。行为体可能通过“说服其他成员分享社会和经济的根本信仰，或者决定追求什么样的知识，并通过谁来获得促进国家扩张合法权利和义务框架”④。由于信息不完备，受众无法得知某种观念所支持的制度安排对其福利的影响，因而在其他条件相同的情况下，拥有更好观念吸引力的行为主体将更有可能获得更多的支持从而更易在权力斗争中占据上风。但总体而言，观念吸引力相比于政治和经济实力的作用可能要稍逊一筹。

---

① R. 科斯，A. 阿尔钦，D. 诺斯，等. 财产权利与制度变迁——产权学派与新制度学派译文集. 刘守英，等译. 上海：上海三联书店，1994：278.

② 唐世平. 制度变迁的广义理论. 北京：北京大学出版社，2016：63.

③ 同②64.

④ Strange. S, The persistent myth of ‘lost’ hegemony, *International Organi-zation*, 1987, pp. 551 - 574.

此外要注意的不仅是私人部门之间为争夺制度安排的权力存在利益的博弈，私人部门与政府之间也存在争夺制度安排权力的斗争。当私人部门为获取新的经济利益，自发倡导、组织和实行，并凭借其经济实力、政治关系或观念吸引力获得制度安排的权力时，也即私人部门的决策支配了制度安排创新的进程，新制度经济学将这称为诱致性制度变迁，也即私人部门是第一行动集团，政府是次级行动集团，这是一种自下而上的制度安排。而当政府凭借其政治实力获取制度安排的权力，由政府的干预来实现和促进制度安排，并由权威机关来推行时，新制度经济学称之为强制性制度变迁，也即政府是第一行动集团，这是一种自上而下的制度安排。① 有时候理性政府为了国家经济、文化发展等公共利益，会强制性地要求获得制度安排的权力，促进本国经济和文化发展或其他公共利益的实现；但政府并不总是理性，有时候政府为了其自身利益也会强制性的要求获得制度安排的权力，例如封建皇室为了皇室或贵族利益而颁发的相关剥削百姓的土地条令。政府和私人部门的关系可以有不同的形式，有时候私人部门与政府部门毫无利益关联，有时候私人部门与政府存在利益的一致性，私人部门利用其游说技能成功地将国家利益调整为他们的私人利益，将政府变成他们的同盟，毋庸置疑的是，政府的支持对私人部门获得制度的安排权是极其关键的。② 但有时候私人部门与政府部门之间的利益存在冲突，这时候便和私人部门之间的争夺是一样的，他们要凭借各自的政治、经济实力或观念吸引力获得制度安排的权力。

3. 复制机制：制定规则，合法化、稳定化及复制

制度安排的权力之争解决之后，获胜一方将有更多权力将反映其偏好的观念予以具体化和制度化，进而在规则制定过程中发挥主导作用。获胜方在尝试制定规则时，通常有三个基本选择：强制推行、吸收失败方的部分观点、通过谈判将失败方拉入获胜方阵营。尽管这三个选择在不同情形下能够独立或共同发挥作用，但强制推行通常是行为体的首选。因为强制

---

① R. 科斯，A. 阿尔钦，D. 诺斯，等. 财产权利与制度变迁——产权学派与新制度学派译文集. 刘守英，等译. 上海：上海三联书店，1994：280.

② 苏姗·K. 塞尔. 私权、公法：知识产权的全球化. 董刚，译. 北京：中国人民大学出版社，2008：183.

推行往往能够最直接、快速地将反映获胜方偏好、使其获得更多利益的制度进行实施，因而大多数时候最终制定的规则不是改善整体社会福利的“公共物品”，而是获胜方排斥失败方的“私有物品”。即使最终制定的一些规则可能确实有利于社会，但这只是附带的或偶然的例外，绝非常态。① 当然，获胜方为获得更广泛的支持，使最终制定的规则更“稳定”“合法”，可能会采取与失败方合作的方式来制定规则。在此情况下，制定规则的真实过程可以被看成一个“讨价还价”的过程。然而，此种“讨价还价”并非在公平的环境下进行的，因为双方都明白，议价权力的分配早已事前确定，获胜方在此情境下拥有绝对的议价权，失败方如果不与其合作将因此付出惨重的代价。因而此种情形制定的规则仍然更多地反映获胜方的偏好和利益。当然，在不同行为体拥有相同议价权力的情形下，行为体也会选择合作或协商，因为权力的分配并不是明显失衡的。但显然这一情形在制度变迁中是特例而非惯例。②

当一项制度安排被最终设立之后，其功效或其作为表型的适应度就要在社会系统中加以检验。如果这一制度安排的落实能够提升大多数人的福利水平，或者可能更为重要的是，制度安排方预先灌输了一种能使这项安排充分合法化的意识形态，或者没有某种反意识形态产生并强大到足以挑战该项制度安排，那么该项制度安排就会被合法化、稳定化以及复制。③这一阶段完成后，单独一轮制度演化就宣告完成了。在此需要注意的是，一项未能增进社会福利甚至减损社会福利的制度安排——这种制度安排没有真正的合法性——却可能不断延续下去，这是因为它有足够的政治或经济势力加以支持。在这种情况下，未来制度变迁的种子已经被种下，但是变化可能在很长时间也不会发生，因为成功的制度变迁并不总是容易的（需要一个有效的、具有权力议价优势以及能够克服集体行动问题的政治创业以及社会活动），同时随着时间的流逝，人们可能会逐渐习惯于这一制度，失去了变迁制度的动力，这是制度变迁过程当中存在路径依赖的重

① Clague C. K, *Institutions and economic development: Growth and governance in less-developed and post-socialist countries*, Johns Hopkins University Press, 1997, p23.

② 唐世平. 制度变迁的广义理论. 北京：北京大学出版社，2016：65－66.

③ 同②66.

要原因。

简言之，制度演化的分析框架如下：具有自利动机的异质行为体受物质活动（技术、经济和文化）影响产生新的制度观念（变异机制）→持有不同制度观念的行为体利用其议价优势（包括经济势力、政治势力、观念吸引力）争夺制度安排的权力（人工选择机制）→制度权力之争中获胜的一方构建制度，将反映其偏好的观念予以合法化、稳定化及复制（复制机制）。所以，是什么“使一种观念的时代得以来临”并将其转化为制度？最根本的原因可以概括为：一是既定时空下物质活动（技术、经济和文化）对制度观念产生的可能性；二是权势变更和政治博弈的过程。用杰克·利维的话来说，哪种观念能够成为制度根本上而言是一个政治问题。制度变迁关键问题是权势主体和政治过程如何互动以塑造制度变迁的结果。①

二、制度演化理论模型对专利制度的适用

本书将专利制度作为一种历史和现实存在进行研究，基于前文构建的理论框架，对专利制度的历史演化进行研究，探寻其背后的牵引力和阻碍因素。专利制度被认为是技术、经济、文化、政治相协调的产物，它是技术政策、经济制度、政治工具和法律规则的整合体。这就注定了专利制度的演进不是一种自生自发的、合乎循序渐进逻辑的、田园牧歌式的演进，是一个由技术、经济、文化和政治等因素交织在一起的复杂的历史过程。在中世纪、18 和 19 世纪，无论是技术还是文化和经济环境都与当前存在差异，有些差异是巨大的，正如拉里·克莱默（Larry Kramer）所言：“当我们放下今天物欲的、功利的世界，回到那个 18 世纪和 19 世纪早期的世界，就仿佛回到了一个外星世界。”② 而在不同时空之下，人们对概念和制度的认识往往很不一样，这就需要我们放下今天的偏见，从那时候的技术、经济、文化环境去考察那时候的制度观念。

---

① 唐世平. 制度变迁的广义理论. 北京：北京大学出版社，2016：67.

② Larry D. Kramer, When Lawyers Do History, 72 *GEO. WASH. L. REv.*, 2003, pp. 387－390.

从一个宏观的历史角度来看，技术变革往往是一切文明形态的开始，人类经历了由技术和经济变迁所形成的前工业社会（18 世纪 60 年代之前）、工业社会（18 世纪 60 年代—20 世纪 80 年代）以及后工业社会（20 世纪 80 年代至今）等三个历史形态，在这三个历史形态中，专利制度经历了特权、私权以及国际化等蜕变，并逐渐呈现异化之趋势。专利制度演化的各个阶段虽然看似碎片化，并呈现不同的特性，但它们之间并没有完全分割而是存在一些共性的联系。卡尔·波普尔认为，历史存在多种解释的可能性，具有主观性，我们在历史的连续事件中只能看到“趋势”而不能总结一个普适定律。① 但乔治·欧文明认为，历史不是所有因素的结合，而是记录人类最纯粹的和根本的动机。② 本书从历史的视角来研究和考察专利制度的变迁，无意于解读该制度发展的普遍规律，只是试图提供一种新的解释视角和线索。在不同的历史阶段，由于技术发展水平、经济形态、技术与经济的结合程度、技术对经济的价值和作用力的变化，以及行为体的文化观念（包括技术观、财富观、权利观、哲学观念、经济理论、意识形态）等之间的差异耦合，会影响人们对专利制度进行建构的动机、动力以及专利制度的形式和内容。在不同历史阶段，由于技术、经济和文化的耦合程度不一样，制度观念也可能呈现不同的形式。当然行为体的许多制度观念可能不是自发形成的，而是在符合本国技术、经济和文化环境下从其他地方吸收或借鉴过来的。

但专利制度变迁的主角永远是那些根植于制度框架作出反应的、具有权势优势的行为体，他们塑造了具体制度（包括正式制度和非正式制度）的内容和制度变迁的方向。美国著名的法律史学家斯图尔特·班纳在《财产故事》指出，尽管过去两百多年来，美国社会关于“财产是什么”的观念不断变迁，但历史的经验告诉我们，“财产权不过是一种工具价值，而非目的本身”，“任何一种制度变革都不会自己发生，而是‘人’促使它们发生的”，“随着时间的推移，随着围绕于特定目的的新联盟的形成，它们将推动财产的传统理解朝一方或另一方发展”，“毫不奇怪，推动这些变革

① 卡尔·波普尔. 历史决定论的贫困. 杜汝楫，等译. 北京：华夏出版社，1997：95，121.

② 詹姆斯·W. 汤普逊. 中世纪晚期欧洲经济社会史. 徐家玲，等译. 北京：商务印书馆，1992：序言 1。

的人正是那些获利的人”①。专利制度也诉说着类似的故事。不同的行为体因为不同的自利动机，在技术、经济、文化的相互交织作用下往往会形成或支持不同的制度观念，他们借由自身的政治或经济势力，进而影响制度的变迁。行为体在推动变革时，往往伴随着华丽的辞藻，声称其观念是普惠的，或者通过撷取有利于其制度构建的理念和内容、观念的吸引力来正当化其制度观念。在获得制度安排的权力之后，不同行为体或者达成利益平衡的协议，或者由获胜方将反映其偏好的制度观念予以具体化和规则化，并通过进一步的修饰对其观念予以合法化和稳定化。这些制度进一步影响后人制度观念的形成，形成专利制度的路径依赖。有学者认为，在知识产权制度的演进过程当中，商人是历史的推动者，他们形塑了知识产权制度的样貌。② 本书以为这一观点有失偏颇，专利制度变迁的主角是私人部门（主要包括行会、技工、商人、工商阶级、企业等，他们在不同的历史阶段呈现不同的形态）和政府。专利一方面是私人部门市场竞争，获取财富的重要手段，另一方面是一国政府调控技术和经济的政策工具。在历史的演进过程当中，他们基于各自的目的相互博弈，有时候基于利益的关系达成合作，有时候又相互对立，他们基于各自的利益目的构造和形塑了专利制度的方向。我们将看到，专利制度最初作为国家发展工商业经济的政策产物，其关注的是技术所带来的可实施性和公共利益，正如戴维·凯瑞斯和苏珊·赛尔所言，其本是一个远离法律舞台中央的、古怪神秘的、专属于技术专家的领域③，私人部门在历史的演进中一步步利用各种策略将其私人化、财产化、国际化，使其受到政府和公众的重视。

当然本书并不否认一些意外事件可能将专利制度往不同方向拉扯牵引，这些意外事件在历史的演化过程当中可能被湮没、被修正，也可能永远的影响专利制度的构建。正如青木昌彦所言，在历史演进中，时间越

① 斯图尔特·班纳，财产故事. 陈贤凯，许可，译. 北京：中国政法大学出版社，2018：142，32，444，445.

② 黄海峰. 知识产权的话语与现实——版权、专利与商标史论. 武汉：华中科技大学出版社，2011：130-131，276.

③ 戴维·凯瑞斯. 法律中的政治：一个进步性批评. 信春鹰，译. 北京：中国政法大学出版社，2008：185；苏姗·K. 塞尔. 私权、公法：知识产权的全球化. 董刚，译. 北京：中国人民大学出版社，2008：178.

短，观念性因素作用越大；时间越长，则非观念性因素或所谓的客观必然性作用越大；在超长期中则似乎又是由偶然性发挥着支配作用。[①] 李琛教授也指出，法律制度演进存在偶然性，逻辑无法解释历史中的一切现象。[②] 因而专利制度的演化绝不仅仅是些法律文字的增减，专利制度是历史的概念，其演进过程存在不确定性。虽然专利制度演化的过程大都是渐进的，因为制度变迁的过程是费力的（需要一个有效的、具有权力议价优势以及能够克服集体行动问题的政治创业以及社会活动、路径依赖等多种因素使制度保持稳定），但专利制度变迁又是不可避免的，因为存在技术、经济和文化等人类实践活动的变化以及人类对生存和对福利永不满足的渴求。专利制度的渐变是常态，但是基因式的突变也有可能发生。这是因为行为体权势的变化以及意外事件的突然发生，也有可能是相对长时期内一系列变化积累的结果。

专利制度在历史的演进中完成了时代的洗礼，本书的目的在于揭示专利制度的历史和利益构造，尤其是拒绝专利制度是天然、永恒不变、绝对理性的产物的观点。历史提供了一种线索，历史的回应具有一种悠久的渊源。

① 青木昌彦，奥野正宽，等. 经济体制的比较制度分析. 魏加宁，等译. 北京：中国发展出版社，1999：29. 书中强调了偶然性对制度演化中的作用。另外福格尔指出诺思等人 1989 年发表的论文《17 世纪英格兰公共选择制度的演进》中最有意义的是偶然性在制度演化中的作用。福格尔. 道格拉斯·诺思和经济理论：新制度经济学前沿. 北京：经济科学出版社，2003：33。

② 李琛. 对智力成果权范式的一种历史分析. 知识产权，2004（2）.

第二章　前工业时代：专利特权制度的起源及发展

技术为脆弱的人体镀上了一层神圣的保护膜。——雨果

人类的具体历史，如果有的话，那一定是所有人的历史，也必然是人类的一切希望、斗争和受难的历史。——波普

人们常把18世纪60年代英国引领的第一次工业革命视为工业时代的起点，因为自18世纪60年代以后，工业技术和经济将渐渐成熟和发展起来，本书以此为时间节点，将18世纪60年代前的社会称为前工业时代。专利制度最初形成于中世纪后期（人们习惯上把中世纪划分为前后两个时期：公元476年至1150年为中世纪前期，公元1150年至1500年为中世纪后期）①，那时候人类社会还处于前工业时代。然而问题在于：在古代社会和中世纪前期，一些地区早已形成了较为繁荣的文明和科技，例如古希腊和古罗马都是当时科技文明的中心，这些国家和地区为何没有形成鼓

① 乔尔·莫基尔. 富裕的杠杆：技术革新与经济进步. 陈小白，译. 北京：华夏出版社，2007：34.

励技术发明的专利制度？到了中世纪后期，当人们还在神性与人性的矛盾中痛苦挣扎，威尼斯何以能建立专利特权这一开拓性的制度？大多数学者都熟悉和热衷于对英国1624年《垄断法案》的研究，并倾向于把英国14世纪的特许经营权作为专利制度的起源，甚至把英国1624年的《垄断法案》视为现存专利法的唯一重要渊源①，但事实上英国的专利特权制度来源于威尼斯，却鲜有对近代专利制度起源之国——威尼斯专利特权制度建立的动因和内容的研究。此外法国、德国的专利特权制度都早于英国，但现有研究对此并未予以足够重视，而这正是本章所要完成的任务。沧海横流，大声镗鞳，历史在时光的隧道中一去不返。一切的一切都需要穿透历史的迷雾去解开这段尘封的往事。

一、专利制度缺失的时代

（一）专利制度缺失时代的社会图景

现有资料表明，早在1281—1296年，威尼斯就对一些机械发明颁发了许可，又于1416年首次对发明人颁发了一定期限的垄断特权，在1450—1550年建立了一个稳定而成体系的专利特权制度，尤其是威尼斯于1474年3月19日首次以成文法的形式颁布了世界上第一部专利法，这是近代专利制度的起源。而考察专利制度的起源，一个不容回避的问题就是专利制度为何诞生于中世纪末期的西欧？古代社会和中世纪前期的文明为何没有形成专利制度？要回答这一问题，对中古时代文明古国的社会历史进行考察是必要的，而下文所考察的范本都是历史时空当中比较典型的、科技经济繁荣的文明古国。本书试图对中古时期这几大主要文明的技术、经济和文化等社会历史进行考察，进而总结出这些文明专利制度缺失的根源所在。

1. 古代世界

200万年前，当远古人类——能人远超过其他任何灵长目动物加工第一块石制工具时，人类得以凌驾其他动物成为万物之灵，也正是因为技术

① Prager F D, A History of Intellectual Property from 1545 to 1787, *J. Pat. Off. Soc'y*, 1944, p40.

使得人类摆脱迷信自然的图腾，创造了特殊的文明，成为自己历史的创造者。在这一时期，人类基于本能和生存的需要通过对自然现象的观察和思考，已经积累了一些基本的技术原理和知识，在这些知识的基础上人类已经学会使用各种技术，石制工具、钻木取火、弓箭、陶瓷、铜器等，甚至还出现一些较为聪明的发明，譬如回飞镖和因纽特人的舌槽式接合的鱼叉。① 然而远古时代的技术发展非常缓慢和守旧，诸如在历经百年之后，燧石工具和瓦盆等人工制成品基本上也没有改变。② 旧石器和新石器时代，那是人类意识苏醒的幼年，此时人类相信存在某种超越人类之上的力量，故对自然怀有一份深深的敬畏。人类积累起来的关于自然界事物的知识只能使他们从经验上认识自己的力量，而不能理性地认识自己的能力③，因而人类对自然环境的控制和利用程度微弱，只能从事简单的采集、狩猎、农业和畜牧业。在这个阶段，发明创造都是偶然的，只是基于人类本能的狩猎采集的行为过程，人们从未建立过大城市，亦无宫殿、寺庙一类的大型建筑，人类不需要文字进行记录，他们也从未形成较高的学问或科学，那是一个野蛮蒙昧的时代。④ 之后在黄河、底格里斯河、印度河等流域，人类利用水源建立了大规模的灌溉网线，发展了新型的集约化农业，几大文明古国从蒙昧中诞生出来。随着奴隶制的确立，这些古国出现了剩余劳动力，于是在这些农耕民族和游牧民族日常生活的实际需要中自然产生了一些简单的科学和技术。例如在古埃及和古巴比伦的历史记录中，人类已经积累了一些经验性的度量、算术、日食和月食等知识和规则。⑤

① 王鸿生. 世界科学技术史. 北京：中国人民大学出版社，2008：12.

② 同①.

③ 几乎与此同时，当人类能够运用经验的观察或传说处理简单的现象和他们所无法理解或控制的、神秘的、不可估计的变化时，人类科学的幼苗也开始生长。在人类意识苏醒的幼年，由于技术能力有限，人类对自然环境的控制和利用程度相当微弱，人的死亡、自然现象的诡异莫测等都使人类对世界怀有朦胧的敬畏和神秘感，巫术和宗教随之产生。“当人类用巫术企图直接控制自然失败以后，就用崇拜与祈祷的方式，祈求神给予这种能力；在人们看到这样做也没有效力且认识到天律不变时，他们便踏入了科学之门。”

④ 麦克莱伦. 世界科学技术通史. 王鸣阳，译. 上海：上海科技教育出版社，2007：42.

⑤ 丹皮尔. 科学史. 李珩，译. 桂林：广西师范大学出版社，2001：2.

古埃及文明是当时技术最发达的文明，因为古埃及人已经能够利用所掌握的知识建造金字塔、神庙和宫殿等大型建筑。金字塔是当时高度文明的象征，同时也代表了当时非凡的技术成就。① 在公元前 2650 年的古埃及还出现了历史上第一位著名的发明家叫伊姆贺普特。② 但在古老文明的时代，将科技发明创新作为兴趣爱好的只是极其少数的个例，这时候还没有出现专门的技术分工，没有什么计划安排，大多数技术创新都是人类在劳动的经验中偶然获得的。人类只是依据简单的直觉知识，利用天然材料制作或使用一些简单的器械、手工制品和日常器具，最为发达的技术也主要体现为政府资助的大型建筑技术。就像人类始祖惯常从事的活动一样，技术大都是基于人类生存和生活的本能，以及各种活动中有限的使用和娱乐活动，人类对技术的需求也并不高，简单的技术创造已经足以满足农耕文明的需求。在文化上，古巴比伦人相信自然界具有精灵般的力量，相信人类命运受制于天上的星宿；古埃及人总是把星座和他们神话中的神视为一体。在这种附魅的神性世界观指导下，人类的早期技术也是一种附魅的技术，充满着神秘和敬畏，人、技术、自然也完全统一协调。为了达到生存的目的，人们基于懵懂的意识认为，这些技术是重要的，因而将技术要么作为一个种族的文化习惯，要么作为个人特质来体现，但完全没有任何技术被私有的迹象。③

人类科技的黎明出现在了爱琴海沿岸的小岛上——希腊。在公元前 600 年至公元前 300 年，希腊城邦缔造了一个科学和技术的黄金年代。特殊的自然条件和地理环境造就了希腊的繁华和财富，自由民主的城邦制度使希腊人充满了理性的光辉以及耀眼的科技哲思。希腊人说："一切都应

① 在公元前 2834 年—前 2722 年这 113 年共 4 代人期间，有 6 位法老共建造 13 座金字塔。在拉美西斯二世法老期间，人们已经可以利用当时的技术不断搬运重达 1 000 吨的雕像。麦克莱伦. 世界科学技术通史. 王鸣阳，译. 上海：上海科技教育出版社，2007：58－62.

② 相传他是一个达·芬奇式的天才，同时还是一位祭司、学者、雕刻家、木匠、诗人和医生。作为一名一生有所夸大的奇才式的人物，直至公元时代，古希腊和古罗马的作者们仍然对他推崇备至。他设计建造了第一座金字塔，并且解决了当时如何搬运 50 吨重的花岗石块这一难题。苏珊娜·斯科奇姆. 创新与激励. 刘勇，译. 上海：格致出版社，2010：4.

③ 张新锋. 专利的财产权属性——技术私权化路径研究. 武汉：华中科技大学出版社，2011：119.

该经过考察，经过质疑，对于思想，不能划定界限。”① 于是基础科学和工程技术前所未有地复兴了。居于此地的学者们绘制了前所未有的精确的星图（希巴克斯），度量了地球大小，精确度在15%（埃拉托色尼），发明了太阳系的日心说理论（阿里斯塔克斯），开创了几何学（欧几里得）。我们还看到了毕达哥拉斯学派的形数的理论、留基伯和德谟克利特的原子论、阿基米德的杠杆原理和《论浮体》、阿波隆尼亚斯的圆锥曲线、希波克拉底的医学、希帕克斯的天文学等。这个时代也涌现了三位杰出的科技大家。第一位是古代知识的集大成者——亚里士多德，其著作是古代世界学术的百科全书②，第二位是特西比乌斯，有时被称为“古代爱迪生”③，第三位著名的发明家是希罗。④ 此外，当时的古希腊也兴起了各种宏大的建筑活动，例如帕台农神殿和其他雄伟的碑和雕塑。这些建筑项目集合了当时最杰出的石匠、木匠、陶艺专家以及画家。⑤ 那个时代被人称作为“希腊奇迹”。

在希腊霸权衰弱之后，古罗马人缔造了横跨欧洲的帝国。古罗马人喜欢政治和权势斗争，在政治管理方面具有令人惊叹的成就，但是在科技研究和发明方面却鲜有创新。⑥ 他们的科学、艺术、医学等成就大都是从希腊人那边借鉴和吸收的。⑦ 古罗马让人追忆的发明并没有古希腊的多，他们对研究和学习制度的改进也不值得回忆，但他们确实对技术作出了贡

① 伊迪丝·汉密尔顿. 希腊方式：通向西方文明的源流. 徐齐平，译. 杭州：浙江人民出版社，1988：20.

② 他研究和改进了当时几乎所有的学术知识，当然最让他享负盛名的是他在科技方面的贡献，例如《物理学》探究了天体和自然运动的规律，《气象学》研究了原始化学观念，《动物学》论述了动物分类、解剖等生物学理论。

③ 他的发明包括改良的水泵、第一根金属弹簧、第一台气动管风琴、第一个键盘，以及一座改良的水漏钟表。他还建造了一个压缩气体弹射器，但失败了，因为没有人能制造并装配足够的部件。

④ 除公开发表过很多数学和物理学方面的著作之外，他还发明了改进的齿轮、一种测量仪器、一个空气驱动的喷泉，以及一个著名的由蒸汽喷射驱动的引擎。苏珊娜·斯科奇姆. 创新与激励. 刘勇，译. 上海：格致出版社，2010：5-6.

⑤ J. J. Pollitt, *Art and Experience in Classical Greece*, Cambridge, 1972, pp. 64-70.

⑥ 王鸿生. 世界科学技术史. 北京：中国人民大学出版社，2008：12，53.

⑦ 丹皮尔. 科学史. 李珩，译. 桂林：广西师范大学出版社，2001：69.

献，尤其体现在农业和公共工程方面的技术。① 这一时期也涌现了如建筑学家和工程师维特鲁维奥、农业技术专家瓦罗、医学家盖伦、天文学家托勒密等这样的伟大科技名家。

古希腊和古罗马是西欧科技的萌芽时期，也是从原始的机会型技术走向工匠型技术的转折时期。这个时候的社会发展具有以下特点。

首先，古希腊和古罗马的经济发展主要依赖于农业经济，正如色诺芬在《经济论》中指出的：农业是古希腊经济发展之根基，如果农业发展势头良好，则各行各业都将发展兴旺；反之如果农业发展疲软，则其他行业也将随之凋敝。② 古希腊还发展了一些短途的商业贸易，但商业被认为是一种低贱的、不适合公民参与的职业，因为商业是一种以获取利益为目的，出卖自身服务而为他人提供服务的职业，这被古希腊人认为有违公民自由身份的原则。③

其次，古希腊和古罗马时期，各种技术工艺都发展到一定程度，从而引起了劳动分工，并产生了专门从事技术工作的阶层——工匠。这个时期的技术主要由工匠世代相传，在传递中偶有改进和创造。工匠型技术是封闭型技术，其技艺和掌握它的匠人不可分离，生产技术和它生产的产品不可分离。因此这个时期的技术仍然属于经验型技术。④ 虽然技术创造者的地位不高，但已经形成了初具规模的行会组织。在古希腊、古罗马时期的社会分成了两个明显的阶层，即作为劳动阶层的奴隶和作为统治阶层的自由民。技术最初主要由奴隶掌握，而后一些自由民对技术也开始感兴趣并开始从事技术工作，但大多数发明都是奴隶创造出来的。⑤ 在那个奴隶时代，技术通常与劳动一样被看作非常低贱的事情，只有奴隶才会去从事劳

---

① 农业方面，先进的灌溉系统，带轮的铁犁，改进了的锄、耙、锹和打谷工具，二圃制等代表着当时最先进的农业技术；公共工程方面，注重实际的罗马人对修路、引水道、浴场、竞技场等土木建筑技术兴趣浓厚，到处可以看到欣欣向荣的建筑工程活动。罗马帝国时代四通八达的公路网总长达 8 万公里，人们发明了石灰水泥，大角斗场、万神庙等宏伟建筑拔地而起。王鸿生. 世界科学技术史. 北京：中国人民大学出版社，2008：54.

② 色诺芬. 经济论：雅典的收入. 张伯健，等译. 北京：商务印书馆，1981：17.

③ 李尚君. 劳作与古希腊社会. 上海师范大学学报（哲学社会科学版），2013 (6).

④ 黄欣荣. 现代西方技术哲学. 南昌：江西人民出版社，2011：9.

⑤ 乔尔·莫基尔. 富裕的杠杆. 陈小白，译. 北京：华夏出版社，2008：217.

动，劳动力充足而廉价①，因此，几乎没有提高劳动生产效率或用自然力取代劳动力的明显需求，当时技术发明家以及商业生产者的地位都不高，甚至被轻视，还没有形成独立可观的力量。② “古代社会一般看不起工程师，认为他们难以成为绅士。这对柏拉图和苏格拉底来说是千真万确的。对普鲁塔克，甚至阿基米德来说也是如此。”③ 普卢塔克说，“古希腊人视机械职业和每一项技艺为卑贱而粗俗”，甚至连亚里士多德也认为，“以技师或壮丁为生的人没有一个可以践行美德”④。但在古罗马晚期的市民社会中还是形成了初具规模的行业组织。⑤ 而与中世纪所形成的行会组织不同，古代行会并不具有保护和传授技术并对相关技术和产业进行组织和管理的经济功能，更加不会对贸易和产业进行垄断。其仅是一个社团组织，同时还从事一些公共服务。⑥

再次，在思想上，希腊是世界上最早在相关文献中使用科学技术用语，明确识别并记载相关科学技术思想及其作用的国家。其中最有代表性的是哲学家柏拉图和亚里士多德。柏拉图在《菲力帕斯篇》将 techne（技术）与政治类的人类活动和认识相区分，将它与关于操作非人类的物质世

① 让-伊夫·戈菲. 技术哲学. 董茂永，译. 北京：商务印书馆，2000：48.

② 鲁道夫·克拉瑟. 德国专利和实用新型法、欧洲和国际专利法. 单晓光，张韬略，等译. 北京：知识产权出版社，2016：100.

③ 苏珊娜·斯科奇姆. 创新与激励. 刘勇，译. 上海：格致出版社，2010：7.

④ 乔尔·莫基尔. 富裕的杠杆. 陈小白，译. 北京：华夏出版社，2008：219.

⑤ 在古希腊和古罗马的早期已经形成了一些行会组织，但这些行会组织只是个别的、少数的，直到公元前 28 年至公元 14 年的奥古斯都时期，行会组织已经在古罗马领土上广泛分布了。

⑥ 他们最初是由穷苦出生、地位卑微的技工、劳动者以及奴隶所形成的自由的组织，而后一些普通自由民，甚至妇女也一起加入。行会最初目的是组织一些共同宗教的祭祀活动、为穷苦大众提供葬礼服务或举办一些社交性的宴会，后来人们也会基于一些政治目的形成组织。对于政治目的的行会组织，政府通常会对其进行镇压和规制，但只要不被政府认为是危害社会秩序的组织并从事社会公共事务，都可以获得政府许可。大约在公元 3 世纪的时候，罗马的亚历山大开始对行会组织进行行政控制，制定了很多规则对行会进行监控，行会成为政府的一个行政部门，繁杂沉重的义务和责任使许多成员开始脱离行会组织。例如，奥古斯丁曾经对一些基于政治目的的行会组织进行镇压和规制。Francesco M，De Robertis，II diritto associativo Romano dai collegi della repubblica alle corporazioni del basso impero（Bari，1938），pp. 3 - 240；ly Ross Taylor，*Party Politics in the Age of Caesar*（Berkeley and Los Angeles，1949），p44；Susan Treggiari，*Roman Freedmen during the Late Republic*，Oxford，1969，pp. 167 - 168.

界的制作活动或生产活动紧密联系起来，并将理论性知识与实践性知识、定性知识和定量知识真正区分开来①，他在《理想国》一书中更是提出了“技术就是形式”的观点。② 亚里士多德吸取了柏拉图的理论念想，直接把技术看作是人类的现实活动③，并且他最早对科学和技术作了区分。④ 大约公元前5世纪早期或6世纪晚期，当时古希腊的诗人和哲学家色诺芬尼也曾指出：“上帝不是通过任何事情向凡人展示它的道德，而是限于一些方式：随着时间流逝，凡人通过不断探索发现了创新。”⑤ 而后“人类通过对技艺逐渐的发现而获取文明”的观点频繁出现在了公元前460—公元前370年的德谟克利特，以及公元前1世纪的卢克莱修、狄奥多罗斯、

① 柏拉图在《菲力帕斯篇》中将所有知识分为两类：与教育和抚育有关的知识、与制作和生产有关的知识。他又将第二类的技能知识细分为两类：一种是建立在实践和经验基础上的思想、直觉发展而来的经验性知识，如音乐、医学和农学；另一种则涉及有意识地使用计数、测量和称重等操作性知识，如木作、建筑。这后一种具有更大的准确性或精确度，它就是原始意义上的“techne”。卡尔·米切姆. 通过技术思考—工程与哲学之间的道路. 陈凡，秦书生，译. 沈阳：辽宁人民出版社，2008：150.

② 他说：“制造床或桌子的工匠注视着理念或形式分别地制造出我们使用的桌子或床来；关于其他用物也是如此。”（柏拉图. 理想国. 北京：商务印书馆，1986：388.）并在《蒂迈欧篇》中指出，工匠是按照理念来制造作为摹本的器具的。虽然在柏拉图看来，是神创造了人造物的观念，这是真正的存在，工匠“只能制造与真正的存在相似，但并非真正的存在的东西”。即便如此，柏拉图指向了一个至少从直觉上很容易和近代技术这一理性化的产物，或者是通过数学分析最有效地制作产物联系起来的观念。

③ 他把技术称作“制作的智慧”，即明确提出“技术即制作”的观点。他认为，从字面上来看，“techne”是一种与制作有关的真正意识的习惯，其真正含义是一种依赖对要制作事物的正确意识或推理而制作的能力。由此，亚里士多德把“techne”与“logos”联系在一起，这也是现代技术“technology”的雏形，因为现代的“technology”在古希腊语是“technologia”，它是 techne（技艺）＋logos（逻各斯）而形成的。他还认为：“如果没有与制作相关的品质，就没有技术；如果没有技术，也就没有这种品质。所以，技术和真实的制作相关的合乎逻各斯的品质是一回事。所有的技术都使某种事物生成。”亚里士多德. 尼各马可伦理学. 廖申白，译. 北京：商务印书馆，2003：171.

④ 他认为，技术具有与必然相对立的生产性和巧遇性的特点，而科学则是讨论必然性的学问。正如他在《尼各马可伦理学》中所指出的“技术能存在的事物，同必然生产的事物，以及同出于自然而生成的事物无关”，“在某种意义上，技术与运气是相关于同样一些事物的”。显然，亚里士多德虽然认为，技术是一种有理性的活动，但这是一种低层次的理性，它与理论理性是文野悬殊的两码事。

⑤ D. J. Conacher，Aeschylus，*Prometheus Bound*：*A Literary Commentary*，Toronto，1980，p8.

维特鲁维奥以及塞涅卡等人的著作当中。① 当时古希腊的智者学派代表普罗泰戈拉（Protagras，公元前490—公元前421）甚至认为“技术和艺术的发展是人类社会文明的起源”。此外，古希腊和古罗马时期涌现了大量对实践技术和军事武器的说明指南，这也体现了当时人们对技术的兴趣。② 但是在一些著作中，人们也表示出对技术抵制的思想，例如索福克勒斯和欧里庇得斯要求人们对大自然要谦和和感激。③ 公元2世纪之后，技术问题讨论的著作就变得很少了，人们对技术的兴趣已经发生了转移，人们讨论更多的是历史、诗歌、哲学和政治事务。历史专家认为，最主要的原因在于当时的宗教推崇万物有灵论和神人同形论，这些宗教理论是技术变革的致命大敌。④

最后，当时的政府还没有意识到技术对经济发展的重大价值，对于他们而言，鼓励技术一般是基于公共工程和战争的需要。例如公元前399年，锡拉库扎的暴君狄奥尼修斯通过征募、高薪以及红利等多种方式，从地中海各地吸引熟练工人从事军事技术工作，这些技术包括巨型战舰和投射武器的技术。⑤ 并且不同的统治者对于技术的态度并不一致，有些统治者对于技术的好奇和兴趣，使他们会对一些发明创造者给以奖励。例如公元前500年，西西里岛锡巴里斯的古希腊城国王授予当地厨师新菜谱一年的保护期，就纯属好奇。⑥ 古罗马的统治者对于修建公共工程技术和武器

---

① Pamela O. Long，Invention，Authorship，Intellectual Property，and the Origin of patents：Notes toward a Conceptual History，*Technology and culture*，1991，32（4），pp. 846－884.

② 同①.

③ 乔尔·莫基尔. 富裕的杠杆. 陈小白，译. 北京：华夏出版社，2008：217.

④ 万物有灵论和神人同形论认为如果每一条河、每一棵树、每一片土地都住着神灵，那么环境就是反复无常、不可预知、无法控制的。改变环境和自然的任何尝试都可能带来可怕的愤怒，这些愤怒不仅来自宙斯，还来自本地的低等神祇。乔尔·莫基尔. 富裕的杠杆. 陈小白，译. 北京：华夏出版社，2008：221.

⑤ 苏珊娜·斯科奇姆. 创新与激励. 刘勇，译. 上海：格致出版社，2010：6.

⑥ 公元前500年希腊的锡巴里斯（Sybaris）就有了享受奢侈的锡巴里斯人规定，如果一个糖果师或厨师发明了一种美味糖果或一道美味佳肴，在一年内别人不能做同样的糖果或同样的佳肴，这样发明者在这一年时间内可以得到因发明而带来的所有的利润。鲁道夫·克拉瑟. 德国专利和实用新型法、欧洲和国际专利法. 单晓光，张韬略，等译. 北京：知识产权出版社，2016：68.

极为感兴趣，成功发明家可以定期向皇帝邀赏。当时，发明家塞尔吉乌斯·奥拉塔由于发明了中央供热系统，以及一位古罗马议员和军事指挥家马库斯·维普撒尼乌斯·阿格里帕因为设计了新颖的攻城武器和投石机，获得了皇帝的赏赐。① 当一名机械工程师发现一种搬运重型圆柱的更好方法时，古罗马皇帝维斯帕先虽然给予赏赐，却拒绝采用这项技术。② 甚至一些统治者因过分恐惧技术而对技术创新者予以严惩，例如当时的古罗马皇帝提比略·凯撒（Tiberius Caesar）遇见了塑料（“永不破碎的玻璃”）的发明者，为避免他说“黄金会像泥土一样，一钱不值”而将其予以斩首。③

2. 中世纪前期

（1）西欧

自罗马帝国陷落时（公元476年）起，封建割据带来频繁的战争，使绝大多数古代文献失传了。公元529年，查士丁尼一世封禁了柏拉图创立的雅典学院，黑格尔称之为“异教徒哲学的建立”。自此，黑暗恐怖的基督教和宗教审判开始压迫欧洲，科技和人文精神受到极大压抑，欧洲经历了一个黑暗且漫长的中世纪时期。爱德华·吉本说道：“中世纪是人类从黄金时代走向没落的时期，是‘野蛮主义和宗教的凯旋’的时期。”尤其是在公元500年到800年，欧洲的科技经济和文化相较古典时期仍是原始的。识字变得罕见，欧洲的上层社会沉湎于将彼此砍成碎片的精妙剑术，其投入程度甚至比以前的罗马人的更高。技术与炼金术、巫术纠缠在一起大行其道。罗马帝国时期的道路、桥梁、沟渠、港口、别墅和城市荒芜失

① 苏珊娜·斯科奇姆. 创新与激励. 刘勇，译. 上海：格致出版社，2010：6.

② 乔尔·莫基尔. 富裕的杠杆. 陈小白，译. 北京：华夏出版社，2008：7.

③ 据说在公元30年的罗马，有一个工匠做了摔不破的玻璃杯。当时的皇帝提比略·凯撒（Tiberius Caesar）叫这个工匠来展示他的发明，并把杯子摔在石头铺的地上。当工匠从地上捡起杯子，杯子只是像铜杯子一样凹了一点，工匠拿了一把锤子就把杯子恢复了原状。皇帝非常吃惊，工匠原以为他会一举成名，特别是皇帝问他：“别人知道怎样做这样的杯子吗？”当他回答没有时，皇帝下令将他砍头。人们不能理解凯撒皇帝为什么要这样做，人们至今也没有见到过摔不破的玻璃杯，凯撒皇帝的做法无疑对人类文明发展起了一个不良的作用。有别的记载说，这个工匠是个建筑师，提比略·凯撒皇帝非常嫉妒他，杀了他以后还下令把他的名字从所有的公共记录中删除。

修。法律的执行以及生命和财产变得很不稳定，经常受到远近的掠夺者侵略。① “土地既不耕种，城乡的沟道又复失修，于是大片地带竟因痢疾猖獗而不堪居住。”② 然而在欧洲的一些角落里，仍然可以看到一些技术创新的萌芽。例如重型犁和三圃制的建立提高了耕种效率，水车和水坝的修建使得水能开始被有效利用，钉固马蹄铁、马镫以及现代马颈辙的发明使得马力成为中世纪主要运输动力，公元8世纪前后斯堪的纳维亚人发明了适合短距离航海的船只。③

这个时候西欧社会发展主要特点在于：技术缓慢发展，主要限于农业、水利工程以及交通工具，甚至将技术用于炼金术、巫术，这些技术都不具备生产的运用价值，对经济发展贡献有限。并且当时欧洲经济形态是自给自足的农业经济，主要依赖于自然资源和劳动力，其对技术的需求并不高。而基督教神学在思想领域具有绝对的权威，包括史学、哲学、科技等都是神学的婢女，“万马齐喑究可哀”。作为犹太和希腊两大传统传承者的基督教会具有神秘主义、禁欲主义、拒斥物质生活和财富、彻底谴责劳动和所有世俗活动的成分。因为它始终保持着一个强大的潮流，即趋向于自我克制和向往来世。上帝在中世纪西欧人们的心目中占据至高无上的地位，基督教徒对自然毫无兴趣，轻视自然，漠视个人主张和财富，自发的个人思想必须服从权威。④ 技术上的进步认为是对上帝神圣旨意的冒犯：如果上帝愿意让人类飞翔的话，为何不赐给他们翅膀呢？⑤ 因此基督教思想不但影响了人们的财富观和技术观，而且在政治上通过影响上层决策者的意志来操控政权。在那个时代，自然和上帝都是极其神圣的观念，人们被迫仰视自然和上帝，除基督教僧侣具有高贵的地位之外，包括技术工匠在内的世俗群众都身份卑微。在中世纪，国王、主教和其他一些政治权贵也会雇用工程师和技艺精湛的技工进行一定的公共工程和军事制造工作，

① 乔尔·莫基尔. 富裕的杠杆. 陈小白，译. 北京：华夏出版社，2008：34.

② 丹皮尔. 科学史. 李珩，译. 桂林：广西师范大学出版社，2001：84.

③ 同①35－43.

④ 亚·沃尔夫. 十六、十七世纪科学、技术和哲学史. 周昌忠，译. 北京：商务印书馆，1984：5－6.

⑤ 大卫·兰德斯. 解除束缚的普罗米修斯. 谢怀筑，译. 北京：华夏出版社，2007：23.

例如制造军事设备、建造天主教堂，虽然也能获得一些奖励，但绝非用于鼓励创新和发明的专利制度，其仅是一种劳动报酬。①

（2）伊斯兰世界

欧洲科技缓慢发展之时，有两大文明的科技发展异常耀眼。首先是伊斯兰文明。② 中世纪的伊斯兰世界是一个高度流动的社会，旅行游历是一项正常活动，他们特别热心于学习其他文明社会的知识和文化，不论是过去的还是现在的社会。因而当时的伊斯兰世界不但是古希腊和古罗马文明的最主要继承者，而且中亚、印度、非洲甚至中国的先进思想都在这里汇集。③ 伊斯兰学者真正建立了一个跨国群体，从伊比利亚到中亚，遍布各地。不仅统治者，而且许多重要的清真寺，甚至个人都拥有大型图书馆。在整个伊斯兰世界至少有数百座图书馆，仅科尔多瓦一处就有70座图书馆，其中一座藏书达400 000～500 000卷。④ 在公元700—1200年，伊斯兰世界比其他任何文明都更加熟悉已知世界的各个不同部分⑤，它对借助其他文明的技术进行保存、改进和发展的能力使它在科技领域处于世界领先地位。⑥ 在科学领域，伊斯兰人在建筑、医学和天文学等领域都有着极高造诣⑦，在技术领域，许多发明影响重大，如三角帆、潮汐水车、石脑油（类似于煤油的一种可燃石油衍生物），并且他们极大改进玻璃和陶制品的质量、香料和酸技术，水磨和钟表领先西方数百年，农业技术发达（包括学会种植和精练糖、制造糖果、亚洲许多农作物被其吸收以及水力技术领先世界）等。⑧ 然而在13世纪，随着蒙古人的入侵，伊斯兰的科技文明逐渐衰落。

这个时候伊斯兰世界社会发展的主要特点在于：技术主要用于农业、

① 托比·胡弗. 近代科学为什么诞生在西方. 于霞，译. 北京：北京大学出版社，2010：56.

② 那时候西班牙、北非和中东都由伊斯兰教统治，它是在《古兰经》《圣训》基本思想和原则的指导下，由阿拉伯文化、波斯文化和突厥文化相互融合、共同发展、演化而成的古老文明。

③ 乔尔·莫基尔. 富裕的杠杆. 陈小白，译. 北京：华夏出版社，2008：43.

④ 麦克莱伦. 世界科学技术通史. 王鸣阳，译. 上海：上海科技教育出版社，2007：148.

⑤ 同④43.

⑥ 同④143.

⑦ 例如数学家花拉子密、医学家格林和伊本·西那、化学家格贝尔等人的科学著作被传输到欧洲，有的运用时间长达500年。

⑧ 同④44-47.

水利工程和日常用品，虽然也产生了一些简单的工业技术，但这些技术尚处于萌芽期，本身不具备生产运用的价值，因而技术对工业和经济发展的贡献和作用力不足。并且伊斯兰世界的经济发展主要依靠自给自足的农业经济和短途贸易，本身对技术的需求也不高。此外，与西欧中世纪类似，在一定程度上，伊斯兰世界的宗教抑制了技术观的发展。

（3）中国

在伊斯兰文明的东侧，公元 618—1279 年正是中国科技和经济最强盛的唐宋时期，尤其是在 960—1279 年的宋朝，这个古老而庞大的帝国在积淀了先人的思想和文化的基础上，无论是经济还是科技上都达到了顶峰。正如著名史学家陈寅恪所言："华夏民族之文化，历数千载之演进，造极于赵宋之世。"① 尤其是这个时候的技术成就，无论是其发展势头还是发展速度都堪比甚至高于文艺复兴时期的欧洲的，体现在以下几个方面：

首先，在农业领域，水稻种植的重大改进彻底变革了中国农业，人们改造了铁犁，引进了条播机、除草耙等先进农业用具，学会了使用泥浆、石灰等新式肥料，使用化学和生物制剂来控制昆虫和害虫。此外，当时出版了大量涉及农业技术的巨著，如《陈敷农书》和《耕织图诗》。当时的水利工程设施也极为先进和宏大，但都受控于政府。② 其次，制陶和纺织技术达到了前所未有的高度，但那些先进的制陶和纺织工主要受雇于政府。皇室拥有自己的接近工业规模的烧窑和作坊，雇用了数千名的工匠，大量生产供日常使用和奢侈装饰之用的器皿和丝绸。③ 再次，当时宋朝由于战事频繁，其对军事技术需求比较大，由此导致当时宋朝的军事技术十分发达，无论是冷兵器、热兵器还是战车、战船都非常先进，火药也是这

① 托比·胡弗．近代科学为什么诞生在西方．于霞，译．北京：北京大学出版社，2010：226.

② 政府管控了强大的水利工程，掌握了复杂的闸门、抽水机和戽水车等水力技术。到 12 世纪，中国已经拥有总长约 50 000 千米的可以通航的水道和运河。据估计，从公元 10 世纪至 15 世纪，中国水利工程的数量增长了 7 倍，同期人口至多翻了一番。王鸿生．世界科学技术史．北京：中国人民大学出版社，2008：168.

③ 至 12 世纪时，制陶技术已经相当完善，能够制造相当精致的器皿。中国从公元 1035 年就有了纺车，比西方早了几百年，而且中国的能工巧匠还能够熟练运用水力。这一时期丝绸生产工艺已经十分完善，从栽桑、浴蚕、缫丝、络丝、牵经摇纬到上机织造、成衣形成了一整套的工艺过程，并且效率极高。"北宋时成都府锦院，每年用丝十一万五千两，染料二十一万一千斤，生产锦一千五百匹。"罗瑞林，刘柏茂．中国丝绸史话．北京：北京纺织工业出版社，1986：113.

时候的发明。① 最后，其他一些成就也体现了中国技术的早熟和发达，例如公元1045年，毕昇发明了由陶瓷制成的活字印刷术；公元1086年，苏颂建造了著名的水运天象仪使中国人在时间计量上达到了顶峰；另外一些日常用品如火柴、伞、牙刷和扑克牌都是中国人的发明。②

宋朝的社会发展具有如下特点：首先，技术发展主要集中于农业、军事、水利工程等公共部门，以及一些日常的生活用品，还有一些技术尚处于萌芽期，尚不具备生产运用价值。③ 印刷、丝绸纺织、制陶、造纸等手工技术虽有一定发展，但这些技术并没有用于提高劳动生产率，而主要为政府所垄断，供皇室奢侈和享受之用，维护王公贵族的既得利益。这一方面导致这些技术缺乏进一步发展的动力，未能充分被开发和利用，另一方面导致技术对当时经济发展的价值和作用力有限。其次，宋朝的经济主要以自给自足的农业为主，商品经济不发达，技术在生产中不起主要作用，主要依赖自然资源和劳动力，其对技术的需求并不高。④ 再次，中国文化长期受儒家、道家、官本位思想以及重农抑商思想的影响，技术观和财富观的形成和发展受限，技工和商人的社会地位低下。儒家注重“天人合一”，并注重对天（自然）的敬畏之情，注重社会和人际关系，漠视实际技能，重视传统和先人智慧，反对创新；道家学说相信道和万物相辅相成的思想，倡导“无为”，实际上是反对对自然进行科学的探索；官本位思想使中国大多数的精英都把所有的精力花在了科举考试，而忽视了对技术知识的学习和探索。⑤ 由于重农抑商思想传统，中国商人始终受到官僚结构的控制，商业发展受限，工匠等技术人才也未能得到应有的重视，他们

① 宋朝皇帝十分重视军事技术，甚至还专门建立了用于生产武器的兵工厂。当时生产武器的作坊有“南北作”“弓弩院”“弓箭社”等。《宋史》记载：“器甲之制其工署则有南北作坊，有弓弩院，诸州皆有作院，皆役工徒而限其常课。”熙宁六年，神宗采纳王雾的建议设立了军器监，统天下良工以置都作院。从此，兵器富坚精。例如宋代发明的走马灯，是节日、喜庆时的一种工艺小制作。它用燃气作动力，使灯笼中的剪影转动，尽管它实现了热能向机械能的转换，但是这项技术与实践生产应用的距离相当遥远。张功耀. 科学技术的历史与哲学论稿. 长沙：中南大学出版社，2007：40-44.

② 乔尔·莫基尔. 富裕的杠杆. 陈小白，译. 北京：华夏出版社，2008：243.

③ 张功耀. 科学技术的历史与哲学论稿. 长沙：中南大学出版社，2007：57.

④ 同②59.

⑤ 麦克莱伦. 世界科学技术通史. 王鸣阳，译. 上海：上海科技教育出版社，2007：189.

通过当学徒和积累经验来掌握相关的实用技能，凭手艺挣钱，社会地位低下。最后，当时的封建政府未能认识到技术对经济发展的价值，而当时农业、水利工程、纺织等技术的发展很大程度上受限于官僚机构和皇帝的决策，有兴趣的明君鼓励技术发展，而一旦技术发展被认为具有反动倾向则可能受到查禁和镇压。技术革新往往取决于封建政府的兴趣和良好意愿，大多数官员和政府对改变现状往往越来越厌恶，因而这些技术革新不太可能持续太长时间，当政府对技术创新失去兴趣的时候，奇迹就结束了。①

（二）专利制度缺失的动因

前文所述的包括古埃及、古希腊和古罗马、西欧、伊斯兰世界以及中央帝国等中古世纪的不同历史文明，看似零散碎片化，但它们相互之间保留着一些共性，这些共性能够对于我们解答为何中古世纪没有诞生出激励发明创造的专利制度给以启示。本书以为最根本的动因在于这些文明没有产生技术经济价值和经济利用的观念。正如威廉·布莱克斯通所说："财产的本质前提是它必须具有经济价值……因此，具有经济价值的任何东西都可能成为财产权对象。"② 专利制度是以技术为客体的制度，只有人们认识到技术本身具有的经济价值，应用技术可能带来显著经济优势的时候，才会出现应当由谁来获取该创新收益的问题，才会出现认为这种创新不应简单给予公众而是优先属于某些人的思想。人类只有在认识到科学技术的有用性和稀缺性时，才会诉诸相关权利对其予以保障。正如社会建构主义者莱昂塔认为，只有当人们追求技术最初是出于对财富而非知识的渴望，追求技术改善经济绩效和产品生产，且技术提高了绩效进而增加了财富，知识的合法化才被视为是一种权利关系。③ 凡勃伦在《科学在现代文明中的地位》中也明确指出，只有技术发展到这样一种情况，即使人们知道如何更好地使用它，认为利用技术可以改善其不利的经济地位，人们才会诉诸权益。"在文化早期发展阶段，它们仍然是无用的，或者其用途从

① 乔尔·莫基尔. 富裕的杠杆. 陈小白，译. 北京：华夏出版社，2008：264.

② Blackstone W, *Commentaries On The Laws Of England 16th* Edn, 1825, p501.

③ 乔尔·莫基尔. 雅典娜的礼物：知识经济的历史起源. 段异兵，唐乐，译. 北京：科学出版社，2011：233.

经济上来讲是不存在的，因为那时人类还没有学会它们的用法。”① 对我们生活在现代的人来说，技术的有用性和商业价值是毋庸置疑的，技术可以为人类福祉提供无限可能性，可以改变我们的生活方式，并带来源源不断的免费午餐，因而对发明者给予承认和报偿被认为是一种合情合理的行动。对古代社会这种草率的判断，某种意义上是因为我们把自己的观念和价值体系强加于一个不同文明形态的社会。正如斯蒂芬森所言：“我们经常粗心地把中古时代面临的问题设想为类似于我们自己面对的问题，并依照解决我们的困难所提出的办法而去设想解决办法，然而，当时的许多问题及它们解决办法可能在细节上与现在很不相同。”②

有学者对此提出了反对意见，其认为中古时代的人早已意识到技术的经济价值，因为古希腊和古罗马的人已经开始保守其发明的秘密了，甚至把他们的思想随自己带到自己的坟墓当中。③ 还有学者指出，无论是希腊人还是罗马人都可能已经具有了知识产权的观念，因为关于对作品和技术的偷窃的批判在这两个世界里普遍可见，其中尤以当时古罗马著名的建筑专家维特鲁维奥的批判最为有名。他认为古人关于建筑材料、寺庙设计、公共建筑、水力能源等方面的成就和书籍非常值得珍惜，对技术和作品的剽窃行为应该予以严厉的批判。④ 上述观点实质上是对历史材料的片面解读：首先，早期的技术主要体现为人造物，虽然当时的工匠对这些制造人造物的技术进行保密并世代相传，也知道利用技艺可以生产物品，并利用这些物品获得收入、养家糊口，但他们并不能清楚地区分技术和人造物品所分别带来的价值，其仅仅是将技术作为生产人造物的工具，技术是为了生产物品而存在的，技术利益还没有单独分割依然依附于物，他们本质上

① 托尔斯坦·凡勃伦. 科学在现代文明中的地位. 张林，张天龙，译. 北京：商务印书馆，2012：276.

② 詹姆斯·W. 汤普逊. 中世纪晚期欧洲经济社会史. 徐家玲，等译. 北京：商务印书馆，1992：507.

③ Pamela O. Long, Invention, Authorship, Intellectual Property, and the Origin of patents: Notes toward a Conceptual History, *Technology and culture*, 1991, 32 (4), pp. 846 - 884.

④ 同③.

还未能认识到技术本身的经济价值。① 其次，一方面包括维特鲁维奥等学者对作品和技术剽窃的批判仅仅是当时文化中的星星之火，正如前文所述，当时的主流仍然是将技术与劳动一样看作是低贱的活动，更何谈对其进行保护；另一方面，维特鲁维奥对技术和作品的剽窃的批判，仅仅是因为他对先人思想的珍视和名誉的维护，并不是因为他已经意识到了，文字作品和发明对于经济发展有益或在当时具有和商品一样的市场价值。②

事实上，人们对技术经济价值的认识是一个在社会条件下形成的渐进历史过程，它受当时技术、经济和文化活动的影响。

首先，当时的技术发展水平有限而缓慢，技术发展和作用的领域主要集中在军事和工程等公共领域，还没有与商业实践相结合，作为一股独立的生产力在经济领域发挥作用。技术的发展自身是一个不断递增的过程，随着人们的有用知识而不断扩张。由于人们的认知基础狭窄，技术进步总是时断时续，很少会出现连续的和大规模的技术扩展、改进和应用。例如远古时期和古代埃及时期，还没有出现技术的专门分工，人的技术活动与其他活动没有分别，技术主体是从事日常活动的群众，人们基于生存的目的，无意识和偶然地发现了技术，只是依据简单的直觉知识进行发明创造。古希腊和古罗马之后，虽然各种技术工艺已经发展到一定程度，并产生了专门从事技术工作的阶层——工匠。虽这些工匠从事技艺活动具有一定目的性，但当时的工匠基本都学识不高，社会地位低下，仍然没有任何有意识的技艺研究，主要依靠积累经验来掌握相关的实用技能，技艺与匠人不可分离，生存技术和生产的具体产品不可分离，技艺依靠师徒关系传承，技术创造依然是神秘的、偶然的，无法达到大力推广和使用，进而形成一股强大的社会生产力。古希腊和古罗马之后的学识较高阶层只是偶然对技术感兴趣，他们的兴趣都在其他领域。并且中古时期的主要技术发明成就集中在公共工程、农业技术和军事技术等公共部门而没有与商业实践相结合，为私人部门服务，实用性不强。虽偶有些农业工具、生活用品发明，但基本上都限于生存和生活所必需，手工业和工业技术有限，发展缓

① Pamela O. Long, Invention, Authorship, Intellectual Property, and the Origin of patents: Notes toward a Conceptual History, *Technology and culture*, 1991, 32 (4), pp. 846 - 884.

② 同①.

慢。虽然中世纪人们也能创造一些新颖的发明，许多发明原本可以促进重大的经济改革，却并未得到开发，“没能够看到它达到逻辑上的结局”，从中榨尽可能的经济利益，这很可能与当时人们对技术问题缺乏兴趣有关①，或者是因为当时的技术尚处于萌芽期，本身尚不具备生产应用价值。因而当时的技术还未能与商业实践和生产运用相结合，在生产力中不占显著地位，技术对经济增长的作用有限，有些技术可能会短暂地促进经济的发展，一般都延续时间不长，对经济可持续增长还没有充分发挥作用就渐渐地停滞下来，无法为经济的膨胀式发展和生产力的稳步提升创造源源不断的机会。②

其次，当时的经济形态对技术的需求不高。中古时代主要的经济形态以自给自足的农业为主，一些国家例如古希腊和伊斯兰世界还依靠商业贸易，但由于市场范围受限，一般规模较小。农业经济，与其他加工业、制造业不同，其对自然条件（如气候、土壤、气温、湿度、光照）具有更大的依赖性。这些条件，在我们已经广泛使用了拖拉机、收割机、脱粒机、农业化肥的今天，依然如此，在农业生产力不够发达的古代更是不言而喻。优越的地理条件，对农作物的生长来说，比古代任何一项农业技术更能发挥效益。③ 人口密度激增使衣食需求和农业劳动力的投入量增加，有利于提高农业总产量。因而从增长经济学的角度来看，农业经济增长的非技术要素远大于技术要素。由于农业经济的发展主要依赖土地、气候等自然资源以及劳动力，没有依靠技术的社会要求和内在动力④，丰富的劳动力、简单的技术和经验就足以满足其需求，并且当时贸易关系的不发达也促进不了新技术的创造和推广⑤，因而传统的农业经济形态是无法孕育出技术经济价值和利用观念的，只有在本国工商业较为发达的环境之下才可

---

① 乔尔·莫基尔. 富裕的杠杆. 陈小白，译. 北京：华夏出版社，2008：33.

② Louis Uchitele, In a productivity Surge, No proof of A "New economy", *New York Times*, 2008-10-8.

③ 张功耀. 科学技术的历史与哲学论稿. 长沙：中南大学出版社，2007：57.

④ 盛国荣. 试析科学、技术与社会——三者关系的历史演进. 东北大学学报（社会科学版），2006（3）.

⑤ E·A. 鲍加台赫，B·H. 列夫钦科. 资产阶级专利制度的起源和阶级实质. 中外法学，1979（6）.

能造就这一理念。这是因为工商业经济的发展已经无法依靠简单的劳力和有限的自然资源，其需要更加先进的技术供给，技术创新是工商业发展的强大助力，必然引发人们对技术的重视和探索。

最后，当时的文化环境制约了人们进行技术创造和发展生产的兴趣。一方面，每一个社会的价值标准和集体评价决定着一个社会当中的活动或属性的相对声望，声望活动并不等同于财富，还包括军事、艺术、行政管理、权力、运动、学习和教学等。生产力、产品和财富的积累在排位中越高，社会就越容易受到技术具有经济价值的影响。① 在伟大的文明当中，希腊人赏识运动和学习，罗马人把军事和权力置于最重要的价值，伊斯兰人则强调学习和对文稿的评注，古代中国则强调行政管理（官僚机构）。这些社会都赏识财富，但也认为运动、学习、军事、权力等与之相当，甚至还要强于财富。换句话说，中古时代社会主流价值标准的重心并不在技术和财富领域。另一方面，一些宗教和意识形态对人们的技术观和财富观带来影响。古巴比伦和古埃及人对自然的信仰和迷信，古希腊和古罗马信仰的万物有灵论和人神同一论，西欧的基督教反对物质和技术进步，古代中国的儒家、道教、重农抑商思想等都对技术创造和财富创造带来消极影响。当时的宗教和意识形态使人们敬畏神灵，畏惧和反对技术，拒斥物质生活和财富，技工和商业主体地位低下。事实上，只有在一个重视技术、鼓励生产、技术创造者能够获得足够尊重的社会文明中，人们才会形成对技术进行经济利用的观念。

在当时，不仅私人部门没有形成技术经济价值的观念，而且当时的权势主体——政府也没有形成这一观念。无论是在古希腊和古罗马，还是在古代中国，技工和商人都社会地位低下，无法形成可观的经济和政治力量，因而政府是当时制度形成的最终决策力量。如果技术的经济价值无法为统治者所认识，对技术本身的利益诉求便无法形成制度。害怕技术、对技术无知的统治者是绝不会允许建立鼓励技术发展的制度。古希腊和古罗马、西欧、古代中国等政府始终将技术的用途集中在公共工

① 乔尔·莫基尔. 富裕的杠杆. 陈小白，译. 北京：华夏出版社，2008：80.

程和军事技术，他们很少试图将技术运用到生产领域，虽然偶有统治阶级对技术产生好奇和兴趣，但都是短暂的，因循守旧和反对标新立异向来是他们的基调。一些古希腊和古罗马的君王甚至还恐惧和害怕技术。正如技术史专家芬尼利（Finely）所言，“亚历山大图书馆①、军事技术，以及天才的机械玩具都呈现出伟大之处。但没有一个人会想到将特西比乌斯的这些能量和发明运用到农业或工业中去，甚至可以直接从中获得巨额利益的托勒密家族本身也没有这样做。这和英格兰王室的不同之处，显而易见”②。

二、专利特权制度的起源：威尼斯专利特权制度

公元5世纪以前，在意大利北部的亚得里亚海湾中，有一片寂静的咸水环礁湖以及若干小岛，许多亚得里亚海沿岸的居民为了躲避“上帝之鞭”匈奴王以及日耳曼巴族人的迫害纷纷逃往这里避难，贫瘠的小岛逐渐兴旺起来。而后为了对抗哥德人和罗马帝国，这些小岛组成了一个政治体，这便是素有“亚得里亚海的明珠”之称的威尼斯水城的起源。③ 在这片饱经沧桑的土地上曾经缔造了太多的繁华与辉煌，欧洲早期科技的中心、繁荣的海上贸易和工业、文艺复兴的先驱，桩桩件件，铸就了它的不同凡响，成就了它的举世瞩目。威尼斯专利特权制度的建立与其技术、经济和文化活动息息相关，更为重要的是民主的威尼斯政府最早实施“重商”和“重工”政策。

（一）威尼斯专利特权制度建立的动因

1. 威尼斯早熟的工业技术和工商业经济的繁荣

世人皆瞩目17世纪英国的科技昌盛和工业革命之成就，却不知中世纪科技中心最先起源于意大利，尤其是威尼斯。而中世纪威尼斯科

---

① 当亚历山大大帝将古希腊文化移植到埃及的时候，他发现自己处于一片智力荒漠之中。为了解决这个问题，亚历山大的继承者托勒密一世和托勒密二世建造了这座图书馆。在一个渴望书籍的世界中，图书馆的核心资产，750 000本从全世界购买而来的文蒲草纸图书，是独一无二的资源。

② Finley Moses I, *The ancient economy*. Univ of California Press, 1999, p148.

③ 北京大陆桥时代出版物有限公司. 意大利往事. 重庆：重庆出版社，2007：3.

技的兴盛与当时整个大历史背景下西欧科技的兴起息息相关。西欧本质上是一个技术共同体，任一局部的变化往往都会传到其余部分。[①]西欧的科技之火最初是由古希腊和古罗马人点燃的，而后再经历了一个科技缓慢发展的中世纪。快到黑暗时代末期即公元八九世纪的时候，欧洲社会开始显露出技术革新的最初迹象，这些迹象最终演变成技术革新的一道洪流。[②]“12世纪以来的西欧是一个科学技术迅速、持续发展的时期，甚至超越了当时黑死病这个人口和经济的严重危机。”到1200年前后，西欧各经济体已经吸收了大部分古代中国、伊斯兰等文明的先进科技，1200—1500年的一系列科技发明为欧洲最终成为技术上的领导者开辟了道路，技术兴起的原因主要可以归结为：技术创新的私人性；割据竞争的政治背景，有利于技术的竞争和转移；欧洲人善于吸收其他文明技术；基督教思想中出现了有利于技术发展的新教义。[③]主要技术成就存在于水力和风力设备、航运造船、纺

① 埃里克·琼斯. 欧洲奇迹：欧亚史中的环境、经济和地缘政治. 陈小白，译. 北京：华夏出版社，2015：38.

② 乔尔·莫基尔. 富裕的杠杆. 陈小白，译. 北京：华夏出版社，2008：80.

③ 中世纪末期欧洲科技兴起的原因主要包括以下几点：一是欧洲的技术创新是由私人完成的，而在中国等其他文明国家，技术变革通常是由公共官员和政府造就的，政府造就的技术不太可能持续太长时间（麦克莱伦. 世界科学技术通史. 王鸣阳，译. 上海：上海科技教育出版社，2007：100)。二是中世纪欧洲割据的、充满竞争的政治背景，而非被一大帝国所统治，有利于技术思想的竞争和转移。欧洲诸国体系的文化宗教联系性和竞争性质为技术性人才的迁移提供了基础，使技术得以在欧洲进行次第的和交错的扩散（埃里克·琼斯. 欧洲奇迹：欧亚史中的环境、经济和地缘政治. 陈小白，译. 北京：华夏出版社，2015：38-40)。三是欧洲人善于吸收其他文明的先进技术。多个世纪以来，欧洲从东方世界引进了一整套有价值的甚至是基础的技术：波斯的风磨，中国的养蚕和制丝、造纸术、熔炼铸铁技术、火药大炮、纸币、印刷术，以及阿拉伯数字、水稻、甘蔗等（王鸿生. 世界科学技术史. 北京：中国人民大学出版社，2008：85)。四是基督教思想中出现了一些“异端”，一些新教义思想开始“向神的权能挑战”，一些基督教思想已经表明其开始注意到技术的价值（大卫·兰德斯. 解除束缚的普罗米修斯. 谢怀筑，译. 北京：华夏出版社，2007：24)。这样的信仰逐渐深入人心：人类作为上帝及其工作上的同事，技术成果由人的命运来证明是正当的。一些宗教僧侣和教团在教育、农业、土地开垦和工艺技术等方面扮演了重要角色，最为出名的是本尼迪克特教团。

织、冶金、钟表、化学、印刷、军事等领域。①

威尼斯是中世纪欧洲最大的贸易中转中心和世界文明的阐释者，亚德里亚海是它的通行证，在公元13和14世纪的时候，威尼斯建立并经营了庞大的商业网络，几乎控制了从东方经地中海向欧洲运送商品的所有贸易商路，并且建立了广阔的海外殖民地。它在很大程度上垄断了欧洲与当时世界上已知的其他部分之间的贸易，威尼斯商人几乎遍布欧洲的整个角落。② 威尼斯极大地得益于其临近外国产品和技术传入欧洲的通道，因而相较于其他地区形成了它的优势，使其能够接触当时中西方最为先进的技术。③ 此外，由于威尼斯是一座海上城市，其本身资源贫乏，既无淡水也无土地资源，因而威尼斯人没有农业，维持威尼斯人生存所需的一切物品和资源完全依靠商业贸易和发展工业来获得，“威尼斯是世界上唯一一个为了进行买卖活动而组织起来的国家”④，其对技术和工业发展

① 许多利用水力和风力等自然的设备开始得到利用，例如风车，还有运河水闸。在运输业方面，欧洲人采用了所谓的轻帆船的建造技术，到1400年，已经出现1 000吨位的船只。欧洲人还开发了比以前更好的航海工具，13世纪欧洲人开始将罗盘、海图和导航盘投入使用，1409年托勒密的《地理学》被翻译成拉丁文，随后被传到欧洲，使得西欧地理学的复兴达到顶峰。在纺织业方面，涌现了许多新的发明，例如12世纪发明了手纺车，13世纪欧洲人还掌握了捻丝工艺，15世纪出现了萨克森纺车，这些新工艺大大提高了纺织的效率和产量。在冶金业，依靠水力推动的鼓风炉得以发明。在非铁类冶金业，依靠铅把银从铜矿石中分离出来的工艺是这一时期最重要的发明之一。在印刷业方面，约翰·古腾堡的活字印刷术自发明之后便以闪电般的速度在欧洲扩散和使用。到1480年，欧洲有380台印刷机运转，在紧随这项发明的50年里，印刷出来的书籍比以前上千年的书都要多。在钟表行业，机械钟的出现被认为是当时技术进步的象征，又是技术进步的深层次原因。因为它不但创造了人们生活和生产的秩序和组织，创建了一套共享的客观信息，而且还使得人们可以对生产力进行更精确的度量。在军事工业，中国的火药和早期火器传入欧洲，而欧洲在此基础上发明了新型大炮、滑膛枪等新型武器，使得伊斯兰和欧洲诸国俯仰欧洲人的鼻息。在化学领域，许多化工制品的发明给人们生活提供了便利，改变了人们的日常生活状况，例如眼镜、着色窗、染色、制革、油画和药品等（乔尔·莫基尔. 富裕的杠杆. 陈小白，译. 北京：华夏出版社，2008：50－51，52－53，55）。

② 威尼斯建立并经营了庞大的商业网络，不但同西欧诸国，还同巴尔干半岛各国、叙利亚、埃及、克里特、西西里等地进行贸易，他们还进入克里米亚在顿河河口建立商站（尚洁. 中世纪晚期近代早期威尼斯贵族政治研究. 武汉：武汉大学出版社，2013：27）。

③ 尚洁. 中世纪晚期近代早期威尼斯贵族政治研究. 武汉：武汉大学出版社，2013：27.

④ 威尼斯也从中获得了巨额利润。据估算，威尼斯的商船将从西欧本土收购的木材和矿石等资源运送到北非利凡特地区销售后，购买香料、丝绸等来自东方的奢侈品返回威尼斯进行销售，其利润有时甚至高达1 200%。罗杰·克劳利. 财富之城：威尼斯海洋霸权. 陆大鹏，张骋，译. 北京：社会科学文献出版社，2015：15.

的需求也更为强烈。据狄德罗的《百科全书》记载，威尼斯各种工艺技术早在 15 世纪已经出现，工业技术发达和早熟程度使其成为当时欧洲工业中心之首。①

威尼斯当时最强大也最先进的工业技术主要体现在四个方面：一是玻璃加工技术。威尼斯是当时最先进的玻璃加工产业国家，威尼斯玻璃工匠的技艺远近闻名。② 在众多工匠的辛勤努力下，威尼斯迅速崛起成为玻璃工艺的中心，成为当时有名的“玻璃之都”，尤其是当时的穆拉诺岛是玻璃工艺的传奇之地。③ 二是当时威尼斯的造船技术和航海技术。造船和航海是海上城市威尼斯一项特别重要的事业，从 13 世纪开始，威尼斯共和国花费了巨大财力和物力、引进大量技术人才打造护送商贸货船的战舰，威尼斯建造了当时欧洲最著名也是最大的“兵工厂”④。“他们建造的舰队是如此宏伟巨大，任何一个基督徒都未曾见过更好的。”⑤ 这一切都清晰地表明威尼斯具备了世界上最先进的造船技术以及令人生威的海军力量。三是威尼斯的丝绸纺织技术。正如前文所述，威尼斯是当时欧洲最大的贸易中转中心，得益于这一优势，威尼斯人学习了当时东方的丝绸纺织技术，同时在国内引进了大量的卢卡织工和商人，他们掌握着当时欧洲最

---

① 费尔南·布罗代尔. 15 至 18 世纪的物质文明、经济和资本主义. 顾良，施康强，译. 北京：生活·读书·新知三联书店，1992：142.

② 威尼斯的玻璃制作史可以追溯到 13 世纪，1204 年十字军东征，占领了拜占庭帝国，不少拜占庭玻璃工匠逃到威尼斯，也把玻璃制作技术带到了这里。后来，威尼斯商人从叙利亚带回了钾，这对当地的玻璃制作工艺产生了极大的影响。

③ 同①145.

④ 在这里，一个与露天水源的运河相连接的巨大的人工水池中，政府雇用工人，包括木匠、篷帆制造者、修补船缝的手工匠以及船舰的设计师们，在这个制造厂的高效生产装配线上建造着坚固和实用的各类船只，包括用于短途重载货运的圆底帆船以及用于远洋贸易和战争的长形帆船。尚洁. 中世纪晚期近代早期威尼斯贵族政治研究. 武汉：武汉大学出版社，2013：28.

⑤ 威尼斯贵族桑努托在其威尼斯颂文中介绍这座“兵工厂”。“（它）无疑是你能想象到的最好的景象。它的面积很大，占地约 20 斯塔第（约合 60 英亩）位于圣马蒂诺堂区，四周被好看的城墙环绕。这里不间断地建造着用作战舰的大型桨帆船……每天大约有一千名工人在这里工作，你能在这里找到所有与造船相关的技术工人。兵工厂的四周就是水面，方便船只在造好后下水，然后离开兵工厂汇入大运河……”罗杰·克劳利. 财富之城：威尼斯海洋霸权. 陆大鹏，张骋，译. 北京：社会科学文献出版社，2015：59.

有名的丝绸染色技术。这些卢卡织工帮助威尼斯不断引进丝织、染色技术①，这一切都使得威尼斯具备了当时最先进的丝绸纺织技术。四是活字印刷术的引入和普及。毕昇的活字印刷术发明之后，14 世纪初随着蒙古军的扩张，欧洲和中国之间的商务、外交关系也有了发展②，正是在这一时期，威尼斯和德国的一些地区，出现了雕版印刷。但其向欧洲其他地区的传播速度也很慢，只有欧洲的文艺复兴运动，才将印刷术很快传遍欧洲各国。③ 精明的威尼斯人很快地了解并学习了这一技术，迅速在国内获得普及，并在此基础上早于欧洲其他国家人民发展了印刷和出版业。

威尼斯先进的工业技术、发达的商业贸易、广阔的海外市场催发了中世纪威尼斯工业的早熟和工商业经济的蓬勃，使其成为当时欧洲工业中心之首。玻璃加工、造船业、毛纺织业和丝织产业是其重要产业，其所生产的毛织品、丝织品、玻璃制品畅销欧洲和地中海各国④，此外还包括镜子、肥皂、金属装饰品的制造等。⑤ 14 世纪时，由于卢卡人丝织组织机构和技术已经具有资本主义特征，他们的生产有比较复杂的生产程序，尤其体现在毛纺织业，生产设备由工场主提供，生产者出卖劳动力以换取工资，他们改变了威尼斯工业的经济体制使其出现了资本主义萌芽。⑥ 此外，早期威尼斯印刷者为避免行会的干预以及威尼斯政府的限制，以早期资本主义的方式在城中开设公司和经营。⑦ 在 15 世纪末期，新设立的活字印刷所就约有 100 个，出版书籍约 200 万册。这一技术的发展也使得威尼斯的印刷产业甚至超过了德国（古腾堡的家乡）的产业。⑧ 同时发达的

① 詹姆斯·W. 汤普逊. 中世纪晚期欧洲经济社会史. 徐家玲，等译. 北京：商务印书馆，1992：343.

② 横贯中国、波斯、俄国直达欧洲腹地的道路也畅通起来，往来于这条通道上的，除外交使节外，也有商队、工匠和传教士。正是在东西方的频繁交往中，中国的印刷术被传播到欧洲。

③ 卡特. 中国印刷术的发明和它的西传. 吴泽炎，译. 北京：商务印书馆，1957：109.

④ 黄仁宇. 资本主义与二十一世纪. 北京：生活·读书·新知三联书店，1997：179，197.

⑤ 蒋浙安. 论中世纪威尼斯经济繁荣的原因. 安徽大学学报，1998 (4).

⑥ 同①342，343.

⑦ Frank D. Prager, A History of Intellectual Property from 1545 to 1787, *J. Pat. Off. Soc'y*, 1944, pp. 711 - 758.

⑧ 同⑦.

商业贸易和工业也催生初具规模的金融业务。① 几乎可以说，威尼斯全体居民都给商人贷款，这种自发提供的、到处可得到的贷款极大便利了商人商业资本的积累和信贷，为威尼斯商人投资和创办手工产业提供了基础。② 威尼斯无疑是当时意大利以及欧洲资本主义工商业发展的策源地和领袖，在15世纪时，威尼斯的财政年收入总数高达159万杜卡特，成为"欧洲最富有的国家"③，被誉为欧洲中世纪商业和城市复兴后欧洲出现的"第一个经济世界"中心。④ 因而与中世纪欧洲的其他国家相比，在威尼斯工业和商品经济的发展过程当中，这里已经出现了劳动和资本的分离，一些富裕的商人或工场主往往雇用一些技工进行生产，并逐渐掌握了经营能力或先进技术，他们逐渐意识到了技术对他们商品生产力和获取更多利润的重要性，他们作为一股新的力量开始崛起。⑤

---

① 首先出现了银行制度"存款银行不是一项新制度，可能在罗马时代就已存在，但它们的复兴则要从12世纪末和13世纪算起。"在这种情况下，历史上的第一个国家银行也诞生于威尼斯，银行"Bank"一词也来自威尼斯词语"Bankorott"，1284年威尼斯铸造的金币杜卡特是欧洲通用的货币。其次是出现了新的金融制度保险业，"保险业在这一时期也初露端倪，如所预料，它与海上贸易有关；其最早的创始者为意大利人。……已知最早的一例保险贷款可以追溯到1287年"。最后是各种汇票和长期贷款制度的出现。"复式簿记法"也由卢卡·巴西奥利在威尼斯发明。从12世纪末、13世纪初开始，尤其是14世纪，威尼斯已经拥有经济活动的各种工具：集市、店铺、仓库、拉桑萨交易会、造币厂、总督府、兵工厂、银行、海关等。威尼斯人很早"按照生意人的规矩"，接受"信贷业务的合法性"。

② 费尔南·布罗代尔. 15至18世纪的物质文明、经济和资本主义. 顾良，施康强，译. 北京：生活·读书·新知三联书店，1992：131－134.

③ 根据布罗代尔的统计，1423年威尼斯市及市辖区财政收入约为75万杜卡特，人均收入约在50至100杜卡特之间。这基本上与当时西班牙全国的国民收入平起平坐，与英格兰不相上下，而远远超过意大利地区的其他城市，如佛罗伦萨、米兰、热那亚等。而这仅仅只是计算了威尼斯城及其外围岛屿的财政收入情况，如果在市政当局的收入（75万杜卡特）之上，加上它的大陆领土（46.4万杜卡特）以及海外领地的收入（37.6万杜卡特），那么威尼斯的财政年收入总数将高达159万杜卡特，成为"欧洲最富有的国家"。此外，威尼斯的富有还可以从其人口和城市建设上看出，13世纪末，威尼斯已成为当时欧洲著名的大城市，人口超过了10万，仅次于米兰（约20万人），与佛罗伦萨、热那亚并列，远多于其他的意大利城市（约2万至5万）。到15世纪时，其已经拥有20万的商业居民，是当时最著名的国际大城市之一。费尔南·布罗代尔. 15至18世纪的物质文明、经济和资本主义. 顾良，施康强，译. 北京：生活·读书·新知三联书店，1992：120－121.

④ 同②86－141.

⑤ 波斯坦，等. 剑桥欧洲经济史：第5卷　近代早期的欧洲经济组织. 王春法，等译. 北京：经济科学出版社，2002：414.

2. 雅典娜的礼物①——文艺复兴的“祛昧”与“革新”

在以佛罗伦萨、威尼斯为伊始的意大利商业发达城市，由于新技术带来的巨大生产力和经济价值，以及繁荣商业贸易带来的新的生活方式，使得当时新兴工商业阶级中的一些先进的知识分子产生了新的价值观念。同时基督教的压抑和教会的腐败堕落日益引起人们的不满，他们不再盲目信仰对现世人生否定和对再生追求的基督教神学思想，于是将目光投向了更为遥远的古代，希冀从古典古代的作家、艺术家和诗人那里吸取营养。他们通过再现、研究和模仿创作基督教统治世界之前的古希腊、古罗马时代那些古典文本，使一道理性之光扫除中世纪的阴霾，文艺复兴运动开始兴起。当时西欧印刷技术的兴起改变了知识的存储、更新、传播方式，也推动了文艺复兴的发展。文艺复兴在意大利的勃发较西欧各国的早了两三百年，带动了西欧首先进入近代社会。文艺复兴运动对当时的威尼斯带来的作用具体而言，可以归结为以下几点。

首先，文艺复兴的人文主义思潮启发人们的新知，强调将社会经济和科技生活的实践结合起来，不但扫除了当时人们对技术的阴霾和无知，使人们重新认识了科学和技术理论，而且对于科技工作者愈加赞赏和鼓励，使得人们开始重视技术、尊重技术人才。受古希腊自然主义精神的催发②，人文主义不仅开始关注科学，而且积极发扬具有科学态度的古典理性精神，这些与当时的工匠技艺发展相辅相成，从而结出近代自然科学之果。自此之后，欧洲人不但开始观察和探索大自然，而且极为重视经验和实验。例如布鲁尼就曾号召人文学者：“要汲取各方面的科学知识，使我们的思想丰富多彩，而不至于感到空虚贫乏。”并且随着参与各种实用技

① 在古希腊神话中，有一个关于国王刻克洛普斯的故事：他在阿提卡的阿克罗波利斯（Acropolis）创建一个新城时保证：如果哪个神给这个新城一个最好的礼物，他就用这个礼物来命名该城。海神波塞冬（Poseidon）凿开石头，让一条清澈的河水穿城而过。刻克洛普斯尝了河水，发现水有咸味。知识与智慧女神雅典娜给了他一个更有价值的礼物：橄榄树。橄榄树象征着和平、富裕与希望。之后的故事或许是历史，而不再是神话。

② 自然主义既体现了不信宗教的古代学术的复兴，又为这种复兴所鼓动。自然主义的精神同弥漫在中世纪理智气氛之中的超自然主义精神大相径庭。它不是从理性倒退的结果，而是迈向不受任何界限限制的更自由、更完整的理性的一大步。亚·沃尔夫. 十六、十七世纪科学、技术和哲学史. 周昌忠，译. 北京：商务印书馆，1984：7.

术的工匠越来越多，他们作为一个群体，社会地位日益提高，他们通过对自己的实践经验和实践结果概括总结来著书立说，例如，工艺家和机械技师赛尼尼的《技艺》、比林格西奥的《热加工技术》、阿格里柯拉的《金属学》、雷米利的《种种奇妙的机械》、韦仑蒂乌斯的《新机械》。而且，工程师们自身也变得非常自信。留存的笔记都是关于新型动力来源和机器的幻想。在一些当代的记述中，描述了钟表匠们就必要的改进如何达成一致，并通过某种系统方式来完成目标的过程。① 甚至还出现了大量技术幻想类的著作。② 技术书籍虽然不一定能够使人创造新的发明，但是永远使人有一种错觉：认为解决大部分社会问题的途径，可以在一系列新技术中寻找到，技术和技术发明家的作用也日益凸显。

13 世纪和 14 世纪的作家们对创新的速度感到非常惊奇，他们把工程师和技工视为英雄，很有影响的作家和思想家也赞扬他们对人类福祉所作的贡献。③ 在文艺复兴时期，第一次出现了列出重要发明及其创作者的书籍，例如维吉尔的《论发明家》是当时最早出版的赞美发明家的流行读物，书中描写了当时的玻璃工艺、丝绸、印刷术、造船等各种发明，并对当时的发明家大肆赞扬。④ 此外，大量富有精心绘制插图的此类著作出版，其中有些在性质上是描述性的，准确表达了当时的技术实践和诸如采矿业和冶金业人造物的情况，但其中有一组收集了成百上千幅的从已有机器中繁衍出的机器的图案，极具影响。这些书汇总的创新之物，当时虽未被造出来，但能以如此细致传神的笔触画出，由此可见，当时的人们已经开始利用艺术

① 许良. 技术哲学. 上海：复旦大学出版社，2004：8.

② 例如 13 世纪的罗杰·培根预言无桨的大型战舰将游弋在河流和海洋上；无牲畜牵引的交通工具将在大地上飞奔，而不同于飞鸟展翅飞翔的飞行器将在天空翱翔；人们将使用潜水钟探索海底的奥秘（乔治·巴萨拉. 技术发展简史. 上海：复旦大学出版社，2000：83)。《机器大观》是当时一部比较流行的作品，因为他们表现的技术是为取悦和教育读者大众而存在的。与当前科幻类电影一样，当时人们对技术的好奇与无知，使得很多人通过文字作品来表达他们的技术想象。当时已出现了一些描述奇异机器的专题论文，而这种机器已大大超出了当时技术所能做到的范围，因而这些论文无法提供有关这类型机器的详细技术细节。最早出现的这类书中，有一本是康拉德·凯泽的《勇士》(1405 年)，以富于奇思异想的战争机器闻名。在《勇士》中，正如这类书的其他书一样，不要指望其描绘的机器设备真的能创造出来。乔治·巴萨拉. 技术发展简史. 周光发，译. 上海：复旦大学出版社，2000：73－75，79.

③ 乔治·巴萨拉. 技术发展简史. 周光发，译. 上海：复旦大学出版社，2000：141.

④ 同③142.

的方式表达他们对发明家的尊重以及对新发明的好奇。① 库萨·尼古拉斯（Nicholas of Cusa）的一段文字表明，当时陶瓷和汤勺制造者的地位已经被认为高于画家。画家仅仅是在模仿自然，而陶瓷的制造者却在创造自然所没有的事物。②

其次，文艺复兴开始解禁基督教神性的压抑，释放人们的财富观和科技观，使得人们开始关注自然和财富，尤其是实用主义的观念的萌芽使人们更加渴求财富和生产力的发展。中世纪时期由于基督教的压制，人们漠视财富和性欲，对探索自然不感兴趣，而随着工业的萌芽和商品经济的发展，面对大量的财富涌入城市当中，人们追求财富的欲望逐渐膨胀。人文主义的先驱们顺应了当时时代发展的潮流和趋势，开始为占有财富和反对禁欲主义寻求理论根据，于是在这些理论的指引下，财富开始成为人们追求幸福的源泉，束缚人们的禁欲主义逐渐松动并瓦解。③ 而在人文思潮的影响下，威尼斯很可能早于其他欧洲国家兴起了实用主义的观念。著名的欧洲历史学家亨利·皮郎指出，这个主要由商人组成的城市，发达的工商业和空前繁荣的贸易，使得威尼斯商业观念处处可见，实用主义哲学开始支配这座城市，利益和算计成了他们生活的全部。④ 技术史专家乔尔·莫基尔指出，虽然这种实用主义无疑只是到 17 世纪才充分彰显的，尤其是在弗朗西斯·培根的著作中，但实用主义很可能在很早以前在意大利威尼斯就以含蓄的形式存在了。⑤ 罗伯逊（Robertson）教授指出，古希腊由于繁荣的贸易就已经存在经济理性主义，很可能到文艺复兴时期，在重视商业环境下的意大利再次得以复兴。⑥ 而一旦威尼斯人将实用主义和利益至上作为他们的主要价值标准，那么他们将更加渴求经济和生产力的发展。

---

① 李宗辉. 历史视野下的知识产权制度. 北京：知识产权出版社，2015：42.

② Nicholas of Cusa，Opera omnia，ed. L. Bauer，1937，pp. 95 - 98.

③ 丹尼斯·哈伊. 意大利文艺复兴的历史背景. 李玉成，译. 北京：生活·读书·新知三联书店，1988：129.

④ 亨利·皮郎. 中世纪欧洲经济社会史. 乐文，译. 上海：上海人民出版社，2001：18.

⑤ 乔尔·莫基尔. 富裕的杠杆. 陈小白，译. 北京：华夏出版社，2008：195.

⑥ 罗伯特·金·默顿. 十七世纪英格兰的科学、技术与社会. 范岱年，译. 北京：商务印书馆，2000：119.

"在商业的实践欲望中，我们可以看到其主要的外向活动的基本动力。"① 正如马克斯·韦伯在《新教伦理与资本主义精神》中所认为的，加尔文教的禁欲主义和实用主义品质导致和促进了资本主义精神的萌芽和发展；默顿在其《十七世纪英格兰的科学、技术和社会》中也指出，清教的实用主义价值导致了 17 世纪的英格兰人对科学的赞许和经济的渴求。②

最后，人文主义开始否定中世纪过分重视团体的精神，推崇个人的独立意志，个体主义价值开始受到人们的重视。中世纪的西欧是一个重团体、集体或共同体的社会，无论封臣封土制度、公地制度、行会制度还是宗教制度，都体现出这一特点。对团体的过度重视，便压制了个人的精神。③ 文艺复兴运动对个人意志的启蒙和认识，使人们认识到个体不但能够摆脱神的束缚，在技术创造和文艺创作当中获得自由，而且在处理自己的经济活动和事务当中也具有自由的独立人格，不受外界的干扰。个人主义催化了市民社会的自治理念，将人格平等、意思自治、契约自由等顺应人性解放要求的近代民法基本原则渐渐注入威尼斯等国的经济生活当中。事实上，重视个人的财产和订立契约权利的罗马法在文艺复兴的影响下也开始大规模复兴，正如布格比（Bugbee）所言，罗马法在意大利的复兴，这有助于刺激意大利个人权利以及以契约法为基础的法律系统的形成。④

3. 小结

威尼斯技术、经济和文化环境的耦合作用使其具备了形成专利制度观念的条件：首先，在中世纪末期西欧技术开始兴起的潮流下，威尼斯基于其独特的地理优势和广阔的海外贸易市场，使威尼斯能够接触当时中西方最为先进的技术，技术认知的扩展以及贫乏的自然资源使得威尼斯人更加

① 詹姆斯·W. 汤普逊. 中世纪晚期欧洲经济社会史. 徐家玲，等译. 北京：商务印书馆，1992：15.

② 罗伯特·金·默顿. 十七世纪英格兰的科学、技术与社会. 范岱年，译. 北京：商务印书馆，2000：119.

③ 赵文洪. 私人财产权体系的发展——西方市场经济和资本主义的起源问题研究. 北京：中国社会科学出版社，1998：33.

④ 在罗马法体系中，市民权是指罗马市民所享有的特权，包括公权和私权。公权即政治权利，私权的核心即财产权，罗马法极为重视个人的财产和订立契约的权利。Bugbee B W，Genesis of American patent and copyright law，Public Affairs Press，1967，p241.

注重技术的创造，当所有西方国家还只是将技术用于航海、农业以及日常使用时，精明的威尼斯人已经开始运用科学原理对之前的手工技术经验进行系统的整理，并将其运用到玻璃加工、丝绸、造船、印刷和出版等原始的工业部门，并取得了非常明显的效益。这时候的技术发展远非之前的以满足生活和生存或公共部门为根本，而是指向物料充盈和经济扩张。尤其是威尼斯最早萌发了资本主义的萌芽，这些新兴的工商业阶级开始有目的的将技术运用到生产领域。并且其发达的商业贸易、广阔的海外市场进一步刺激了其工业产品和工艺技术的需求，商业资本和金融信贷则为工商业经济和技术创造提供了资本。因而这种工业技术和工业实践的良性互动，使精明的威尼斯商人意识到技术创新对于解决资源匮乏难题的商业价值，技术作为客观生产的手段，其利益受到重视。其次，当时的文艺复兴运动发挥了如下作用：(1) 文艺复兴的人文主义思潮启发人们的新知，强调将社会经济和科技生活的实践结合起来，不但扫除了当时人们对技术的阴霾和无知，使人们重新认识了科学和技术理论，而且对于科技工作者愈加赞赏和鼓励，使得人们开始重视技术、尊重技术人才；(2) 文艺复兴开始解禁基督教神性的压制，释放人们的财富观和科技观，使得人们开始关注自然和财富，尤其是实用主义的观念的萌芽使人们更加渴求财富和生产力的发展；(3) 文艺复兴的人文主义思潮及罗马法的复兴使人们重视个体主义的价值。当然上述因素的作用是一个复杂、缓慢、相互交织的过程，然而当一切条件都已经具备时，不但在威尼斯最早萌生了技术经济价值和经济利用的观念，而且这使威尼斯人开始否定中世纪过分重视团体的精神，推崇个体的独立意志，这实质上有助于形成技术利益由个体享有的制度观念。但这一制度观念的形式也可以是多种多样的，例如设立鼓励发明的基金会、发明奖励、特许经营许可等。事实上，正如下文所揭露的，在最初阶段，由于威尼斯政府和私人部门拥有不同的自利目的，他们形成了不同的制度观念。

（二）威尼斯专利特权制度的形成

1. 威尼斯行会技术保护的早期观念与规定

技术商业价值最初是被威尼斯行会所发现的，在行会中人们发现了技术与有形物品的区分，并将技术称为“无形财产”，最早的知识产权观念便开始在威尼斯的行会当中生根发芽。11、12 世纪随着西欧经济技术的复苏，各种行业组织又开始在城镇建立起来，但是由于这些行会太少和太分散，而不能对经济实施任何影响。一直到 13 世纪后期，行会组织开始普遍发展起来。① 尤其是在当时的威尼斯，随着威尼斯经济和城市的发展，以及技术工匠的分工愈加细化，政府也鼓励和支持各部门的细致分工，各种行会组织在威尼斯逐渐建立和强大起来，使得威尼斯当时的大部分商业和技术都由行会所掌控。② 行会是由在各自行业中保持垄断地位的技术和产业雇主们所组成的团体，很多雇主是当时新兴的资本主义商人的代表，行会成员自己有生产工具，自己购买原料、组织生产、销售产品。③ 威尼斯政府逐渐意识到行会的重要性，加强了对行会的监管。行会与威尼斯政府之间保持着密切的关联性，行会依赖政府通过相关规定保护其利益，而政府本身也依赖行会对本国技工进行管理。行会由当时威尼斯政府的一个专门机构进行管理，他们从行会当中选拔合适的成员作为该行政机构的官员，这些行会成员有义务向该机构汇报行会的发展情况并且相关的行会规则都要经过该行政机构的许可，因而当时威尼斯的行会便具有了技术工人的社团与行政管理的双重功能。④ 然而行会并不只是威尼斯政府调控和管理经济活动的一种工具，当时行会内部完善的上诉程序使得行会成员可以限制威尼斯政府的行政官员，其本质上而言依然是一个独立的利益团体。⑤

技术的无形财产价值很有可能最先产生于威尼斯的玻璃行会。当时的威尼斯玻璃制品主要有三种：（1）玻璃珠；（2）经常使用的空心器皿；

① 波斯坦，等. 剑桥欧洲经济史：第 3 卷 中世纪的经济组织和经济政策. 北京：经济科学出版社，2002：195 - 196.

② Ashley，William James，*An Introduction on English Economic History and Theory*. Vol. 2. Longmans，1914，pp. 67 - 123.

③ 同②131.

④ Richard Mackenney，Tradesmen and Traders：*The World of the Guilds in Venice and Europe*，c. 1250-c. 1650（Totowa，N. J.，1987），p9 and p1. 43；G. Monticolo and E. Besta，I capitolari delle Arti Veneziane sottoposte alla Giustizia e poi alla Giustizia Vecchia dalle origini al MCCCXXX，3 vols.，Fonti per la storiad'Italia，pp. 26 - 28（Rome，1896—1914）.

⑤ R. Mackenney，Tradesmen and Traders. The World of the Guilds in Venice and Europ ec. 1250-c. 1650，*Croom Helm*，London，1987，pp. 21 - 28.

(3) 镜子、透镜等。尤其是威尼斯的玻璃珠无论在制造还是输出上都在威尼斯玻璃工业中占有极其重要的地位。[①] 威尼斯的玻璃之所以比欧洲其他国家制造的玻璃要好，一方面得益于威尼斯发达的港口贸易，使威尼斯可以从东方获得制作玻璃的高等原材料，例如苏打杂质比北欧国家所用的材料要更加透明；另一方面，正如前文所言，威尼斯先进的玻璃制造工艺闻名遐迩，尤其是威尼斯穆拉诺岛的玻璃工艺。[②] 玻璃技术给威尼斯带来源源不断的财富，威尼斯也因此在欧洲声名远播，它既是欧洲的一颗宝石，也是被嫉妒的对象。当时很多国家都觊觎威尼斯的玻璃技术，派出了大量的工业间谍去威尼斯盗窃玻璃制作秘方，甚至连当时的法国国王路易十四都希望法国的玻璃加工工业能以穆拉诺岛的为基础，为此让其财政大臣J.B. 柯尔贝尔接过这一重任。柯尔贝尔曾以大量金钱引诱威尼斯的玻璃制作大师，但最终以失败告终。[③] 玻璃制造行会逐渐意识到玻璃工艺的商业价值，最初由于团体主义的意识还居于主流，玻璃行会将其作为整个行会的财产，行会作为集体“独专其利”，行会成员不得对外泄露。为了防止玻璃行会的技术财产被泄露或转移，玻璃行会中的技工雇主们开始不断要求政府制定相关规定对其玻璃工艺进行保护。威尼斯玻璃产品可以通过销售而远传欧洲，但是对技巧本身的出口却被严厉禁止。玻璃制造者如果将该技艺传播到威尼斯以外，那么玻璃制造者将被授予严惩。例如 1271 年，威尼斯玻璃制造行会和政府对于泄露玻璃技艺行为进行了专门规定，根据该规定：“任何怀有玻璃制造技艺的工人如果未经许可逃离威尼斯，不但将受到罚款，而且行会组织也将不再接受他。”[④] 1281 年，这一规定变得更加严苛，违背者将要受到双倍罚款。1291 年，威尼斯政府以及行会组织认为罚款规定并没有成效，已经不足以威慑这些泄露者，很多玻璃技工已经在利诱下逃往其他国家。前者向议会请求更加严厉的处罚，并认为将相关玻璃制造的

① 詹姆斯·W. 汤普逊. 中世纪晚期欧洲经济社会史. 徐家玲，等译. 北京：商务印书馆，1992：338－339.

② R. J，Charleston and L. M. Angus－Butterworth，Glass，in *A History of Technology*，vol. 3，pp. 206－244.

③ 北京大陆桥时代出版物有限公司. 意大利往事. 重庆：重庆出版社，2007：13.

④ Monticolo G，Besta E. I capitolari delle arti veneziane，I－IV，Roma，III，Capitulum Canpanarii et Laviçariorum，1896，pp. 107－121.

原材料销售给泄露者也要被禁止甚至也可能被开除，同时相关行会成员如果知悉泄露者的踪迹有义务告知政府。这一请求最终获得议会通过。① 1313 年，威尼斯玻璃行会和政府向米兰和亚里托（当时欧洲有名的商业中心）宣布："任何泄露者将受到皇家法院审判并且可能被永远开除出行会。"② 1315 年，威尼斯玻璃行会和政府试图采用另一种方式，他们通过米兰和亚里托再次对外宣布"任何泄露者在两个月内回国可以免受处罚，否则将按照上述规定进行严惩"③。

威尼斯当时广为流传的一个故事也说明当时威尼斯对于玻璃技术加工之重视：乔吉奥是威尼斯当时有名的巴罗维耶家族的一家玻璃工场的学徒。他夜以继日地埋头干活儿，学习手艺，渴望有一天能出人头地。后来，乔吉奥盗取了巴罗维耶家族的玻璃制作秘方，并将其转卖给巴罗维耶的竞争对手。它产生的结果是，乔吉奥不仅得到了一家属于自己的玻璃工场，而且还娶到了巴罗维耶的竞争对手的女儿，可谓人财两得。然而，乔吉奥很快意识到他在威尼斯人眼中失去了宝贵的信誉，不再被人尊重和新任。他不仅不能公开移民到其他国家继续从事自己的事业，也无法在穆拉诺岛上的其他地方工作。④

而威尼斯其他行会也很快意识到不仅是玻璃技术，其他技术也可以具有商业价值，威尼斯其他行会也要求政府制定了相关规定来保护行会的集体财产。例如 1297 年 5 月 21 日威尼斯议会颁布的一个法令，其规定：药剂师基于自己设想的秘方所研制的药物，如果能够保证使用最好的药材，那么该药方属于该行会所有，并且所有的行会成员都应该对其保密。⑤ 因而"知识产权"在作为具有特定内涵的专业术语出现之前，最初是以行会对技术的所有权的形式存在的。由于技术知识变得越来越有价值，它逐渐

① Pamela O. Long, Invention, Authorship, Intellectual Property, and the Origin of patents: Notes toward a Conceptual History, *Technology and culture*, 1991, 32 (4), pp. 846 - 884.

② 同①.

③ 同①.

④ 瓦莱里奥·林特纳. 周末读完意大利史. 郭尚兴，刘亚杰，等译. 上海：上海交通大学出版社，2009：50 - 51.

⑤ Mandich G, Venetian Origins of Inventors' Rights, *J. Pat. Off. Soc'y*, 1960, pp. 378 - 382.

成为被挪用或偷窃的对象，由于当时欧洲各国是一个分散的、竞争的国家体系，正如前面的乔吉奥的例子，行会内部成员会怀揣着行会内部的技术或产业逃到其他国家或地区，当然也可能出现行会内部成员敝帚自珍，不满行会对其创造的技术进行垄断的情况。这些国家或地区出于减少进口产品的成本或发展经济的目的会对这些外来技术人才施以重酬。更重要的是当时文艺复兴和罗马法复兴对个体主义价值的日益重视，威尼斯行会逐渐意识到赋予个体成员对特定知识的利益的必要性，一些行会的内部规定便将之前视为集团财产的知识视为被行会内部的成员享有。随着这些行会内部处理无形技术财产的经验越来越丰富，行会内部关于处理类似问题的规定越来越具体。例如他们对于无形财物的批准必须符合“实用性”（unity of work），也即技工或制造者必须保证其所提供的技术或产品具有“实用性”，否则将承担责任。如 14 世纪威尼斯行会的一条法律规定：如果有人发明了任何“有用”的丝绸制造机械装置或方法，其他成员不应该对其进行使用。① 这一标准后来被吸收到了威尼斯 1474 年专利法当中，成为专利的授权标准之一。②

2. 威尼斯的重商主义政策与早期实践

(1)“威尼斯神话”与官房主义政策

尽管关于城市的起源有各种学说③，但有一个共识，即近代城市首先兴起于意大利。④ 13 世纪末期，伴随着威尼斯海外扩张的不断深入，越来越多的商人通过海外贸易积累了巨额财富，成为城市新兴的权贵家族，他

---

① Mandich G, Venetian Origins of Inventors' Rights, *J. Pat. Off. Soc'y*, 1960, pp. 378 - 382.

② Phager F · D, The early growth and influence of intellectual property, *J. Pat. Off. Soc'y*, 1952, p81.

③ 关于城市的起源的学说有公社起源说、庄园起源说、市场起源说、免除权起源说、卫戍起源说、加洛林朝地方制度起源说、德意志行会起源说等。汤普逊. 中世纪经济社会史. 耿炎如，译. 北京：商务印书馆，1984：409 - 413.

④ 中世纪晚期不仅是威尼斯共和国商业经济大发展的时期，也是其共和政体和贵族政府形成的时期。11 世纪至 12 世纪初，意大利北部地区城市中心的商业富豪普遍经历了一场“公社革命”。伴随着西欧中世纪晚期商品经济的复苏，意大利中北部的那些实质上独立的，或者从神圣罗马帝国皇帝或罗马教皇那里获得法律上的自治权的城市纷纷成立了自治的公社政府对城市进行管理。

们迫切希望在政治上获得相应的地位和权力，于是他们主导了威尼斯贵族政治发展史上著名的“关闭”大议会事件。从 1286 年开始，这群新兴的商业贵族不断向大议会递交修改大议会成员选举资格和程序的议案，1297 年 2 月这一议案通过了，确认了大议会成员资格和程序的法令，进而从法律上确认了一个以总督（类似于现在的总统）为首的封闭的商业贵族精英阶层组成的十人元老会对共和国的领导权，并且当时虽然威尼斯保持名义上以神圣罗马帝国为君主，但后者本质上是傀儡。[①] 这套政治体制在制度上杜绝了独裁统治出现的可能，成为共和国之后五百多年发展的政治基础，它在维护共和国持久的和谐、稳定与塑造“威尼斯神话”方面发挥了独特作用。[②] 威尼斯的贵族阶层是典型的商业贵族[③]，他们对利益的追逐和对生存自足的资源和空间的追逐是其掌控和驱动威尼斯国家机器的原始动力。他们在确立了自己作为统治者的地位之后，并没有像西欧大陆其他国家的贵族那样从商业活动中退出来，而是继续以极大的热情投入海外扩张和商业贸易活动之中。[④]

贵族政治对商业的重视，对经济利益的追求，也直接影响他们的外交和政策，威尼斯和当时意大利其他商业发达城市很可能是重商主义政策的起源地。一般认为重商主义思想盛行于 16—18 世纪的西欧，与民族国家的兴起相伴随。然而事实上在文艺复兴时期，意大利一些城市国家盛行的“官房主义”或治国术，便具有“重商”和“重工”的思想传统，这种传统逐渐向其他国家（如法国、英国、美国和俄国等）传播，并在实践上获

① 该法令将大议会成员的资格限定在过去 4 年内出席过大议会的贵族之内，取消大议会成员选举程序，规定今后大议会成员只能从这些贵族中产生，未列入这一名单的贵族和成员将不再具有大议会成员资格，同时也意味着他们不再具有贵族身份。大议会的成员资格同贵族身份直接挂钩，不仅标志着威尼斯贵族阶层在法律上的正式形成，也标志着威尼斯共和国封闭的贵族统治体制正式确立。尚洁．中世纪晚期近代早期威尼斯贵族政治研究．武汉：武汉大学出版社，2013：49.

② “威尼斯神话”是历史学家对威尼斯共和国及其社会生活理想化的称颂和表达。“神话”将威尼斯描绘成一种理想的共和国，它不仅是一个强大的海上帝国，还是一个独立于其他势力之外的，保持了社会长期稳定与和谐的城市共和国。

③ 他们中绝大部分都是商人出身，即使有少数来自大陆本土上的土地贵族，也在中世纪晚期威尼斯的对外扩张和商业贸易活动中将土地资本转换为商业资本从事贸易投资活动。

④ 尚洁．中世纪晚期近代早期威尼斯贵族政治研究．武汉：武汉大学出版社，2013：35.

得根本性突破。据克里斯多弗·怀特（Christipher White）和南希·斯藩诺斯（Nancy Spannaus）的研究，“官房主义者”称谓的思想流派，其核心观念是共同福利，这个概念建立在如下思想上：一个主权国家必须通过科学和技术的进步来致力于对其人口的教育和改善。从根本上来说，这种经济学传统是以生产为中心建立起来的，把人看作有创造力的、富有生产性的生产者，而不仅仅是被动的、接受机械刺激的消费者。共同福利作为其立论的根基，对国家的作用也持积极的看法，认为国家应把干预的重点放在刺激生产、创造需求、致力于科学技术的进步及人口素质的改善上。概而言之，可以将“官房主义者”的基本观点归结如下：1）人是具有生产性和创造性的，人类的意志和智慧构成财富生产力的来源；2）国家应致力于公共福利的改进，国家的繁荣取决于它所采取的致力于从物质上和精神上对公民进行改善的政策；3）工艺及制造业的发展对农业的发展、人口的增长和人们生活水平的提高具有根本的重要性。4）教育、基础设施和技术进步对于制造业的繁荣、人口素质的提高和公共福利的提高具有核心意义，国家对于教育的改善、基础设施的提供和促进技术的进步负有责任。可见，这种传统注重促进国内生产发展，强调国家对其所辖所负有的责任，而且其方法是有机和整体主义的。

总而言之，威尼斯开启了西欧重商主义的潮流，这个由商人和实业家所组成的国度对重商主义政策十分重视，对内发展生产（尤其是制造业）、提高人口素质、把竞争阻挡在国门之外（以保护本国的生产者、市场和就业）、发挥政府的积极作用等，非常强调制造业发展和技术进步对提高人们福利的根本性意义，威尼斯的工商业活动得到了政府的大力支持与保护，“自始至终威尼斯的政府要不是商人的发言人，就是他们的武装和后盾”①。

（2）鼓励工商业发展的早期实践

威尼斯政府贯彻实施工商业主义政策，实际上表明当时的威尼斯政府已经萌生了技术经济价值和经济利用的制度观念，并且这一制度观念具有多种形式，包括鼓励外国人进入、财政资助、发明奖励以及专利特权，这

① 黄仁宇. 资本主义与二十一世纪. 北京：生活·读书·新知三联书店，1997：52.

些制度观念都是当时威尼斯政府鼓励工商业发展的重要手段，政府利用其政治势力很快将这些制度观念一一付诸实践，有些还形成了成文的制度。首先，鼓励外国人的进入实际上是政府引进技术人才的一种制度。威尼斯政府从很早的时候就邀请外来人进入国内①，如前文所提的引进先进的卢卡织工，大约在1350年，威尼斯通过了一项法律，该法律规定在威尼斯定居到一定年限的人民可以获得威尼斯永久公民的身份，但是却受到行会的阻挠，因为外国人才的进入将打破本地行会的技术垄断。其次，威尼斯政府还设立了技术发明资助和奖励制度。例如在1332年，威尼斯政府向桑巴特鲁姆·佛得（Bartolomeo Verde）提供了一笔风险基金，因为他向政府承诺在6个月时间之内建造风车并使之运行，并就此先提供担保。但如果他没有在规定的期限内完成这一发明，那么他不但必须在一定期限内退还政府的资金，还将失去所提供的担保。15世纪，威尼斯政府不但陆续资助了一大批对外宣称掌握有成熟或新颖的磨坊技术的人才，而且支持了一些号称掌握有新的或改进机械的技术创造人才，或许还有更多的人被支持过。② 再次，威尼斯政府还提供对有用发明的奖励和报酬。例如威尼斯为吸引先进人才到其最大的也是非常重要的海军生产武器的"兵工厂"阿森纳，提出了以高额的报酬和包括提供住房的高福利待遇来吸引技术人才。再如在威尼斯颁布1474年专利法之前，威尼斯议会在1453年1月18日颁布了一项综合性的法律，该法律涉及当时威尼斯财务和经济的各种事项，其中一条极具重要性的规定指出："如果任何人提出了制作新发明的方法并且这一方法被证明在我们的领域内是可行的，那么任何其他人如果要使用该方法都必须向其支付费用，并且他有权监督该发明的制作并获得议会给予的充分报酬。"虽然该法并不是专利法，但它是对于发明新事物的人给予特殊激励的法律，后者可获取许可费以及议会给予的充分报酬。史料表明，该法实施以来在威尼斯产生了一定的作用。③ 最后一个是特权，威尼斯政府可能是从行会对其成员授予技术利益中获得启示，通过对

① Frank D. Prager, A History of Intellectual Property from 1545 to 1787, 26 *J. Pat. Off. Soc'y* 711, 1944, pp. 711 - 758.

② 同①.

③ Mandich G. Venetian Origins of Inventors' Rights, *J. Pat. Off. Soc'y*, 1960, pp. 378 - 382.

引进技术者或原创技术的发明者授予特权的方式来鼓励技艺的发展，以发展工业和维持威尼斯的经济领先地位，最初这只局限在玻璃、制药或丝绸等特殊领域，后来逐步放开，向所有的技术领域开放。从价值上来看，原创特权与引进特权之间并没有实质上的区别：当时威尼斯技术的认知基础都比较狭窄，所掌握的技术都有限，并且当时交通工具并不发达，技术文献流传也不多。因而在当时无论是原创性的技术还是引进性的技术都是一种稀缺资源，威尼斯政府基于发展本国经济的需要想方设法获取这些技术。之所以称之为“特权”，是因为在当时行会制度下，任何提出新技术的人都首先需要经过当时的政府或皇室的特殊许可或授权，以便打破当时行会的垄断而对新发明进行制造、销售或使用，这一特殊许可或授权被称为特权。要注意的是，当时政府或皇室授予的特权有许多类型，包括土地、自由、荣誉等特权，它们往往被视为政府或皇室的恩赐。授予特权的形式是签发一个盖有官方玺印的证书，称为“开着口的信”（litterae patentes)，这就是专利的最早来源。由于威尼斯早期特权制度并没有成文法规定，因而其多依赖于人们的普遍实践，威尼斯特权内容也在这些实践中得以不断丰富。威尼斯最早的特权授予是为了限制行会的垄断，鼓励产业发展，但是之后大量的特权都与行会制度没有多大关系，例如威尼斯维护水渠和供给粮食的设备，这些特权的授予都是一些涉及公共利益的技术。①

威尼斯在实践中最早的专利特权类型是经营特权，这种特许经营权并非针对技术授予的垄断性权利，其本质上是给予他人生产某种商品、从事某种行业的一种许可资格，类似于护照的颁发。根据历史学家吉洛·曼迪克（Giulo Mandich）的揭示，威尼斯议会在1281—1296年对于制造不同种类的研磨机颁发了经营许可。此后特权的类型不断丰富，这本质上也与那些外来技术移民的不断请求有关，包括请求通过合同承诺给创新者一定的优惠（报酬或税收豁免、建造工厂的仓房以及相关资料等)②，授予禁止他人未经许可使用该装置并同时强制权利所有人在他人缴纳“合理的专

① Frank D. Prager，A History of Intellectual Property from 1545 to 1787，26 *J. Pat. Off. Soc'y* 711 ，1944，pp. 711 - 758.

② Mandich G，Venetian Patents (1450—1550)，*J. Pat. Off. Soc'y*，1948，p150.

利权税”后发放许可；以及授予技术发明者对其技术进行排他性垄断权。[1] 之后的特权类型都不再是一种经营许可资格，而更像是一种获益的权利。

从当前资料来看，这种针对技术授予某种权益的形式可能是商人将德国当时普遍流行的采矿权引入威尼斯。这种采矿权专门用于地下开采和采矿活动，涉及一定时间的探测和开采地下矿物资源的独享和经营权，但是不包含对于土地的所有权。[2] 在中世纪，当时拉丁语“发明”的内涵类似于今天的（偶然）“发现”，如发现了矿产资源，而非今天专利法中所讲的“发明”。在当时德国奥地利斯布鲁克的资料中，中世纪的裁判书中经常提到“Perkwerks Erfyndung”，即“发明了”矿藏。自从凯尔特人[3]在阿尔卑斯山脉定居以来，那里便成为矿石开采基地。在那些矿业区有一个传统，即普通法规定第一个发现矿藏的人拥有开采权以及木材与水源的使用权。随着越来越多的矿藏在萨克斯顿、西里西亚和波西米亚被发现，矿区的主人就开始使用这种不成文的普通法来保护自己，之后这些法律逐渐成为当地矿区法庭裁判案件的基础。这些法律逐渐细致化。例如当地表的矿石快要被挖尽的时候，就必须进行更加深入的挖掘和开采，在当时的开采和机械设备还比较落后的情况下，如何抽出矿井中的水便成为一大技术难题。比如说，在泰勒尔的佛格尔银矿曾经雇了将近 600 人用桶和梯子将矿井内的水抬走。最早的替代人力劳动的方法是挖一个排水通道。那些为排水通道融资的人可以得到一份事先商定好的矿藏的股份，而且矿区的拥有者在未得到这些人的允许时，是不可以让竞争对手来为业主挖下水道的，当然他们也有义务修护下水道，并随着挖矿的需要拓展排水通道。法律还

---

① Martin John，Venetian Narrative Painting in the Age of Carpaccio，*J. Pat. Off. Soc'y*，1990，pp. 1238－1239.

② 伊利奇·考夫. 专利制度经济学. 柯瑞豪，译. 北京：北京大学出版社，2005：15－17.

③ 凯尔特人是公元前 2000 年活动在中欧的一些有着共同的文化和语言特质的有亲缘关系的民族的统称，是一个由共同语言和文化传统凝合起来的松散族群，应属古代型的民族集团。他们早先生活在阿尔卑斯山以北中欧内陆地区，后来主要分布在当时的高卢、北意大利（山南高卢）、西班牙、不列颠与爱尔兰。这种族群不完全等同于现代民族，现代民族是在古代民族集团经过长期的演化，不断分解、融会、重组的基础上形成的。今天凯尔特人主要指不列颠群岛、法国布列塔尼地区在语言和文化上与古代凯尔特人存在共同点的族群，很多时候用来指代爱尔兰人。

规定，“第一个发现矿井的人”的法律同样适用于“第一个发明排水设备的人”，因而那些发明排水设备的人拥有同样的特权。在一般情况下，发明排水设备的人只要将他的想法付诸实践，那么他便会得到一份固定的报酬奖励。如果设备比较昂贵的话，他还可以收到一部分的定金。另外，发明排水设备的人不但可以获得一定的报酬奖励，而且可以在一定期限内获得矿井收益的一部分份额。第三人未经特许，不得复制或抄袭这一发明。

14—15世纪，威尼斯政府吸收和引进了许多在排水装置方面有造诣的人才。这是因为一方面威尼斯当时水磨坊的容量必须扩大，而泄水湖中的水必须抽出来，并且还要挖人工运河；另一方面威尼斯政府还计划在其领土上发展矿业。而能满足政府需求的人要求政府给予他们特权，以使他们不必面对竞争。在1323年，德国的一个大师级发明家和商人琼斯·图斯尼卡斯提出了根据德国流行的采矿权的要求，如果矿业承包人被授予对新发现的资源拥有受益或专营的权利，他便能完全满足威尼斯矿井对排水设施的需要。威尼斯政府答应了他的要求，如果他能造出一个排水的模型，并且证明他的做法切实可行的话，那么他可以得到最多80杜克特的报酬，和其他经由两个专家决定的补偿。①

我们并不清楚琼斯是否最终拿到这份款项，但我们确实知道在这之后，越来越多的商人和发明家请求威尼斯依据采矿权模式授予特权。这种安排随后在其他活动中得到采纳，例如威尼斯对一些谷物磨坊的建设授予特许权，由此不仅特许权人可以得到固定的建设报酬，而且威尼斯政府还答应他们在一定的时间内至少给他们一定数量的订单。② 再如，1409年，威尼斯将一个矿区的开采权、使用水的权利以及森林的使用权授予给了德国的亨利卡斯·冯·海斯林根，因为他设计了一个新的排水设备。威尼斯在授权时，明确表示这一规则基于当时在德国贸易和行会普遍流行的采矿权。③ 威尼斯早期的大量专利都授予给了与挖矿有关的技术，包括1409年、1425年、1429年、1430年、1443年的等④，并且1488年，威尼斯

① 伊利奇·考夫. 专利制度经济学. 柯瑞豪，译. 北京：北京大学出版社，2005：19.

② 乔尔·莫基尔. 富裕的杠杆. 陈小白，译. 北京：华夏出版社，2008：85.

③ Mandich G, Venetian Patents (1450—1550), *J. Pat. Off. Soc'y*, 1948, pp. 166 - 224.

④ 同③.

议会所颁发的《矿业法》至今保存在奥地利因斯布鲁克的资料档案中，仔细看这部法律，其有很大一部分是抄袭德国泰罗尔人在1408年出版的《矿业法》。① 之后在这些商人和发明家的不断请求之下，例如在1416年2月20日，威尼斯向来自罗德岛的希腊人弗朗西斯科·彼得里（Franiciscus Petri）颁发了50年排他性制造、更改和重建为该目的建造的机械的特权，该人将拜占庭帝国的一项纤缩绒织物高级装置引入威尼斯。1443年，法国人安东尼奥·马里尼（Antonio Marini）就其发明的无须用水的磨粉机向威尼斯政府申请20年的排他性垄断权。② 这种针对技术授予一定期限的排他性特权是最早专利制度的雏形，本书将其称为专利特权。但要注意的是这些排他性的特权在早期都只是偶尔性授权，特权的授权规则不明确，并且性质上属于政府所授予的特权。

（3）1474年威尼斯《发明法》：利益平衡的产物

正如前文所述，威尼斯政府当时已经知道鼓励技术发展是有多样性的制度选择，同时更加表明专利特权制度仅是当时鼓励技术和经济发展的政策举措之一。那么为何最终威尼斯政府会选择专利特权制度作为鼓励专利技术的主要措施，其他措施逐渐湮没在历史的尘埃当中？有学者认为，当时威尼斯之所以最终采取专利特权制度，可能是一种历史的偶然性，随着15世纪的到来，威尼斯遭遇了一场金融危机。这场危机的一部分原因是它扩大在意大利的领土面积而不得不进行的战争，另一部分原因是来自土耳其人的威胁，威尼斯政府只好改变了补贴的办法，转而采取垄断权的办法。③ 也有学者认为，威尼斯最后之所以选择专利特权作为吸引人才的主要办法，是因为它发现专利特权在实践中更加有效，也更能为历史所接受。④ 本书以为威尼斯专利特权制度的选择和构建是在行会与政府之间不断博弈的结果，是他们有意选择的产物。

行会本身是威尼斯本地产业的利益集团，某种程度上而言，他们类似于现代的大型卡特尔，它们试图通过相关法规的制定对同行业生产和贸易

① 伊利奇·考夫. 专利制度经济学. 柯瑞豪，译. 北京：北京大学出版社，2005：5.

② Mandich G, Venetian Origins of Inventors' Right, *J. Pat. Off. Soc'y*, 1960, p50.

③ Mandich G, Venetian Patents (1450—1550), *J. Pat. Off. Soc'y*, 1948, p7.

④ 同②52.

的一切方面设定标准：包括产品原料和辅料的质量、生产的规模、工具、程序和规格、交易规则等。① 行会通过内部成员的利益，形成在本地市场上本行业的垄断格局，进而免于竞争。然而没有预料到的是威尼斯政府为了发展工商业，大力鼓励引进外来技术，随着人们对普通消费品需求的增加，行会发现他们不断受制于外来者的竞争，新技术的输入打破了行会的垄断。对于这种新技术的竞争，行会为了掌控对这些技术的垄断，一方面不断劝说政府对他们行会成员的发明适用惯例进行保护，在威尼斯，这样的惯例程序"具有习惯法或普通法的效力"，而并非一种恩赐。可以发现早期一些案例中，威尼斯行会成员都不断诉请运用惯例进行保护。② 另一方面，他们诉求建立一个符合他们利益的专利制度。正如前文所言，威尼斯行会与政府之间保持着一种密切的利益关系，无论是参议院还是十人元老会，他们都无法管理国内所有巨细的事情，只能依赖行会对其产业和经济实务进行管理。③ 行会可能是直接或依赖他们在议会中的成员向参议院和十人元老会反映他们的需求。他们希望政府能够制定一个更加保护他们技术优势（至少是暂时）的法律。④

对于威尼斯政府而言，它有自身的利益考量。威尼斯作为一个商业城市，建立并经营了庞大的商业网络，几乎控制了从东方经地中海向欧洲运送商品的所有贸易商路，并且建立了广阔的海外殖民地，通过广泛的商业贸易发展经济，但与意大利的其他商业城市相比，它开始逐渐失去优势，这并非一种可持续发展的方式。并且当时威尼斯的贸易路线正被不断崛起的土耳其帝国所控制，安特卫普的崛起也开始威胁威尼斯商业贸易中心的地位。尽管一直到18世纪为止，商业资本仍然比工业资本更加重要。但是自15世纪开始，新兴的工业部门开始在城市经济中占据越来越重要的地位，因而建立一个有利于工业发展以及鼓励竞争性的商业实践的国内法

① 代轩宇. 西欧行会组织的发展与演进. 中北大学学报（社会科学版），2011（2）.

② 威尼斯当时没有宪法和明确的立法、司法以及行政机构，主要依赖传统和惯例作为指导人们行为的最主要准则。May C，The Venetian moment：New technologies，legal innovation and the institutional origins of intellectual property，*Prometheus*，2002，pp. 159 - 179.

③ May C，The Venetian moment：New technologies，legal innovation and the institutional origins of intellectual property，*Prometheus*，2002，pp. 159 - 179.

④ 同③.

非常符合当时威尼斯政府的利益。事实上，根据史料揭示，前文所言的1453年《奖励发明法》颁布于君士坦丁堡的没落以及土耳其帝国的兴起时期，1474年《发明法》颁布于土耳其帝国对威尼斯贸易路线的威胁时期，这绝非一种历史的巧合。

于是不久之后，我们看到了最接近现代意义的专利法——威尼斯参议院1474年法令（The Venetian Senate's 1474 Act）的诞生。这一法令被公布在了威尼斯公共福利委员会“Greater compendium”的公告上，这一公告上的法律都是对威尼斯人民极其重要的法律，并且具有正式法令或行政命令的性质：

在我们这个城市共和国有来自不同地方的人，也有许多因为这个城市的著名和美好而暂时来到这里的人，他们凭借其才干创造了精巧的设备。法律应该保护他们所发明或生产的成果，使别人无法轻易仿效并生产同样的产品，从而保护这些发明者的声誉，以激励他们竭尽才智用于技术创新，从而增进整体社会的福利。因而本城议会作出决定，任何在本城内发明了未曾出现的新的且独特的发明，一旦该发明创作完成并且能够在实践当中付诸实施，就应向本城内的公共福利办公室总局进行登记。任何第三人在10年内，未经许可不得在本城内制造相同或相似的装置。如果违背上述规定，发明人有权向本城办公室提出诉请，侵权人将承担100杜卡特赔偿金，并即刻销毁仿造发明。本城政府基于其权力和判断，在其活动中可以使用这一发明或装置。

1474年专利法比英国的《垄断法案》早了有150年，总体上看是一部体系完备、设计周密的专利法，该法具备了现代专利制度的所有实质性特征：专利被认定为是针对发明的一种垄断性特权；这项制度的主要目的是激励发明人的积极性、增进社会福祉；获得专利的技术对于威尼斯应该是新颖的（仅限在本区域内，因为其鼓励引进发明）；创造应该具有实用性（可以付诸应用和实践）；保护期限标准化（长达10年）；发生侵权的话，专利人可以诉求侵权禁止及赔偿；政府有权根据需要强制许可。

该部法律无疑是行会与威尼斯政府利益平衡的产物：首先，该法对专利明确规定了新颖性和实用性的授权标准，尤其是实用性标准明显是吸收了行会内部的规定；其次，该法注重对社会公共利益进行保护，"增加我们的社会财富"以及威尼斯政府"基于其权力和判断"可以强制许可使用他人发明，事实上，之后的实践更加表明了威尼斯政府对公共利益的偏护；最后，该部法律是以116比10的绝对票数通过的（其中4票弃权），它获得了行会的绝对支持。尽管该法对发明者的发明授予垄断性权利以及并没有排斥引进发明可能损害行会的利益，但是根据相关资料显示，参议院承诺给予本地行会成员以优先保护，并减少对外来技工的引进。①

3. 威尼斯专利特权制度的内容及影响

（1）专利特权的授权与实践

由于威尼斯1474年的规定比较简单，其具体的授权标准和审查制度主要散布在具体的实践当中，威尼斯在1450—1550年建立了一个稳定而体系的专利特权制度。由于专利特权制度是威尼斯鼓励本国产业和经济发展的一种政策工具，因而威尼斯政府对于专利授权实施的是一种实质审查制和个案授权标准，因为这可以最大程度确保政府对技术进行控制和审查。申请人可以将申请书提交到议会或参议院，有时候他们也会交由公共福利委员会、商业委员会或大陆政府。但除议会特别感兴趣之外，一般申请书都交由参议院进行审查。参议院在必要的时候会聘请不同的地方法官对所申请的发明进行审核，并出具详细的调查和报告②，最终由当时的总督作出最后的决定，参议院通过公报（当时所有的法律都通过公报颁布，所以专利的颁布类似于新法的公布）将这一结果予以呈现。当时所有的授权都是参议院基于个案认定的，根据每一个案件的具体情况授予不同的特权，这使得威尼斯政府对于专利的授权具有极大的自由裁量权，威尼斯政府甚至还能基于经济和公共利益的需要，对所授特权进行撤销，这使得发明者的相关特权极不稳定。由于当时的专利申请数量不多，专利授权的程序大都通过交谈的方式进行。③ 在授权程序中，如果行会发现其垄断利益

---

① May C, The Venetian moment: New technologies, legal innovation and the institutional origins of intellectual property, *Prometheus*, 2002, p167.

② Mandich G, Venetian Patents (1450—1550), *J. Pat. Off. Soc'y*, 1948, pp. 166 - 224.

③ Frank D. Prager, A History of Intellectual Property from 1545 to 1787, *J. Pat. Off. Soc'y*, 1944, pp. 711 - 758.

受到损害，行会便有权提出申请听证。例如弗朗西斯于1572年获得了一项有关特定镜子的专利，行会便申请了听证，申请人需要向行会说明这一发明是如何运作的，这也充分说明当时威尼斯专利特权的授予本质上是利益平衡的产物。

申请人除要提交申请书之外，还要对发明尽可能描述得精确和清晰，使人能够与在先的技艺相区分，同时需要一些其他证明材料，如发明的模型或图画等，当然对专利的描述和说明格式没有严格的要求。由于技术发展的时代性，当时基本上所有的工业发明都属于机械技术，其中水力以及节约木材的方法的发明是最多的，包括排水系统、泵以及其他主要用于采矿的机械、冶金和提炼的熔炉、制盐、火炉等机械以及方法。早期的实践中，威尼斯对技术非常渴求，并没有授权标准，只要是有用的技术就行，但随着专利申请的增多，威尼斯政府逐渐根据当时机械技术的特点，在实践中逐渐归纳了授权标准：也即1474年威尼斯专利法所规定的新颖性和实用性。但政府并未对这些标准予以充分说明，因而这些标准带有极大的主观裁量性。同时为发展本国经济的需要，威尼斯政府并不关注鼓励技术创造以及发明所涉及的具体技术问题，只要是本国未曾使用过的产品或技术，无论是引进国外的还是原创性的发明，“只要不是太普通的或公知的”都可能获得授权。虽然1474年威尼斯法规定了新颖性要件，但参议院一般并没有要求申请人提供新颖性的直接证明，只有当正好另一个申请人提交相似申请的时候或者委员会对发明专利是否授权发生争议的时候，新颖性调查才会启动。例如16世纪的一个涉及改进玻璃材料的专利由于第三人举证证明该发明缺乏新颖性而最终被撤销。① 但即使发明的新颖性受到质疑，一项专利权并不必然遭到否定。例如1513年，雅克布被授予一项关于印刷音乐符号的专利，而类似专利在之前已经被授予给了其他人。② 因而在专利授权过程当中，新颖性审查并不受重视，威尼斯授予专利特权的最根本的依据在于实用性。

---

① Frank D. Prager, A History of Intellectual Property from 1545 to 1787, *J. Pat. Off. Soc'y*, 1944, pp. 711-758.

② 同①.

一般而言，实用性的内涵包括可实施性和公共利益。专利特权被授予之后，必须在一定期限内进行使用，如果在这一期限内没有实施或使用，该发明就会被撤销。这种可实施性要求不仅要求发明是可以使用的，而且必须是符合其申请说明书的使用方式的。当然如果有财务困难、战争等正当理由，这一实施期限可以被推迟。因为专利特权制度原本就是政府重商主义政策的产物，政府本质上并不关注其制度设计是否会带来对技术发明的激励，其更为关注的是申请人的发明是否具有可实施性，是否能够给本国带来新的经济来源，是否能够增长就业。例如前文所述及，1443 年法国人安东尼奥·马尼尼（Antonio Marini）就其发明的无须用水的磨粉机向威尼斯政府申请 20 年的排他性垄断权，参议院颁发磨粉机专利特权的前提是其必须先在一个城镇予以实施，以保障其具有实用性。议会最终授予该人 20 年的垄断权，在这期间只有他可以制造和生产这一机械，并且他将获得政府给予的场地和税收豁免等资助。① 在另外一个案件中，来自意大利伦巴第的工程师就其发明的用于染料制造的锅炉申请专利，参议院再次强调了发明的实用性，即必须先在一个城镇测试，由公共福利委员会进行监督并将这一结果反馈给参议院，同时还要其满足有利于公众的有用性，“10 年内没有人利用过这种方式制作这种锅炉”，参议院最终通过了这一申请。② 除这一直接的实施性要求之外，还包括其他间接的实施性要求，包括披露技艺秘密、培训学徒等。③

威尼斯政府十分鼓励和重视发明所带来的公共利益。威尼斯法中的“促进整体社会的福利”的规定都说明了这一点。在实践当中，虽然商人和发明家在申请书中，不断强调他们为研制发明所付出的成本和精力④，但威尼斯政府更为关注的是专利申请人的发明是否具有有利于公共事业的用途，尤其是事关威尼斯经济发展的用途，例如节约实践成本、更好地利用自然、对现有威尼斯产品的进一步完善、节约劳动力及更好地增加国库

① Mandich G, Venetian Patents (1450—1550), *J. Pat. Off. Soc'y*, 1948 pp. 166 - 224.

② 同①.

③ Ramon A, Klitzike, Historical Background of the English Patent Law, Journal of The Patent Office Society, *November*, 1959, p638.

④ Mandich G, Venetian Origins of Inventors' Rights, *J. Pat. Off. Soc'y*, 1960, pp. 378 - 382.

的收入等。[①] 如果审查者能被说服，认为发明具有重要的公益性，那么其授予专利的可能性就很大。正如费尔南德·布罗代尔（Fernand Braudel）所言，“根据威尼斯审查委员会的注册和档案，授权的发明专利无论重要与否，十分之九都是为解决威尼斯城市问题，其中社会利益的衡量是最优先和重要的”[②]。威尼斯政府根据每一个案件的实用性程度授予不同的排他性特权，除限制第三人的竞争活动之外，还有权授权实施发明、生产新引进的产品或从事新引进的产业、对专利改进之后，可以获得延期、生产产品没有质量限制等。甚至连专利特权人的保护期限都是与其实用性程度密切相关的。[③] 但威尼斯政府严禁对一些事关常见生活公共利益的发明进行注册和授权，例如威尼斯政府禁止他人垄断和销售“用于眼镜和阅读的玻璃”[④]。在审查过程中，有时候参议院发现申请者的发明的即使还没有做出来，但只要该发明的经济价值和社会意义重大，并能够达到他所声称的效果，仍然可以授予专利。例如 1568 年安德鲁·布鲁贡的红黑色印刷专利中，参议院认为：“尽管我们仍未看到任何设备或模具，但只要申请者达到了他所声称的成果，即可授予专利。”威尼斯 1474 年法对强制许可的规定以及实践也体现了威尼斯政府对公共利益的重视。例如在 1502 年，阿尔杜斯·马努提乌斯获得威尼斯政府最高十人委员会颁发的裁判，命令本城内的所有居民都应该尊重其专利特权，并支持其在威尼斯以及在佛罗伦萨共和国和法国里昂的利益。[⑤]

另外，即便威尼斯政府对一些特权禁止转移，但一些特权在实践中

① Mandich G, Venetian Origins of Inventors' Rights, *J. Pat. Off. Soc'y*, 1960, pp. 378 - 382.

② F. Braudel, The Structures of Everyday Life. The Limits of the Possible, *Collins*, London, 1981, pp. 433 - 444.

③ 对于专利权的保护期限，虽然 1474 年法对其予以标准化，但实际的授权一般都是基于个案认定，主要考量发明对公众的有用性程度。申请人往往要求 50 年的专利保护期限，但参议院授予专利的保护期限往往要短于申请的时间，并且很少根据 1474 年法授予 10 年期限，相关资料显示，1474 年到 1500 年，他们经常给予其 50 年的保护期限，而 1500—1550 年则一般是 25 年，有两个案件当中甚至只有 5 年。

④ Frank D. Prager, A History of Intellectual Property from 1545 to 1787, *J. Pat. Off. Soc'y*, 1944, pp. 711 - 758.

⑤ Mandich G, Venetian Patents (1450—1550), *J. Pat. Off. Soc'y*, 1948, pp. 166 - 224.

又呈现出可转移的财产权性质，这也充分体现了专利特权的工具性质。例如在 1470 年已获得专利授权的约翰过世之后，威尼斯政府在其专利授权文件中明确指出该特权失效。他的相关继承人继续从事他的事业，但并不能享有约翰的任何专利特权。① 再如在 1517 年，一个曾经获得专利特权的商人去世之后，尽管他所经营的公司继续存活下来，但是他所获得的专利却成为共有财物。一些实践也表明，威尼斯已经承认了专利特权可以被其继承人继承或作为合同销售的标的。例如在 1531 年，特拉奇那的一项专利受威尼斯政府允许而转给了其继承人；再如，阿尔杜斯允许其他人使用其所获得的专利。② 无疑，此时的特权尽管还是来源于政府或皇室的一种特许之权力，但其本身已经具有了可以转让或继承的财产特性。"在封建时代，私权利和公法紧密交织在一起，以致确定的特许权和居民、臣民的传统权利很难有明确的界限……"③ 那些商人和技工已经意识到了专利特权具有财产权的性质，但是在实践当中仍然受制于政府的控制。④

（2）威尼斯式专利特权制度的影响

专利特权制度是威尼斯政府发展工业和经济的重商主义政策工具，专利特权制度的重点不是鼓励发明创造，而是把重点放到鼓励人们引进新的工业和技术，借助这种方式，为威尼斯创造财富。威尼斯是世界上第一个形成和确立具有持续的、稳定的发明规则和制度的国家，也是世界上最早授予发明以垄断性特权的国家，其所建立的这一制度框架成为其他国家乃至现代各国的基本法律框架。⑤ 事实上，在当时的实践当中，威尼斯政府已经授予了很多与印刷技术和图书贸易相关的特权，而这些特权在发展中

---

① Mandich G, Venetian Patents (1450—1550), *J. Pat. Off. Soc'y*, 1948, p207.

② 同①166-224.

③ 麦基文. 宪政古今. 翟小波，译. 贵阳：贵州人民出版社，2004：201.

④ 鲁道夫·克拉瑟. 德国专利和实用新型法、欧洲和国际专利法. 单晓光，张韬略，等译. 北京：知识产权出版社，2016：123.

⑤ May C, The hypocrisy of forgetfulness: The contemporary significance of early innovations in intellectual property, *Review of International Political Economy*, 2007, pp. 1-25.

逐渐形成了独立的版权体系，这表明专利特权是版权形成的源头①，假如威尼斯没有衰弱，现代版权法的相关规则和制度系统将会在威尼斯形成，并且扩展到其他国家。②

随着葡萄牙人封锁红海与波斯湾以及新航路的开辟，人们发现了绕过好望角到达东方的海上新航线，当时欧洲的贸易中心便从原来的地中海转移到大西洋沿岸，奥匈帝国的崛起也给予威尼斯重大的冲击，之后威尼斯的商业贸易逐渐衰弱。关于威尼斯专利特权制度的实际功效和影响力，学者争论较多。一些学者认为，由于威尼斯在 15 世纪后，为争夺地中海的商业控制权，一直处于战争状态，威尼斯专利法并未在本国充分有效地实施，并且随着威尼斯的萎缩，其专利特权制度也跟着衰弱，因而其对世界的影响有限，不能作为近代专利制度的起源。③ 也有学者认为，这一特权制度的影响较为有限，主要用于保护威尼斯内的发明和新型贸易活动。④但根据相关史料，在专利法颁布之前的 75 年内，威尼斯授予了 11 项发明专利⑤，而在专利法颁布之后，威尼斯更受发明者的欢迎，吸引了许多技术人才前往威尼斯，威尼斯境内授予的专利数量与日俱增：1474—1500

① 早在 1443 年、1460 年以及 1472 年，威尼斯已经授予了艺术多样性的创作者以专利特权。例如在 1486 年，威尼斯历史学家马克·安东尼奥·撒贝里克就其著作《几十年威尼斯》被授予特权，这是第一个授予作者而非印刷商或书商的特权；1498 年，尼可洛·弗拉斯托斯因“将希腊书信体与其中重音符相结合”而被授予专利；随后，丹尼尔·邦伯格因为带元音符的希伯来字体而被授予了类似的专利；1516 年，雨果因为以明暗对照法印制木板画而取得专利，安东尼奥·加丹诺在 1538 年因“印制乐曲的新方法”而获得专利；1516 和 1551 年，罗可·博尼瑟罗依靠印刷系统中大量一连串的改进而获得专利。在 1500 年左右，艺术专利被不加区分地授予给新旧书籍。人们逐渐地认识到，必要条件是“有供学者们使用的创新之处”。1517 年，一部一般性版权法令被颁布（虽然当时仍然将其称为专利），它对新书的要求与 1474 年的专利法对新发明的要求一致，并且规定未经许可不得复制专利权人的作品。

② 早期大多数图书特权被授予给了出版商而非作者，但是作者并不请求监督的权利，相反他们对这种间接保护感到很满意。之后，在 1533 年和 1537 年，威尼斯又颁布了关于图书专利的法令，有关版权的保护最终形成于 1544 年的威尼斯字形法。该法令开一代之风气，支持作者而抵制出版者而且它将作者的继承人与作者本人置于同等地位。

③ 邹琳. 英国专利制度发展史研究. 湘潭：湘潭大学，2011.

④ Pia weisu, Patent policy: Legal-economic effects in a national and international francework, *London and new york*: *Routlege Taylor and Francis Group*, 2010, p10.

⑤ Walterscheid E・C, The early evolution of the United States patent law: Antecedents (Part 1), *J. Pat. & Trademark Off. Soc'y*, 1994, p697.

年专利数量为33件，1501—1550年为116件，1551—1600年为423件。[①]并且最关键的是威尼斯所点燃的火种并未随着其衰弱而熄灭。作为当时最大的贸易中心，在威尼斯强大的时候，发达的经济和自由民主的政治氛围使得欧亚商人络绎不绝聚集在这个大都会中心，并且精明的威尼斯商人凭借其庞大的商业网络几乎遍布整个西欧。欧洲的开放贸易使得威尼斯的技术和专利垄断制度一起被传播到了意大利和欧洲其他国家，例如佛罗伦萨、米兰、费拉拉（Ferrara）、法国、德国、西班牙、比利时、荷兰和英国等。[②] 这可以从相关国家对专利特权的授予中获得证实，因为这些国家最早的专利记录都是关于玻璃制造技术的，而玻璃制造技术正好是当时威尼斯的特色技术[③]，“威尼斯就像原始专利系统的一条主线，以一种方式或多种方式将其他国家串联在一起”[④]。威尼斯专利特权制度被其他国家所沿袭和继承，这一星星之火逐渐点燃了西欧，乃至整个世界。

三、专利特权制度的发展：西欧诸国的立法和实践

法国、德国和英国都是当时欧洲技术和经济的强国，同时与威尼斯具有地缘相近性、经济流通性、文化共缘性和政治相连性，而且当时威尼斯自由民主的政治氛围以及稳定安宁的环境受到了其他意大利公国和欧洲大

---

① 鲁道夫·克拉瑟. 德国专利和实用新型法、欧洲和国际专利法. 单晓光，张韬略，等译. 北京：知识产权出版社，2016：141.

② Epstein S R，Property rights to technical knowledge in premodern Europe，1300—1800，*American Economic Review*，2004，pp. 382 - 387.

③ Ulf Anderfelt，International Patent-Legislation and Developing Countries，*Springer Science & Business Media*，2013，p6. Christine MacLeod，*Inventing the Industrial Revolution*：*The English Patent System 1660—1800*，Cambridge，UK：Cambridge University Press，1988，p11.

④ 这些特权例如米兰出现的（从佛罗伦萨）引进生产丝绸的特权、在费拉拉出现的（从威尼斯）引进制造金箔和（从热那亚）生产丝绸棉缎的特权。当时在比利时所授予的最早的9个专利特权中，有6个是授予意大利人的。在法国第一个有记录的专利特权是，1536年法国国王佛朗西斯一世占领了意大利西北部的一个地区皮埃蒙特（意文：Piemonte），并授予了当地人一项制造丝绸的特权。尼德兰（现在的荷兰）在16世纪下半期开始大量授予专利特权，这些被授予的主体大多是意大利人。例如大量的威尼斯玻璃技工在1541年获得了安特卫普的专利特权。Frumkin M.，Early history of patents for invention，*Transactions of the Newcomen Society*，1947，pp. 47 - 56.

陆国家的尊重和赞誉[①]，具有“现代的罗马”之称[②]，任何当时威尼斯的立法创新都将受到其他国家的效仿和传播，因而威尼斯出现专利特权制度不久之后，法国、德国以及英国也竞相建立专利特权制度，他们基本上沿袭了威尼斯的制度框架。法国和德国专利特权制度的形成和发展都早于英国的，并且都形成了较为体系的专利特权制度。只是后来英国工业革命所取得的伟大成就，使得世人的眼光都聚焦在了英国专利特权制度上。但无论是法国、德国还是英国政府，其建立专利特权制度都是基于本国发展工商业政策的需要，它们的制度构建都服务于这一宗旨，实用性标准是它们掌控技术的基本标准。同时，专利特权制度的建立和发展也是政府与私人部门利益博弈的产物，但占有权势优势的政府依然居于主导地位。

（一）法国专利特权制度

1. 法国专利特权制度建立的动因

1440 年法国结束了噩梦般的百年战争，正式建立了绝对君主制，此后经过几代国王的重建，法国逐渐兴盛和强大起来。[③] 16 世纪随着文艺复兴运动的兴起，法国也像其他西欧国家一样进入了技术、经济、文化的复兴发展阶段。首先，16 世纪法国的日常用品的技术、冶金技术、丝绸纺织技术和航海造船技术获得了极大的提高。[④] 在这些技术的基础上，法国的工商业逐渐发展起来。日常技术的发展刺激了当时法国的消费结构变

---

① R. Finlay, *Politics in Renaissance Venice*, Rutgers University Press, New Brunswick, 1980, pp. 27 - 37.

② Z. S. Fink, Venice and English political thought in the seventeenth century, *Modern Philology*, 38, November 1940, pp. 155 - 172.

③ 陈文海. 法国史. 北京：人民出版社，2014：114.

④ 在日常技术方面：“箱子改成了衣橱；在窗户上，窗格玻璃取代布料、半透明的纸或笨重昂贵的彩绘玻璃。眼镜日渐增多。富裕人家开始用叉子进餐，已经摆上了钟，甚至还有了表，用上了前半部可活动并带有悬架的马车。”（乔治·杜比. 法国史. 吕一民，译. 北京：商务印书馆，2010：612 - 613.）在纺织技术方面：法国从威尼斯、热那亚和佛罗伦萨找来了大量丝织技工，使得法国纺织技术获得了快速发展（詹姆斯·W. 汤普逊. 中世纪晚期欧洲经济社会史. 徐家玲，等译. 北京：商务印书馆，1992：641 - 642.）。在印刷技术方面：1470 年一个法国人和三名德国人把新印刷术引进巴黎，1473 年列日和纽伦堡的印刷工匠在里昂也开始采用这种技术。从巴黎和里昂，印刷技术迅速传播到全国。在海军技术方面：法国海军吸收了威尼斯等外国新技术，采用了太阳偏图、北极星图和测程仪，可以建造大的商船，楼帆的技术也逐渐推广开来（詹姆斯·W. 汤普逊. 中世纪晚期欧洲经济社会史. 徐家玲，等译. 北京：商务印书馆，1992：501.）。

化，无论是城市还是农村都开始追求时尚和购置奢侈品，这些需求反过来也刺激了手工行业的分工和改进。① 纺织业、钢铁产业、印刷和出版业是当时法国最顶端的产业，在这些有限的工业环境中，已经萌生了资本主义精神。在法国国王路易十四在位时期，法国已经是当时世界上最大的纺织工业中心，尤其是当时的法国里昂。② 法国的炼铁产业方面：1525 年欧洲铁的年产量为 10 万吨，其中法国的产量为 1 万吨，1516 年法国的圣艾蒂安的一个火枪制造厂也开始运转。16 世纪巴黎的印刷所共生产了 2.5 万版图书（平均每版印刷 1000 册），在法国里昂，这个数字为 1.3 万（而德国共 4.5 万，英国为 1 万，尼德兰 0.8 万）。③ 在商业领域，意大利的海上保险、复式记账法、公共借款方法以及各种银行技术都传给了文艺复兴时代的法国，法国的银行业非常迅速地发展起来，在 16 世纪法国已经有 209 家商人——银行家公司，其中里昂就有 143 家，它成了意大利、德国和瑞士人的汇聚之地。④ 法国经济和技术的发展，专业分工的日益细化和复杂化，使得行会也在各大城镇中纷纷建立起来。其次，文艺复兴的兴起使得法国掀起了真正的知识和技术交流的热潮，大家对科技的态度从“本质的世界”转向了“实验的世界”，书店里面满是关于介绍相关科学技术的著作，如雅克·贝松的《工具大观》和拉默里的《人工机械种种》。科技工作者的社会地位也得到了提升，一位 16 世纪的技工可以毫不顾忌地声称机器是“工艺之最尊者”⑤。尤其是当时法国的铁工成为王国最富裕之人，“他们并不需要付任何捐税，他们自认为具有与法国贵族相似之特权，并实际上享有此等特权”⑥。

因而随着经济、技术和文化的发展，法国也逐渐形成了建立专利制度

① “五花八门的、高度专业化的行业工人，诸如宝石匠、刺绣工、花边制作工、花边镀金工、流苏制作工、木雕工等纷纷出现。”陈晨. 16 至 18 世纪法国奢侈品消费的发展及其对法国经济文化的影响. 西北工业大学学报（哲学和社会科学学版），1989（3）.

② 詹姆斯·W. 汤普逊. 中世纪晚期欧洲经济社会史. 徐家玲，等译. 北京：商务印书馆，1992：641.

③ 陈文海. 法国史. 北京：人民出版社，2014：614.

④ 同③615-616.

⑤ 乔治·杜比. 法国史. 吕一民，译. 北京：商务印书馆，2010：613.

⑥ 同⑤614.

的条件，从一些零散的历史记录来看，它们最早实行的是特许经营许可的方式，但最终法国引入了威尼斯的特权制度观念，并使之成为其主流措施，这不但有当时技工和商人的不断劝诱，最根本的还是法国政府为了发展本国工商业经济，贯彻实施重商主义政策。当时法国虽然实行的是绝对的君主制，但随着技术和工商业的发展，法国国王逐渐采纳了威尼斯曾经使用的重商主义体系，系统化的重商主义理论在法国的出现比在其他国家的要早得多。① 在对外贸易方面，重商主义政策的主要目标是鼓励发展本国制造业和商业以使国家的出口超过国家的进口，并通过监控本国行会组织来控制本国的制造业和商业。法国的行会曾是一个法律不大健全的团体，随着技术和经济的发展，法国的行会建立和发展起来后，却开始敝帚自珍，不断抵制各种技术创新。从 15 世纪开始，法国国王路易十一开始通过行政和立法手段全面监管行会②，法国国王路易十一认为，为了国王或工业的利益，对各业行会制定法律和规章的国王，应有权特免那些规定，这是不言自明的。③ 此外，由于法国贵族在与国王的政治斗争中失败，因而贵族经常支持行会。随着经济、技术和文化的发展，法国政府越来越意识到技术是本国发展工业非常重要的力量，其无法对行会的垄断技术行为视而不见。并且自 16 世纪中期，在发明家和新兴的工商业阶级埃狄尼·图奎蒂（Turquetti）的劝诱下，法国开始引进和实施类似威尼斯的专利特权制度。法国国王意图通过专利以及其他方式支持一些创新以打破完全僵化了的行会垄断，鼓励发明，吸引人才。④ 尤其是当时法国王室奢

① 波斯坦. 剑桥欧洲经济史：第 5 卷　近代早期的欧洲经济组织. 王春法，等译. 北京：经济科学出版社，2002：435.

② 其仅在 1467 年 6 月就对制鞋匠、漂布匠、制球匠、手套匠、裁缝、紧身衣缝制匠颁布了法令；1479 年颁布关于管理全国毛织品加工的法令时，这种立法活动达到了顶峰。“在人们可以想到的各种场合，人们能够听到皇室官员们的强制命令：如修订或批准法规条令，决定劳动时间和节假日，甚至议定商标的使用，规定制作的流程或确定质量标准。”汤普逊. 中世纪经济社会史. 耿炎如，译. 北京：商务印书馆，1984：639－640.

③ 汤普逊. 中世纪经济社会史. 耿炎如，译. 北京：商务印书馆，1984：640－641.

④ Frank D. Prager, A History of Intellectual Property from 1545 to 1787, 26 *J. Pat. Off.* Soc'y 711, 1944, p722.

侈之风日盛，对奢侈品专业的工匠需求非常大①，并且当时法国王室自身也建立了一定规模的官方手工制造业，例如巴黎和博韦的毛毡厂②，一些品位较高的奢侈品、工艺品常常出自王室手工工场。③ 法国国王亨利四世去世的1610年，全法国共有47所手工工场，其中40所是由他所创建的。④ 因而法国王室并不希望某一行业由少数几个人控制起来，因为那样对政府不利。法国政府希望通过控制专利特权应对当时不断新兴的小工商业者的阻碍。因而专利特权本质上是王室根据王权和国家的利益，打破行会垄断，对工商业经济活动加以支持、干预和控制的政策工具。

2. 法国专利特权制度的内容及演变

（1）专利特权制度的早期实践

当时专利特权由王室进行授予，但需要经过巴黎议会审议并进行注册。⑤ 法国早期特权体系的一般模式与威尼斯类似：政府对新发明进行审查，为打破行会垄断，政府通常选择支持新发明的授权，而行会为了垄断利益，则通常会选择反对，因而法国专利特权的最终授予完全是建立在行会、发明者或引进者与政府之间的妥协之上的。专利特权类型也比较多样，早期专利特权主要体现为非垄断性特权，例如法国专利特权人具有“依据其发明进行使用的特权”，“禁止他人模仿其发明”，同时政府对于该特权人提供贷款、免税以及其他资助等特权利益，甚至有人因为新的发明

① 鲁道夫·克拉瑟. 德国专利和实用新型法、欧洲和国际专利法. 单晓光，张韬略，等译. 北京：知识产权出版社，2016：124.

② 波斯坦，等. 剑桥欧洲经济史：第5卷　近代早期的欧洲经济组织. 王春法，等译. 北京：经济科学出版社，2002：435-436.

③ 王渊明，等. 16—17世纪英法两国政府工业政策的比较研究. 杭州大学学报（哲学社会科学版），1992（1）.

④ 费尔南·布罗代尔. 15至18世纪的物质文明、经济和资本主义. 顾良，施康强，译. 北京：生活·读书·新知三联书店，1992：351.

⑤ 巴黎议会由僧侣和贵族掌控，自13世纪开始便行使着大量的立法、行政和司法权。包括国王的法律、政令和其他的法律行为都必须由巴黎议会登记，以获得约束力。然而从15世纪开始，王权专制主义的主张者们开始把议会变为纯粹的橡皮图章，有时甚至使用驱逐或关押整个议会的手段。然而，专利需要议会注册的理论和制度最后还是获胜了。Frank D. Prager，A History of Intellectual Property from 1545 to 1787，*J. Pat. Off. Soc'y*，1944，p731.

而被政府授予厂房。[1] 例如 1536 年，法国占领了意大利西北部的一个地区——皮埃蒙特，当地是意大利丝绸技术非常发达的地区，当地的埃狄尼·图奎蒂（Turquetti）声称是丝绸技术的“发明者”，根据早已在意大利普及的专利特权实践向法国国王提出要获得这一技术的生产特权。法国对于意大利发达的丝绸技术早已垂涎已久，为了吸引意大利北部的这些技术人才，法国国王弗朗西斯一世授予了图奎蒂丝绸生产特权，这是法国最早的专利特权，但图奎蒂并没有获取完全的垄断特权。图奎蒂在法国里昂利用丝绸技术开设工厂生产丝绸，他将这一技术传授给法国里昂的工人，这些工人负有保密义务。同时里昂政府给予他以及他所引进的外国工人免税政策及贷款和其他援助，并且他有权向之后所有在里昂从事丝绸制造的人征收特权税，这一特权的期限是终其一生。[2]

1551 年，法国第一个垄断性的专利授予了另一个意大利人，他是博洛尼亚的史希思·穆提欧（Theses Mutio）。这个专利是有关“威尼斯款式玻璃杯”的制作工艺，法国国王亨利二世授予这个意大利玻璃制造商 10 年的垄断权[3]，但巴黎议会在注册时将其改为 5 年。[4] 在同年，法国发明者亚伯富隆（Abel Fullon）被授予测距仪的专利，同样专利期是 10 年。在这个时候，法国国王亨利二世认为发明者应充分披露他的发明，当专利过期后公众能够从中受益，当时他要求富隆准备一份专利说明书，这份说明书在 1555 年出版，成为法国第一个专利说明书。[5] 1557 年，亨利二世授予了一个设计一种字体的出版商（Aldus Manutius）一项专利权，这种字体被称为“Caractere civilite”，但现在已经不再使用。奥尔德斯·马奴提乌斯（Aldus Manutius）在 1502 年曾获得一项威尼斯的专利，这是因为他发明了今天仍然在使用的新的倾斜型字体，也称为斜体。

在 1550 到 1600 年，法国平均每两年授予一项专利，而英国在同时期

---

① 王渊明. 16—17 世纪英法两国政府工业政策的比较研究. 杭州大学学报（哲学社会科学版），1992（1）.

② Frank D, Prager, A History of Intellectual Property from 1545 to 1787, 26 *J. Pat. Off. Soc'y* 711, 1944, p751.

③ 同②751 - 752.

④ 同②724.

⑤ Ashley, *Introduction to English Economic History*, 1923, Vol. 2, pp. 102 - 113.

大约平均每一年授予一项专利，甚至会更多。法国专利数量少的原因可能一方面是当时法国国内并不太平，政治和宗教斗争气氛压抑，较少的发明者愿意到不宽容的国度来。① 另一方面，当时违反国家垄断经营制度的行会规则得到了加强，巴黎议会不断加大对特权授予的干预，防止皇室随意授予不应该被得到的垄断。巴黎议会主要由一些贵族代表组成，因而其比较维护行会的利益，其经常会缩短或修改王室授予的专利特权，例如它将之前提到的史希思·穆提欧（Theses Mutio）的专利特权保护期限由 10 年改为 5 年，有时候皇室的专利一并遭到议会的否决。

直到 16 世纪末和 17 世纪，法国才开始系统地授予专利特权，很可能一方面是因为看到当时英国专利特权授予的实际效果，决定进行效仿；另一方面是因为法国王室政府出于战争和经济发展的需要，进一步加快工业发展的步伐。法国开始资助企业，并且为了规范经济行为，重新修订了《对商业的建议》，其中不仅涉及贸易问题，而且涉及技术、创新和工厂，并且不断引进技术人才：镜子、花边和其他奢侈品的专家来自意大利；采矿、建造和制砖的专家来自瑞典和德国；纺织专家来自荷兰。② 为了防止本国技术专家的流失，法国采取了一系列严格的措施，那些试图移居国外的技术人才甚至有可能为其选择而丧命。③ 专利显然也是法国当时鼓励发展工业的一个重要工具，这时专利特权授予逐渐规范化。最初特权只有在法国国王在场时才可以颁发，因此申请人必须非常精确地把握申请时机，改革之后申请人可以向法国皇室委员会申请专利，但申请人需要支付正式费用和非正式的实惠。④ 委员会在授予或者拒绝授予之前要求征求专家意见，专家最初由商人和工匠组成，皇室委员会作出初步决定，然后交予法国国王审查，法国国王对专利审查具有绝对的控制权。国王同意之后，便会通过该委员会发布一份授予新技术或机器的引进者或发明者排他性特权

① Frank D, Prager, A History of Intellectual Property from 1545 to 1787, *J. Pat. Off. Soc'y*, 1944, p715.

② 波斯坦，等. 剑桥欧洲经济史：第 5 卷　近代早期的欧洲经济组织. 王春法，等译. 北京：经济科学出版社，2002：435－436.

③ 同②436.

④ Sherwood R·M, *Intellectual property and economic development*, Westview Press, 1990, p250.

的文件。委员会的决定可以由第三方向巴黎议会提出异议。发明的描述在专利实施之后会被发布，使得发明可以被公众获取。特权的授予与现在的专利已经非常相似：具有新颖性；工业实用性；对于伪造者的惩罚；授予许可合同的可能性等内容。① 然而与威尼斯政府的标准一样，由于专利特权的授予依然根据的是个案授权，这些标准并不清晰，尤其是工业实用性是法国政府专利授权的最重要依据。同时当时专利特权的授予有一个严格的实施义务，否则就会受到丧失特权的制裁，因而当时授予的专利特权也并不多，比如巴斯卡（Pascal）获得了对算盘的特权（1649），惠更斯（Huygens）则取得了对钟表的特权（1657 年和 1675 年）。② 16 世纪末期开始，一些专利特权的授权已经具备了转让或继承的财产特性。③

1699 年法国国王路易十四颁布了一项法令，授权当时刚成立不久的法国皇家科学院④作为专利审查的专家顾问，这可以说是最初的专利审查制度的雏形。

但是这部法律并不具有强制性，当法国皇室决定授予特权时，会将相关特权文件交付巴黎议会，巴黎议会可以就这一发明的新颖性和实用性向科学院进行咨询，但这一咨询并非严格必须。而当科学院对这一发明进行审核时，发明的技术质量本应该是唯一被审查的对象⑤，然而法国议会更加关注于这项特权所带来的就业机会和税收价值。这也充分说明法国政府

---

① 鲁道夫·克拉瑟．德国专利和实用新型法、欧洲和国际专利法．单晓光，张韬略，等译．北京：知识产权出版社，2016：231.

② 同①256.

③ Sherwood R · M, *Intellectual property and economic development*, Westview Press, 1990, p250.

④ 法兰西皇家科学院的历史可以追溯到 17 世纪初，当时在巴黎科学界的一些大学者，如梅尔森、德卡特、加桑迪、荷伯、罗泊瓦尔和巴斯卡等经常相聚在一起，共同切磋学术、交流经验和议论时事。1666 年 6 月，由戈尔泊特提供自己的图书馆作为这类活动的固定场所。同年 12 月 22 日，戈尔泊特依照 15 和 16 世纪意大利各种各样学院的例子正式建立了法国皇家科学院，当时共有 21 名成员，其中有几何学家、天文学家、物理学家、化学家、解剖学家、植物学家和鸟类学家。1699 年，法国国王路易十四赐名这个组织为皇家科学院，将其安置在当时的皇宫卢浮宫的图书馆里，并订出章程，规定成员总共 70 人，其中设名誉院士 10 人，院士和合作院士各 20 人，另外由 20 名院士每人带一名学员。

⑤ Frank D. Prager, A History of Intellectual Property from 1545 to 1787, *J. Pat. Off. Soc'y*, 1944, p718.

始终将专利特权视作鼓励产业和经济的政策工具，技术带来的经济利益始终是其构建专利特权制度的最根本标准。

（2）1762《关于专利衍生权利的法令》：重农主义的得势

1740年开始，以奎奈为首的重农主义势力开始受到皇室的重视。这些重农主义者的思想可能早于斯密的经济自由思想，尤其是重农主义的集大成者奎奈和阿吉贝尔提出自然秩序论，认为社会经济生活应该服从自然法则，“大自然是酷爱自由的”，大自然总是走向自由和趋于完善，因而他们主张自由发展经济，反对国家干预。① 他们认为重商主义政策像枷锁一样桎梏着工商业自由，农业的地位被大大忽视，因而极力压制重商主义思想②，大力提高和发展农业经济，反对当时行会的僵化，主张压制和削弱当时法国行会的权力。由于专利特权当时被视为是发展工商业经济的重要举措，但本质上是一种垄断，并且是对自由经济发展的阻碍，因而在重农主义的有些教条式的政策体系中，主张对专利授权进行严格控制。尤其是专利审查，授不授予专利，保护的程度如何（就保护的地理覆盖范围和规模来说）更加由当时的预估经济价值来决定。除国家之外，还有地方特权，但只对某些地区有效，由当地官方授予。专利可以由政府来撤销，或者简单的专利由后来竞争者发明的更为高级的技术专利所取代。③《关于专利衍生权利的法令》于1762年被正式颁发了，对专利特权的授予进行严格规范。该法律再次重申了专利的特权性质，其认为专利特权的目的在于奖赏发明者的努力，给予发明者一种报酬，并指出“没能使用一项特权令人生厌，因为它限制了自由，而又没有给公众带来任何应当被预期的利益。最终缺乏对被授予特权的公开通常使得被授权人延伸同样的权利，并且妨碍我国国民的工作和劳动”。据此，该法令对专利特权的有效期、转移和实施进行了严格的限制，专利授权受到更多的行政干预。1762年的法令规定专利特权的保护期限为15年，在发明人活着的时候可以将特权

① 赵文洪．私人财产权利体系的发展——西方市场经济和资本主义的起源问题研究．北京：中国社会科学出版社，1998：315.

② 富田彻男．市场竞争中的知识产权．廖正衡，等译．北京：商务印书馆，2000：72.

③ 鲁道夫·克拉瑟．德国专利和实用新型法、欧洲和国际专利法．单晓光，张韬略，等译．北京：知识产权出版社，2016：51.

转移给其子女或孙辈，并且不允许未经皇室许可而将专利特权转移给其他人。假如专利特权授予人死亡，其继承人不能继受这一特权。并且如果专利特权人在一年之内没有实施其专利或者实施但并不成功，该专利特权将失效，除非专利特权人提出正当的理由。①

（3）小结

在法国早期专利特权实践当中，由于封建王权的力量非常强大，新兴工商业者和技工始终处于式微地位，贵族势力和行会也时而扰动着专利的授权，但法国政府控制着专利特权制度的主动权。之后，由于重农主义的经济自由思想开始影响法国政府，并且随着重农主义者的得势，他们开始对专利特权进行严格限制，最终导致了 1762 年《关于专利衍生权利的法令》的产生。但无论如何专利特权得以首次以制度化形式体现，并且专利特权始终被认为是政府和地方官员手中掌控的技术和经济政策工具。一方面，大多数情况下，法国政府只有当仔细审查并确信颁发专利能促进新贸易的时候，它才会颁发专利，并且专利特权也仅仅限于方圆 10 英里（约 16.1 公里）的范围内（当然也可能范围更广或更窄），这种做法主要用于保护已建立的贸易或生产。②另一方面，法国政府在专利授权上具有两种特性：一是消极授权，并且严格限制生产规模的扩大和工业资本的集中，这使得大工业发展缓慢；二是在具体授权方面，由于法国皇室和上层社会重视奢侈和享受，其对手工业产品需求较大，因而其重点对手工业技术和发明进行授权，重视质量和美感而不是数量和效益，这本质上影响了当时法国产业和经济发展的格局，促使法国丝织、皮革、玻璃、陶瓷、装饰等手工业发展一枝独秀。③ 而且政府始终依据个案认定的授权标准，将工业实用性中的就业、税收等经济价值作为其授权的根本依据。事实上，政府本身无法对技术的经济价值作出有效率的评判，市场是其最好的检验标准。但值得注意的是，除专利之外，法国当时还颁布了许多其他优惠政策

---

① Frank D. Prager, A History of Intellectual Property from 1545 to 1787, *J. Pat. Off. Soc'y*, 1944, p93.

② 伊利奇·考夫. 专利制度经济学. 柯瑞豪，译. 北京：北京大学出版社，2005：10.

③ 王渊明. 16—17 世纪英法两国政府工业政策的比较研究. 杭州大学学报（哲学社会科学版），1992（1）.

和措施作为对专利的补充和替代。例如在特权期间，发明人或发明引进人可享受职称、养老金（有时养老金可以扩大到配偶和子女）、贷款（一些免息）、一次性资金、生产补贴、税收减免、公共采购、使用医院的廉价劳动力的可能性等方面的优待。在法国大革命后，这种对发明者和发明的复杂的国家政策没有被取消而是被修改。

（二）德国专利特权制度

1. 德国专利特权制度建立的动因

15 和 16 世纪的德国是一个在“神圣罗马帝国”名义下的松散诸侯联盟，包括公国、侯国、伯国、封建化的主教和修道院管区以及居住着顽强市民的自由城市①，最多时全国竟分有上千个邦国。但这种政治上的分解并未造成社会分解或经济衰退，相反，这种极端分裂局面却使当时的经济和社会生活更加活跃：首先，由于德国的冶金炼钢技术和纺织技术较为发达，并广泛采用了外放制生产线②，15 世纪到 17 世纪，德意志地区的矿业、手工制造业有了重大飞跃。③ 16 世纪初，德意志神圣罗马帝国生产的生铁产量独占欧洲产量的半壁江山，亚麻纺织业和棉纺织业的发展都已经超过了传统的工业区的发展。分裂的政治局面，使德国较早地形成了众多的自由城市和活跃的城市人口，这些城市之间互相结成同盟，以此作为自卫和互利的手段，例如汉萨同盟、莱茵同盟和士瓦本同盟。这些同盟的较早建立极大促进了德国商业贸易的发展。④ 并且在 16 世纪大多数时期，欧洲经济中心仍在地中海，德国通过与大西洋和地中海的联系，以及与意

① 德国在中世纪实施的是一种独特的所谓“选帝侯”制的政治形态。国王从七位领主中选拔，首都是该领主所在的城市，从而首都随之移动。在德国，所有地区都可以作为国家首都的中心地区，同时领主也可以从地方进行选取。詹姆斯·W. 汤普逊. 中世纪晚期欧洲经济社会史. 徐家玲，等译. 北京：商务印书馆，1992：173.

② 外放制不同于中世纪行会，其对生产进行了专门化的划分并使其分开运行，初级生产者为一个承包人工作，把产品出售给他。工人通过与企业家的关系而建立与外部市场的联系，这极大提高了当时的工业生产量。沈汉. 15—16 世纪德国在资本主义发生史中的地位. 贵州社会科学，2016 (1).

③ 例如 1500 年，德意志神圣罗马帝国已经生产出欧洲一半的生铁，亚麻纺织业超过了传统的工业区，发展到了莱茵兰、威斯特伐利亚、萨克森、西里西亚。棉纺织业在 15 世纪已经渗入南德帝国城市，在那里发展起了亚麻和棉纱混纺粗斜纹布。

④ 詹姆斯·W. 汤普逊. 中世纪晚期欧洲经济社会史. 徐家玲，等译. 北京：商务印书馆，1992：198 - 217.

大利密切的市场关系，在16世纪欧洲经济发展中具有中心地位。此外，当时德国的金融发展和资本积累都已经发展到了相当规模，大公司及其商业金融活动早已超出德意志境内，向欧洲各国渗透。① 其次，15、16世纪文艺复兴运动开始在德国兴起，尤其是马丁·路德在公元1517—1546年所倡导的宗教改革运动意义深远，打破了天主教会的精神垄断，使人们的思想得到解放，发展了人文主义。在这些思潮的影响下，德国的金匠、金属加工工人和木匠等技术工人在奥格斯堡、纽伦堡、科隆、维也纳、布拉格、乌尔姆以及其他城市中开始活跃起来。他们的作品被全欧洲所盛赞，他们的社会地位不断提高，并且也开始吸引了大量富人的赞助。② 其中尤以萨克森的乔治·鲍尔所著的划时代的巨著《矿冶全书（共12卷）》以及《矿石的性质》和《论矿石》最为有名。

在这样的技术、经济和文化环境下，德国也具备了建立专利特权制度的条件，其最早建立的制度形式是德国法和罗马法的结合形成的特许经营权，但德国政府最终引进威尼斯专利特权制度观念，一方面是因为那些强大的新兴的工商业者或技工的不断劝诱，另一方面，最根本的还是因为德国政府发展本国工商业的重商主义举措。文艺复兴运动以来，威尼斯等国家的重商主义思想也开始影响德国，自16世纪以来，德国的君主们便十分重视工商业的发展，制定了一系列引人注目的积极的工商业政策。③ 例如当时德国的立法不但解除了工业生产者的赋税和征伐义务，并且还给予其大量的补助资金，降低其生产成本，使其购买的原材料价格大大低于市场平均价格。④ 同时与威尼斯和法国一样，随着德国经济和技术的发展，行会势力逐渐庞大起来，形成了对本地产业和技术的垄断，对外来技术和产业进行排斥。当时德国诸国的君主们也试图压制不断壮大的行会对技术

① 他们向各国君主和教皇放贷成为国际金融家。德国资产者已在世界市场的范围内展开活动，例如通过与安特卫普的联系投资于殖民地，他们或是投资于生产或是投资于商贸。沈汉. 15—16世纪德国在资本主义发生史中的地位. 贵州社会科学，2016（1）.

② 罗伯特·科尔. 周末读完德国史. 欧阳林，等译. 上海：上海交通大学出版社，2012：65-66.

③ 波斯坦. 剑桥欧洲经济史：第5卷 近代早期的欧洲经济组织. 北京：经济科学出版社，2002：437.

④ 沈汉. 15—16世纪德国在资本主义发生史中的地位. 贵州社会科学，2016（1）.

和产业的限制，以发展本国技术和工商业经济，由于德国与意大利极其便利和频繁的商业贸易，威尼斯的专利特权实践便传播到德国，德国在实践中也逐渐建立了本国的专利特权制度，成了当时欧洲大陆最早授予专利权的几个国家之一。①

2. 德国专利特权制度的内容及演变

现有资料表明，萨克森公爵统治的公国是当时德国工商业最发达的地区，也是德国授予专利特权最早的地区。德国早期的专利特权也体现为特许经营权，其早在 1378 年就开始授予有关矿山抽水设备的特许经营权。②德国早期对矿物专利特许经营权的授予很可能是基于德国和罗马法的结合，类似于当时盎格鲁-撒克逊民族的普通法，相关实践都是由法官创立相关原则进行授予的。③ 1484 年商人布莱修斯·达尔马提亚（Blasius Dalmaticu）请求依据威尼斯法中的垄断性特权对其矿井的排水设备予以授权，萨克森政府同意了这一授权。④ 1500 年—1600 年，越来越多的发明家和商人请求授予垄断性特权，采取重商主义的萨克森政府便开始引入威尼斯的做法，结合本公国的社会经济发展情况，开始授予大量垄断性的专利特权。⑤ 萨克森公爵的做法被其他神圣罗马帝国的邦国和领主所效仿，这些邦国也开始授予专利特权。⑥ 例如 1545 年神圣罗马皇帝查理斯五世授予汉斯·赫德勒（Hans Hedler）的水磨和风磨设备 12 年的专利垄断特权。根据现有资料，1530—1630 年萨克森公爵颁发了 50 项专利特权，神圣罗马帝国皇帝颁发了 100 项专利特权，如果再加上其他邦国和地方领地的王子、公爵等地方领主所颁发的专利特权，以及具有宗教和道德色彩的教皇所授予的特权，数量肯定更加庞大。⑦

---

① MacLeod C, *Inventing the industrial revolution*, Cambridge Books, 2002, p201.

② Pohlmann H, The Inventor's Right in Early German Law, *J. Pat. Off. Soc'y*, 1961, p125.

③ May C, The hypocrisy of forgetfulness: The contemporary significance of early innovations in intellectual property, *Review of International Political Economy*, 2007, pp. 1 - 25.

④ M. Frumkin, The Orgin of Patents, 27 *J. Pat. Off. Soc'y* 143 , 1945, pp. 143 - 148.

⑤ 同②121 - 139.

⑥ 同②121 - 139.

⑦ Borghi Maurizio, *Writing Practices in the Privilege-and Intellectual Property Systems*, available at: http://ssrn.com/abstract=1031639.

德国虽然没有明确的法律确立专利特权的合法性，但是到1600年为止，其持续大量的实践已经形成了习惯法的约束。任何人基于习惯法，都有对发明利益的预期并且可以要求皇室对其予以保护。这可以从1551年的一份专利特权申请中得以证实，该份专利申请指出："在我们历史悠久的古老帝国中，任何新事物（有用且有益）的发明总是被之前的君主授予特权并获得丰厚的报酬。"① 这说明德国与当时威尼斯、法国和英国一样，专利特权绝非仅是一种普通特权或实践，而是已经具有了法律约束力。而且在德国的一些专利授权中，专利特权可以转移给申请人的继承人或许可给第三人使用。这说明当时的一些商人也意识到了专利特权的财产性。至于专利特权授予程序，德国政府与威尼斯政府一样建立的是个案实质审查制。专利特权申请人首先要提交申请书，之后申请书被送到帝国委员会办公室（Imperial Councillors' Chamber）的特权委员会（Privilege Board）手中，这些特权委员会由法律专家组成。16世纪下半时期，正是德国对技术和发明创作物开始重视和兴起的时候，因而经常会请一些相关领域的权威专家来负责，他们对这些复杂新事物比较开明并且兴趣浓厚，甚至一些被授予专利特权的发明者有时候也会被邀请作为专家。这些法律专家对所提交的技术发明进行审核，如果相关技术非常复杂，他们也会征求技术专家的意见。而后特权委员会会向国王提交一份审核报告，由国王进行签字授予。②

德国的专利特权也必须满足一定的标准，首先是发明必须具有新颖性。但与法国和威尼斯不一样的是，由于德国本身是一个善于创造的国家，其当时的技术水平处于欧洲的领先地位，因而当时的德国比较重视原创性的发明，大多数的专利都是授予给原创发明者，对技术的引进或贸易授予的专利非常少。③ 由于当时交通和通信技术的落后，德国政府对新颖性的审查可以说是严格得令人难以想象。委员会在审查时，基于他们多年

① Doorman G, *Patents for Inventions in the Netherlands During the 16th, 17th and 18th Centuries: With Notes on the Historical Development of Technics*, Martinus Nijhoff, 1942, p151.

② Pohlmann H, The Inventor's Right in Early German Law, *J. Pat. Off. Soc'y*, 1961, pp. 121－139.

③ 同②.

的工作经验，这些发明必须使其感到足够“惊讶”（startling），否则委员会可能就会开始启动对新颖性的调查。① 至于发明的创造性和先进性是否是当时特权专利授予的法定标准，从相关的特权实例来看并不清楚，但是一些申请人经常会在申请书中表示其发明与在先技艺相比，具有技术先进性，在实践中，往往这些具有技术先进性的发明更容易获得授权。最后，最为关键的是发明必须具有实用性。根据德国当时的专利特权习惯法，新机械或方法必须满足“测试标准”，也即该新机械或方法必须进行测试以观测其是否具有可操作性。相关的模型或样本需要呈现给特权委员会，如果申请人缺乏相关模型或样本，特权委员会便会向申请人提出相关的模型或样本的命令。此外，委员会特别注重对发明的公益性价值的审查，是否有利于促进就业、节约劳动或促进某一产业的发展是委员会最为重视的审查要素，也是申请人再三重申的理由。专利特权的保护期限也通常根据个案的实用性程度，从 5 年到 10 年不一，也有 20 年的授权。②

从上述资料可以看出，德国在 16 世纪和 17 世纪已经有一个较为发达的专利特权制度，该制度不同于其他特权，虽没有以成文法形式颁布，但是其已经具有习惯法的约束力。这种认识是难能可贵的，在伊丽莎白（1558—1603 年）统治之前或者之下的英国，都不存在有关专利权的普通法，那时候对专利的认识还只是由皇室授予的一种特权，其仅是一种行政惯例。与同时期的英国相比，不但德国早于英国率先形成了专利特权制度，而且该制度较英国后来的专利特权制度更为完善，不仅申请费用较低③，而且其申请机制实质地防止被王室垄断、滥用。显然，早期的德国专利特权是一个完善且硕果累累的制度，只是后来德国纷乱的政治斗争和战争摧毁了它，这些战争

① 例如根据 1575 年 9 月 3 日的一份专利申请，申请人认为其所提交的薄荷生产发明可以“较少浪费”，但有人认为“许多其他人早已知道这一发明并且已经制造出来：因此应该予以驳回”。特权委员会要对其进行新颖性审查，萨克森国王要支持这一发明，并且专家必须作出书面的说明，证明该发明具有成功的实践可行性以及重要性。

② Doorman G, *Patents for Inventions in the Netherlands During the 16th, 17th and 18th Centuries: With Notes on the Historical Development of Technics*, Martinus Nijhoff, 1942, p151.

③ 在当时的英国，专利特权申请费用太高，远远超出了当时技术工人的工资和生活水平，此外当时英国的授权机关还经常向申请发明人滥收各种费用，这极大影响了发明人申请专利的积极性。与之相反，德国专利特权的申请费十分低，只要花费一小点费用就行，不需要再支付其他费用和税费。

对其摧毁得太彻底，以至于它几乎被人遗忘殆尽。当时德国的经济政治环境不利于从事创新活动，并且当时狭隘且保守的行会逐渐占据了国内的制度主导权，他们不断影响德国政府并最终废除了德国的专利特权制度。当然不止德国，包括当时尼德兰、比利时在内的许多欧洲大陆国家的专利法规定、普通法规则都被摧毁了，当时的许多法律框架和创新都无法再追寻。① 只是到了后来的工业时代，他们的专利制度才得以再度萌发。

（三）英国专利特权制度

1. 英国专利特权制度建立的动因

英国作为一个几乎被罗马文明遗弃在大西洋沿岸的小国，其农业、工业、贸易都远落后于欧洲大陆的国家的，15、16 世纪时其技术、经济和文化开始逐渐兴盛起来，进而有了建立专利特权制度的渴求。

首先，15 世纪之前的英国只有采煤业、采矿业等十分传统的工业部门，并且这些工业部门生产规模小、技术水平低，之后英国开始吸收国外的相关资本投资，逐步从欧洲其他国家引进先进的工业技术和一些新兴的工业部门。例如英国从国外引进了第一个造纸厂、第一个火药厂、第一个凡硫酸铝和绿矾厂、第一个糖精炼厂和第一个效益可观的硝石厂。正是因为英国工业吸收了国外相关的技术和资本，才使得英国的采矿、冶炼、军火和造船等新兴工业逐渐发展起来。② 从 15 世纪 70 年代开始，英国进行圈地运动，“羊吃人”的圈地运动使得大量的农民无地可耕，不但为英国农业资本主义的发展提供了大量的土地要件，而且为其提供了充足的劳动力。并且随着新航路的开辟，欧洲贸易的中心从地中海转向大西洋沿岸，英国逐渐从边缘小国成长为当时西欧文明的经济贸易中心。英国在 16 世纪开始在亚洲、美洲和非洲拓展海外市场。迅速发展的海外市场对英国工业品的需求不断增长，成为英国国内工业产品广阔的销售产地。“都铎时代是一个商业的时代，随着这个世纪的进展它变得更加商业了，通过国内

① May C, The hypocrisy of forgetfulness: The contemporary significance of early innovations in intellectual property, *Review of International Political Economy*, 2007, pp. 1 - 25.

② 刘成，刘金源，吴庆宏. 英国——从称霸世界到回归欧洲. 西安：三秦出版社，2005：33.

外市场的不断扩张，商业贸易成为英国前工业时期最为活跃的经济活动。”① 在刺激需求的同时，英国商业革命也产生和积累了具有巨额商业资本的商人群体，他们为进一步攫取利润，纷纷把商业资本投放到工业生产领域，实现了资本的转化。

其次，英国15—16世纪的文艺复兴、宗教改革带来了人们的技术观和财富的变化。文艺复兴的人文主义精神使人们更加关注现实物质的重要性，技术创新的重要性越来越凸显，工匠等技术人才的重要性和地位逐渐受到人们的重视。同时16世纪的都铎王朝为了削弱当时旧贵族的势力，加强其专制统治，开始进行一系列的宗教改革。正如默顿所言，清教徒“颂扬上帝”的社会功利主义、刻苦勤奋的禁欲主义、“神佑理性”的理性精神，使科学技术得到赞誉，这样的变化促进了人们人文社会科学思想的革新和科学技术理论的进步②，而包括约翰·威尔金斯以及马克斯·韦伯的研究都表明，清教徒的教义给当时的英国的财富观、物质利益的追逐和资本的积累带来了伦理基础，使得英国传统的道德体系全面瓦解，极大激励了英国民众开展扩大再生产的积累财富行动，对英国资本主义的产生和发展发挥了刺激作用。③

在这样的技术、经济和文化环境下，大约在都铎王朝的时候，英国政府也形成了建立专利制度的条件，早在14和15世纪早期的时候，英国的统治阶级为了吸引技术人才授予了外国技工特许经营权④，并且当时的统

① 张卫良. 英国社会的商业化历史进程：1500—1750. 北京：人民出版社，2004：35.

② 罗伯特·金·默顿. 十七世纪英格兰的科学、技术与社会. 范岱年，译. 北京：商务印书馆，2000：111.

③ 同①95.

④ 例如在1324年，英国国王爱德华二世就邀请熟练的德国矿工到英国，并授予这些德国矿工特许经营权；1327年，爱德华三世为了鼓励人们制造布，声称要给漂洗工、纺织工、染布工和其他制布工所需的特许经营权；在1331年，英国皇家将可以给英国带来新的工业的一项特许经营权授予了从佛罗伦萨来的约翰·凯姆普（John Kempe）和他的公司，他们有权在英国从事布匹的纺织、染色、漂白等业务，并有义务培训徒工，特许令状同时还规定，任何其他愿意渡海到英国并从事生产的织布商人，英王同样给予令状特许经营权；1336年，从布拉班特（Brabant）来的两个纺织匠也获得了类似的特许经营权证书，并在约克安了家；1368年，英王授予来自代尔夫特（Delft）的制表匠三个专利。这些授权都是个别的并且仅限于经营资格，而非真正意义上的垄断特权，英国自身也没有建立体系化的制度。

治阶级为吸引国外的技术人才，更多采用的是一种皇室商谈秘密协议的方式，这样的方式也能吸引许多人才进入英国，例如德国的军械士、意大利的造船工人和玻璃匠以及法国的铁匠都这样被吸引越过英吉利海峡。① 与其他欧洲国家一样，当时英国的技术和产品都由行会所垄断和控制，许多新兴的工商阶级的生产和经营都要受制于行会。为了打破行会的垄断，寻求自身的发展，许多新兴的工商阶级为积极寻求新技术和新产业，经常煞费苦心地劝说当时的英国政府，引进类似威尼斯和德国的垄断专利特权制度。

例如，1537 年，一个在意大利居住的英国商人安东尼·圭多提（Antonio Guidotti）爵士从墨西拿写信给当时英王亨利八世的首席国务大臣托马斯·克伦威尔（Thomas Cromwell），称他计划将意大利丝绸运往英国，并带领商人来英国建立意大利式样的丝织生产。他还提到不仅意大利当时已经普遍实施专利特权制度，而且德意志神圣罗马帝国也已经开始实施这一制度，例如当时德意志神圣罗马帝国的皇帝将专利特权授予给了一些米兰人，并允许他们在其境内从事丝织业。因而他建议只有给予相关丝织技术 20 年的特权才可能吸引专业人才来到英国。② 安东尼·圭多提是否最终获得这个特权，我们不得而知，但随着威尼斯专利特权制度影响越来越大，托马斯·克伦威尔意识到了专利特权制度的重要性，他在 1549 年说道："我听说，在威尼斯和许多其他地方，他们奖励并珍视每一个引进新的技艺并在当地工作的人才。"

再如，当时德国已经开始普遍实施和授予专利特权制度，当时的英国大商人格雷善姆，作为英王派驻德国境内安特卫普的商务代表，不仅详细了解了德国皇帝查理五世颁发的专利特权，而且还与拥有大量专利特权的德国大商人霍切斯提特关系紧密。伊丽莎白一世继位（1558 年）后，随着重商主义思潮逐渐兴起，英国政府开始借鉴威尼斯和德国的专利特权制度鼓励技术人才，大量和常规性地授予专利特权，将"新技术与产业的垄

① Paul A. David. 知识产权制度和熊猫的拇指：经济理论和历史中的专利、版权与商业秘密. 谷彦芳，译. 科技与法律，1998 (4).

② Maximilian Frumkin, Early history of patents for invention, *T. N. S.*, 26, 1947, p51.

断专利作为刺激经济、增加收入的主要政策手段”①。

2. 英国专利特权制度的内容及演变

（1）英国对威尼斯专利特权制度的因袭

伊丽莎白一世继位之后，为发展本国工商业开始大量授予以独占和垄断性为内容的专利特权，不但包括垄断性的产业经营还包括发明的垄断性权利。例如1552年4月26日，英王授予亨利·史密斯（Henry Smith）制造诺曼底玻璃2年的垄断性特权，1559年，英王向一个来自特伦特的防御工事工程师吉亚科莫·阿孔齐奥（Jacobus Acontius）授予新式磨碎机的专利特权。② 1565年，英王授予佛罗伦萨人伯蒂（Berty）许多垄断性专利权。许多学者认为，英王这时候对专利的授予是随意的，是没有任何标准的滥用③，但事实绝非如此，虽然当时英国没有制定专门的立法，但英国当时对专利特权的实践很大程度上借鉴了当时威尼斯的制度。

首先，英国对专利的授权实施的依然是个案性的实质审查。申请人提交申请，一般由代表皇室的枢密院对专利进行审查，然后交由皇室作出最终决定。枢密院和皇室在个案审查当中授权的标准包括新颖性和实用性标准，但实用性标准依然是最主要的标准，即依据他们所认为的有用的、能对公众带来好处的发明，又即申请人的发明能够对英国领土和国王带来哪些特殊的利益。这些利益可能包括减少劳动力、向腐烂的城镇提供救济或提供一种需要的在价格或质量上都比进口的好的商品、增强领域的防御、增加矿厂或水手的就业，或带来一个新的出口贸易。④ 随着实践的普及，在申请书中陈述发明所带来的公共利益逐渐成为一种惯例。例如在1622年“Dudley案”中，申请人再三强调其钢铁发明不但能够增加公共利益，

① 斯塔夫里阿诺斯. 全球通史：从史前史到21世纪　下. 吴象婴，译. 北京：北京大学出版社，2005：512.

② Erich Hassinger，Studien zu James Acontius，1934，pp. 1－20.

③ 例如黄海峰. 知识产权的话语与现实——版权、专利与商标史论. 武汉：华中科技大学出版社，2011：130－131；邹琳. 英国专利制度发展史研究. 湘潭：湘潭大学，2011。

④ E. W. Hulme，On the Consideration of the Patent Grant，Past and Present，13 *LAW Q. REV.*，1897，pp. 313－315.

而且能够节约钢铁和木材的消耗量。[①] 由于特权是基于特殊的和个案的判断，从一般意义上来说，在一些案例中，这些特权的授予可能是一致的，他们被授予一定期限内的排他性特权，但具体而言，每一个特权都存在差异。所获得特权的内容因不同发明而存在差异，每一个特权所能从事的经济活动并不一样，有时候存在一些地理限制，只有在英国的某个特殊区域有效。有时候特权内容还包括其他行会或其他限制力量的豁免，例如具有合理的薪水去从事某些职业的工作。甚至一些特权还具有私权性质，可以进行销售或转移。[②] 并且每一个特权的排他性期限并不一致。例如 1571 年授予的专利期限是 6 年，1577 年所授予的专利期限是 30 年。[③]

其次，英国所授予的专利具有"实施条款"，这与威尼斯授予专利的可实施性一脉相承。英国早期的专利授予以促进技术开发与引进为目的，要求专利授权人必须在一定期限内将专利付诸商业实践，并且必须保证在一定质量和固定价格之内进行销售，否则专利无效。例如在 1563 年，彼得和乔治发明了一种新型的制造烤炉，英国政府授予他们 10 年的专利特权，并且政府规定：如果专利权人销售的授权发明价格太高或 2 个月内未将这一发明投入实践，那么这一专利将被无效。斯马尔特（Smalt）的专利为服务于英国的要求，还必须满足足够的质量标准，并还要保证在 7 年内所生产的盐和其他海类产品一样便宜。[④] 早期的专利授权还要受行政机关的质量检查，只有为市场提供具有一定质量且价格合理的产品才可能给本国经济带来益处，违者专利授权无效。可能是事前的检查证明发明确实满足了所承诺的实践，也可能是事后的要求证明了这一点。[⑤]

最后，从 1575 年霍姆斯与佛兰普顿所申请的专利开始，枢密院引入了威尼斯专利授权的撤销事由，这一撤销条款逐渐变得普遍适用甚至开始取代实施条款，英国在适用当中对其进行进一步细化。即如果有证据证明

---

① Webster, *Thomas*, *Reports and notes of cases on letters patent for inventions*, Vol. 1. T. Blenkarn, 1844, p14.

② E. W. Hulme, On the Consideration of the Patent Grant, Past and Present, 13 *LAW Q. REV.*, 1897, pp. 313 - 315.

③ 同②.

④ 同①11.

⑤ 同②145.

所授专利存在不便利或有害（inconvenient or prejudicial），皇室或枢密院有权撤销它，当时可能被撤销的理由，包括发明本身的新颖性、优先权等问题，也包括发明实施中的“在合理的时间内没有引进该发明”或者其他滥用专利等问题。[①] 到 17 世纪下半期的时候，该条款便成为“所有发明的固定特征，并一直保留到现代时期”。不便利性是他们最经常使用的理由，枢密院在专利授权之前或之后的撤销期限内可以对专利的不便利性进行讨论。例如 1660 年特拉斯威尔（Traswell）的专利被异议，因为特拉斯威尔（Traswell）并非真正的发明人，并且他的发明被认为“不能完全理解，或很难将其付诸实践”。相似地，雷斯比（Rersby）和思特里克兰德（Strickland）1665 年的专利被异议是因为“专利申请人并没有艺术或出版的实践经验”。加里尔（Garill）铸造金币和银锭的方法专利也被撤销，是因为“可能有损于贸易，剥夺成千上万工人的岗位和生计”并且“可能会有助于制造假币活动的猖獗，造成社会不稳”。总之，枢密院所设立的撤销程序是针对特定专利的特殊政策考量。其对专利的审查不仅包括解释和适用可专利性的标准，而且扩大至对于通过利益关系、政策和社会成本以及授权可能带来的利益等各种公共利益的考量。这些抽象利益的考量使得当时的专利授权变得极不稳定。因而专利特权当时被称为“专利交易或契约”。专利被认为是皇室（代表着公共利益）与专利权人的交易。专利权人没有获得专利的权利，相反专利权人只能向公众提供特殊的利益并且请求国王给予特权。国王根据任意的授予特权的权力来决定申请人发明所带来的特殊利益是否能够符合公共利益的考虑，并且给予其相应的权利和期限，同时即便授予其特权，也可以在将来的期限内基于公共政策的考量对其特权予以撤销。[②]

此外与法国不同，英国对专利的授予注重经济效益，具体生产方式多不加干预，对新兴工业的控制也没有法国的那么广泛，采煤业、冶金业等重要的新兴工业都逃脱了政府的控制，有利于生产规模的扩大和集中以及

---

① Bracha O, The Commodification of Patents 1600—1836: How Patents Became Rights and Why We Should Care, *Loy. LAL Rev.*, 2004, p177.

② E. W. Hulme, On the Consideration of the Patent Grant, Past and Present, 13 *LAW Q. REV.*, 1897, p145.

大工业资本的原始积累和发展。到 17 世纪时期，英国的许多大企业开始崛起，英国的工业除原有的民族工业纺织业迅速发展外，一些新的重工行业也迅速崛起。采煤业、冶铁业、船舶制造业等重工业的发展十分显著。例如 1551—1560 年英格兰和威尔士的煤炭生产总量为 210 000 吨，1681—1690 年增至 2 982 000 吨，翻了约 14 倍。铁的生产量在 1550 年代为 5 000 吨，17 世纪中叶上升到 24 000 吨，翻了近 5 倍。1570 年英国商船总吨位为 5 000 吨，1640 年达 150 000 吨，翻了 30 倍。①

（2）权力斗争与过誉的《垄断法案》

由于英国专利的实用性标准以及可撤销程序主观裁量性太大，使得英国皇室基于喜好和皇室的财政需要（独占性授权的专利人要定期向皇室缴纳一定的税收，这成为当时皇室重要财政来源之一），或者奖赏功臣与崇信近亲的需要，开始大肆签发各种垄断特权。当然这更与当时一些申请专利的工商阶级的请求和游说密不可分，因为独占性的垄断特权能够给他们带来丰富的利润收益。② 英国皇室授予专利的目的有各种各样，而方式也有各种各样，例如增加与专利相关的商品的零售价格和给予贸易的垄断特权，以及对一些并未发明或引进新产品的人授予垄断权。据统计，在 1561 年到 1603 年，英国一共授予垄断性特许权 55 项，其中 21 项授给了外国人。在詹姆斯一世当政时，对专利权的滥用更加肆无忌惮，甚至将油、盐、酱、醋等日常生活用品也作为专利授权的对象。皇室滥发专利特权直接导致了市场经济秩序被破坏，产品价格不合常理地上涨，甚至连休谟也直呼“这些垄断权太过分了”。

特权专利的滥用导致议会、司法、商业团体和公众的日益不满，以限制这项王室特权为目的的指责和对抗行动越发高涨。但更为关键的是其背后所代表的不同权力斗争，虽然英国是一个君主制国家，但与法国、德国

---

① 王渊明．16—17 世纪英法两国政府工业政策的比较研究．杭州大学学报（哲学社会科学版），1992（1）．

② 黄海峰．知识产权的话语与现实—版权、专利与商标史论．武汉：华中科技大学出版社，2011：130－131．

的绝对封建制不一样，英国素有“自由传统”①，其本质上是一个混合政体②，英王没有绝对的垄断性权力，王权、议会权、司法权成为相互制衡的几股力量，无论是贵族力量还是平民力量都经常与之进行抗争。③ 随着英国资本主义的发展，掌握资本和技术的工商业阶级的力量不断壮大，王室特权不再是他们需要倚重的力量，反而成为他们进一步发展的阻碍。自16世纪末开始，作为新兴工商业阶级代言人的议会和普通法院，与代表封建王权的王室贵族，展开了激烈斗争，他们提出“法律至上”的普通法原则，主张王权应受制于法律，并服从公共利益和公民自由所确定的边界，抨击王室垄断专制的危害，认为除了授予有利于公众利益的新发明的垄断，其余垄断都是不合法的，应该予以废除。1601年下议院提出的普通法解释草案成为当时最强有力的反垄断法案，虽然包括弗朗西斯·培根在内的人士站在女王的立场论证垄断的合法性和合理性，然而，王室的支持者寡不敌众，英国女王伊丽莎白一世不得不发表演讲，明确表示不再滥发垄断，并公开赞同接受法院对专利合法性的审查，议会至此撤回法案。④

但这仅仅拖延了冲突，1602年的“达西案”给了普通法院对皇室授权进行司法审查的机会⑤，而1615年的“伊普斯维奇织布工人案”不但

① 在英国，调整普通争讼的法律一般都是不成文的习惯，或者先例，只有在涉及王权的时候，英国才制定一系列的成文法。因为诺曼征服后亨利一世以《加冕宪章》的法律形式确定国王拥有的封建权利，认可封建贵族的权利，并且表明了国王要遵守法律的意向。之后的其他英王也效仿颁布各种“宪章”或律令列出国王能做和不能做的事情。著名的贵族与平民一起抵抗暴君而签署的《自由大宪章》则更是载明保障人民的自由，国王应遵守法律，不得随意征税等。

② 斯科特·戈登. 控制国家—西方宪政的历史. 应奇年，译. 南京：江苏人民出版社，2001：100.

③ 在这个国家，“国王、贵族和富裕的中产阶级三方面，在不同时代结成不同的联盟。在爱德华四世和路易十一世统治下，国王与中产阶级联合起来反对贵族；在路易十四时代，国王联合贵族对抗中产阶级”。亨利三世时的《牛津条例》（1258年）暗示了具有“审查国务并考虑国家的共同需要及国王的需要”职能的“议会”的产生，之后，议会控制了立法权、征税权，在经济上成为制约王权的重要力量。著名的大法官柯克对詹姆斯一世的斗争确立了普通法高于王权的原则，使司法权获得了独立。

④ 杨利华. 美国专利法史研究. 北京：中国人民大学出版社，2009：21.

⑤ 达西拥有进口、制造、销售扑克牌的专利，伦敦商人艾伦因侵犯该专利被诉至法院。该案经过三次辩论，堪称对专利垄断、王室特权的合理性进行了一次全方位的审查。

使得法院以司法审查的形式对英国王室滥发专利权进行限制，而且使得当时的人们开始重新审查设置专利制度的意义、社会成本等公共政策考量，认为应该对英王专利授权进行限制，只有那些有利于公众利益的“好的垄断”才应该被允许并授权。① 由于詹姆斯一世肆无忌惮地继续滥用专利特权，1621年议会开始着手制定一部对专利特权进行限制的法律，1623年英国议会最终通过了这部专利史上著名的《垄断法案》，其不但对垄断进行规制，而且限制英国皇家的专利授权，明确地规定了只有一个新产品的“第一和真正的发明人”才可以获得14年或14年以下的王室专利的垄断。② 后来人将《垄断法案》理解为“发明者权利的大宪章”③，甚至也有不少国内外学者将其誉为“近代专利法的起源”④。

但总体而言，《垄断法案》的作用和意义是有限的，克里斯汀娜（Christine）将人们对该法的过誉称为“历史的怪事”⑤。这是因为：首先，《垄断法案》语言是宣言性的，其目的并不是鼓励创造发明和技术创新，而是限制当时英国皇室滥发专利特权。《垄断法案》规定普通法院可以审查女王授予垄断的授权，只是为了限制国王不负责任的肆意授权，其中的原则和内容在此前的议案和判例中都已经提出过，法案既没有给王室设置新的限制，也没有对公众规定新的权利。其次，《垄断法案》仅是把垄断特权限定

① William S. Holdsworth, *A History of English Law*, *3rd ed.*, *vol.* 4, London: Methuen, 1945, p347.

② 《垄断法案》有关对专利保护的规定主要有：（1）专利权的授予是国王给予的一种恩惠（royal bounty）；（2）被准许授予专利的物品必须是新的产品（new manufacture），即在英王辖区之内，取得专利证时没有其他人正在使用该产品，该产品就是具备新颖性的；（3）专利保护的对象分为两种：生产方法（working of new manufacture）和产品（making of new manufacture）；（4）专利权人如果违反法律或者由于专利特权的享受而使国内物价上升，致使国家受到损失，这项专利就应被认为无效；（5）第一个真正的发明人才能成为专利权所有人；（6）专利受保护的期限为14年；等等。

③ 当时“发明”这个动词的含义比今天的要丰富得多。例如，在1618年，詹姆士一世授予Robert crumpe的一个著名的水泵专利中“发明”的意思，包括“应用、发现、创办或着手生产”。简而言之，在英格兰开始应用本身就可以是一个充分条件，因为技术转让、商业化和工业开发也被视为有价值的公众目标，能通过授予专利垄断得以实现。

④ 杨利华. 从“特权”到“财产权”：专利权之起源探微. 湘潭大学学报（哲学社会科学版），2009（1）.

⑤ Bracha O, The Commodification of Patents 1600—1836: How Patents Became Rights and Why We Should Care, *Loy. LAL Rev.*, 2004, p177.

为对新发明的垄断特权，排除了其他类型的垄断特权，如产业的经营资格、授予城镇公司和企业的特许状等，但它依然将专利视为是皇室的一种恩赐，授予专利的权利依然是由国王掌控的，它没有改变专利的特权性质，《垄断法案》本身也仅是行政法令。最后，《垄断法案》所提出的授予专利的新颖性标准，以及专利的保护期限，并没有任何新颖之处，威尼斯、法国和德国早已提出。并且最为关键的是《垄断法案》没有对专利授权提供一个统一的授权性标准，而仅提供了一些限制性的框架，专利授权依然是基于个案的公共利益的特殊授权。从之后17世纪的实践来看，英国的专利制度很大程度上仍然是一种非正式的行政工作①，枢密院和皇室依然依据之前的"实用性"标准进行自由裁量，依据"撤销条款"进行撤销，《垄断法案》并没有终止英国皇室滥发专利特权，甚至在一段时间内比之前更加泛滥。②

四、历史的启示

前工业时代，专利制度的演变历史可以得出以下几点启示。

1. 技术经济价值和经济利用观念是专利制度形成的基础，在古代世界和中世纪前期，无论是西欧还是亚洲的几大文明国度，由于技术知识的认知基础薄弱，技术发展缓慢，技术发展主要集中于军事和工程等公共部门，或者仅满足生存和基本的生活所需，技术还没有作为一股独立的生产力在经济领域发挥作用；并且当时的经济形态主要为农业经济，对技术的需求不高，技术对经济的价值和作用力有限；当时的文化环境，包括价值观、财富观以及宗教等，制约了人们对技术和生产的兴趣。无论是私人部门还是政府都没有形成技术经济价值和经济利用的观念。

2. 中世纪末期，威尼斯、法国、德国和英国的技术、经济和文化环境使他们逐渐具备了建立专利制度的条件，虽然具体环境可能不是完全一样的，但也呈现出一些共性：首先，随着有用知识的扩展，工业技术逐渐

① 墨杰斯，等. 新技术时代的知识产权法. 齐筠，译. 北京：中国政法大学出版社，2003：250.

② Bracha O，The Commodification of Patents 1600—1836：How Patents Became Rights and Why We Should Care，*Loy. LAL Rev.*，2004，p177.

发展起来，技术不再限于公共部门或基本的生存和生活所需之处，虽然工业技术水平并不十分发达，局限在造船、玻璃加工、纺织、印刷和出版等传统工业部门，但技术作为重要生产力开始在经济领域发挥作用，技术作为客观生产的手段，其利益受到重视；其次，各国的工商业经济开始发展起来，尤其是远程市场的打开和商业贸易的兴起，为这些工业品提供了广阔的市场，这也进一步刺激了工业品和技术的需求，商业资本和金融信贷则为工商业经济和技术创造提供了资本；最后，文艺复兴运动、宗教改革缓解基督教神性的压抑，释放了人们的财富观和科技观，使人们更加重视技术创造和财富生产，重视个体主义价值。威尼斯基于其独特的技术、经济和文化传统最先形成了专利制度观念。而各国政府将这一制度观念付诸实施，最根本的原因在于各国政府为发展工商业经济和竞争而实施的重商主义政策，使得各国政府日益倡导与商人或技工合作，引进技术，发展经济。正如弗罗姆金（Frumkin）所揭示的，根据一份实证研究表明，中世纪一些大陆国家专利特权的起源和发展与其经济、技术和文化活动息息相关，作者将专利制度的演进与该国经济、技术和文化活动的兴衰进行对比，作者的结论是专利制度是随着该国经济、技术和文化发展而形成的，并随着该国的经济、技术和文化活动的衰落而失去重要性。①

3. 利益博弈是专利特权制度形成和演进的核心。由于威尼斯行会与政府具有不同的利益目的，威尼斯基于发展工商业的需求，行会基于反对外来竞争的目的，它们各自形成了不同的制度观念，但他们最终达成了利益的妥协，形成了1474年威尼斯法，使得专利特权制度逐渐成为威尼斯政府鼓励技艺发展的主流措施。法国、德国和英国也是如此，在具体的制度构建和演变过程当中，虽然具体路径不一样，但相同的是私人部门和政府的不断博弈，主要体现为新兴工商业阶级、技工、行会和政府。新兴工商业阶级和技工希望不断扩张专利特权的范围和类型，而行会则总是试图阻止新兴工商业和技工所带来的新技术和产业的竞争，政府则为了发展本国工商业阶级或皇室的财政需要对专利进行授权。在法国还存在重农和重

① Anderfelt U, International patent-legislation and developing countries, *Springer Science & Business Media*, 2013, p125.

商主义之间政治势力的博弈，重农主义为了发展自由经济，对专利垄断进行限制，说服政府颁布了 1762 年的《关于专利衍生权利的法令》。在德国，政府为发展本国工商业经济，在新兴工商业阶级和技工的劝诱下建立专利特权制度，而后由于本国战争的动荡，本国行会势力逐渐占据主动权，最终导致本国大部分专利制度的废除。在英国，由于英国皇室的大肆授权，引发了新兴工商业阶级的不满，自 16 世纪末开始，代表新兴工商阶级的议会和普通法院，与代表封建王权的王室贵族，展开了激烈斗争，最终促进了 1624 年《垄断法案》的诞生。

4. 无论是威尼斯、法国、德国还是英国，前工业时代，封建政府是最主要的权势主体，政府始终在专利特权制度的构建过程当中占据主导性权力。这主要体现为威尼斯政府通过实施个案审查，以及实用性的授权标准，最大程度确保政府对技术进行控制和审查。威尼斯政府并不大关注新颖性，更为关注技术的可实施性和公用利益。利用实用性标准，政府对专利的控制和审查具有极大的自由裁量权，同时还可以根据公共利益的需要对专利进行撤销，这是专利特权制度的本质核心。此后的法国、德国和英国都因袭了威尼斯大部分的规定。

5. 意外事件影响着专利制度的演进。威尼斯政府依靠其早熟的技术、经济和文化环境，最早构建了稳定、体系的专利制度，并且威尼斯在专利特权的实践当中形成了独立的版权体系，假如威尼斯没有衰弱，现代版权法的相关规则和制度系统很可能在威尼斯形成。但随着葡萄牙人封锁红海与波斯湾、新航路的开辟以及奥匈帝国对威尼斯的冲击，威尼斯逐渐衰弱，其专利特权制度和版权制度也随之停滞，并逐渐被历史所淹没。德国也是如此，其原本早于英国建立了一个完善且硕果累累的制度，只是后来德国纷乱的政治斗争和战争摧毁了它，以至于它几乎被人遗忘殆尽。这推动专利制度演进的重心转移到了法国和英国。

第三章　工业时代：专利私权制度的产生与发展

工业化是一个有巨大威力并不断前进的历史进程。在此以前，从来没有哪件百年一遇的大事如此深刻地改变了地球的面貌及其居民的生活。

——鲁道夫·吕贝尔特

财产会随着权力的增加而增加。

——威·柯珀

16—18世纪，威尼斯式的专利特权在西欧诸国得以生根发芽，专利特权制度逐渐成为当时各国发展技术和经济的普遍举措。白云苍狗有时尽，岁月变迁诉不完。历史在不动声色地缓缓前行，百年沧桑斗转星移。18世纪60年代以来，以英国为首的欧洲国家引领了第一次工业革命，并使之逐渐传播到世界各地，在各地呈现出互相不同的形式。一系列综合性的技术革新开始爆发，机器代替人工、非生物力代替人力和畜力，人类第一次实现了从农业、手工业占支配地位的经济转变为工业和机器生产占支配地位的经济的历史性突破。[①] 工业革命标志着人类历史上一个重要的转折点，技术的大

① 大卫·兰德斯. 解除束缚的普罗米修斯. 谢怀筑，译. 北京：华夏出版社，2007：1.

变革随即推动了一场庞大的经济、文化和政治变革。在那个工业变革日新月异的年代，专利制度从特权转向私权，实现了从传统专利制度向现代性专利制度的转型。许多学者往往将知识产权现代私权的起源之地视为英国，但事实上，大陆法系的法国是现代专利私权的起源之地，美国是英美法系专利私权的起源之地。那么在激烈的工业和资产阶级革命中，专利特权为何没有和其他特权一样遭到废除？专利特权是如何向专利私权转换的？专利私权背后的演化动因又是什么？这些正是本章所要解决的问题。

一、专利特权范式和专利私权范式的区分标准

“范式”一语最先为美国科学哲学家库恩所用，用来定义科学领域中科学家团体所共同遵循的传统、基本方法和基本规范的总和①，而后逐渐成为一个普适性的哲学概念在不同学术领域得到广泛使用，用来意指在特定社会现实环境下，某一学科和领域内部所共同遵循的传统、基本方法和基本规范的总和。② 而当某一学科或领域内旧范式的社会现实情境发生变迁，旧范式已经无法解释和囊括新的现象和发展，那么在这一情境下一种新的范式将取而代之，实现一种“范式转换”。专利制度也是一样，由于前工业时代的技术、经济、文化以及政治的传统长期遵循的是一种特权范式，因而一旦这些社会动因发生变化，并达到某种临界点，就会出现范式的转换，这就是专利私权的范式。

根据前文所述，专利特权范式虽然在不同国家或不同历史阶段经过了一些改变，但是这一范式的基本特性依然保留：首先，专利被视为是政府颁发给发明者的一种“恩赐”或国家给予的特殊利益，任何人都无权置喙。专利特权是政府发展工商业、引进新贸易的一种政策工具，无论是发明人还是政府都将专利视为是国家基于特殊利益考量授予给发明者的一种短暂性的恩惠与荣耀。每一个专利都由政府通过法令的形式予以颁发和公布。政府对于专利的授权具有主导性的控制，政府有时候对这些特权的授

① 托马斯·库恩. 科学革命的结构. 金吾伦，等译. 北京：北京大学出版社，2012：47.

② 韩瑞波. 广义政治理论视角下的零边际成本社会——兼评《零边际成本社会——一个物联网、合作共赢的新经济时代》. 四川行政学院学报，2015 (3).

予显得十分肆意，可以授予，也可以根据授权标准的不合规性或更多的是基于公共利益进行撤销。其次，专利特权的授权没有统一的标准，所授专利特权内容彼此不同。政府对每一个发明基于工商业政策或公共利益进行评判（通常是“实用性”标准），具有非常大的主观判断性。皇室或主管机构既是标准的制定者也是执行者。无论该发明具有何种新颖性或创造性，也没有人能够保证获得绝对的授权。没有一种制度或机构（法院或其他）能够宣布并强制要求皇室或主管机构来颁发这一专利。

现代专利制度完全是以专利私权范式为基础建构起来的，无论专利制度的相关规则进行何种完善和改进，这一范式的根基也不会变动。其具有如下特征：首先，专利法是一个统一的具有普适性的法律。① 也即，专利相关概念、权利内容和程序都是由普遍的可适用性法律所明确规定的。公众获得专利并不是政府根据工商业政策和自由裁量权而授予的，也不需要为了授予某一个专利，由国家立法机关专门颁布一个特殊的法令，而是因为每个人都有基于其创造发明获得专利的权利。每一个发明人的权利内容都是一致的，专利法只是以明文的形式对这一权利予以承认和确定，专利法是以发明人利益为保护中心的构建物。其次，发明保护资质的标准化和法定化。专利权利的客体是科技发明的成果，具有无形性，而法律必须具有可期待性和前瞻性，才能构建一个逻辑自洽的体系②，因而需要对发明的可专利性标准进行抽象概括并予以一般化。一旦将受保护的对象概括为形而上学的“抽象物”，就会丧失观察和度量的确切性。因而需要法律对统一的可专利性标准进行明确的界定，并通过法定的形式予以利用。一般由专门的审查机构根据法律规定而不是基于他们自身的主观判断审查这些标准，一旦符合这些标准，审查机构便有义务向发明人颁发专利。再次，通过权利说明书的方式对无形的财产划界，使得抽象无形的技术像有形土地一样被划定了权利边界，并利用公共机构的公信力，对专利进行登记、注册、管理，保障专利的可获得性。最后，对发明人的专利权予以保障和实施。如果审查机构认为申请的发明不符合专利标准或基于其他原因没有

① P. J. Federico, State Patents, 13 *J. Pat. Off. Soc'y* 166, 1931, p166.

② 谢晓尧，吴楚敏. 转换的范式：反思知识产权理论. 知识产权，2016 (7).

颁发专利，申请人可以向审查机构的上级机关进行申诉，这是对申请人专利权的保障；也可以向法院起诉，法院的角色在于解释和适用可专利性标准，如果法院发现申请人的发明符合可专利性标准，法院将有义务命令审查机构颁发专利，这也是对申请人专利权的保障。

由此观之，现代专利私权范式是以物权模式为基础进行构建的理性化运动的产物。因为私权本质上是厘清人际利益关系的一种法律工具，通常而言，人与人之间的利益关系复杂，协调成本高昂。而相对而言，物权的标准化模式则强调人对物的控制，减少第三人获取信息的成本，有利于通过可计算的方式实现抽象财产的具体化。① 权利人通过占有证书的方式获得了类似于对物的占有，进而保障了抽象财产的可控制性。在明确了专利特权和私权范式的区分标准之后，下文将根据这一标准明晰大陆法系和英美法系私权范式确立的具体时间，并考察其背后演化的动因。

二、大陆法系专利私权的起源

18 世纪，尽管与同时代的英国相比，法国在工业上要落后得多，但法国却最早产生了专利私权的萌芽，这一萌芽逐渐壮大，最终随着法国大革命的刺激而破土而出。法国私权萌芽的产生与其技术、经济和文化环境有关，但其成长绝非一路坦荡，而是由各种势力的博弈所催发的，然而这一段历史却很少有人提及，或总被世人所淡忘。

（一）18 世纪法国专利私权制度观念产生的动因

1. 技术、经济与法国工商业资本主义的成长

18 世纪的技术创造已经进入了一个新的阶段，这时候的技术创新不再仅靠那些学识不高的技工的偶然发现，当时已经开始出现一些专门从事发明创造活动的高级发明家。这些发明家或者自己承担所有发明的费用和风险，并将所创造的发明进行销售、进行营利，或者依靠商人的资助和报酬，将所创造的发明交由商人进行商品化。② 根据达姆施泰勒和博阿雷蒙

① 谢晓尧，吴楚敏. 转换的范式：反思知识产权理论. 知识产权，2016（7）.

② Lamoreaux N·R, Sokoloff K·L. Long-term change in the organization of inventive activity. *Proceedings of the National Academy of Sciences*, 1996, pp. 12686 - 12692.

编著的发明史，那个时候发明家的人数：从1700至1750年为170名；从1750年至1800年为340名。[①] 从这可以看出，当时发明家的人数并不多，大多数发明创造依然依赖的是技工。而且这一阶段，科学与技术开始结合在一起，科学开始为技术创造活动提供知识来源。那些富有创造力的人开始交流，技工、发明家、化学家、物理学家和自然哲学家们互相赏识、交流，构成了一个交流圈，科学协会、科学院和讲座等不断增加。[②]

法国人素来就对科学和技术具有浓厚的兴趣，法国皇室为发展工商业政策，也十分支持科技建设。从路易十四和他的大臣让·巴蒂斯特·柯尔贝尔开始，君主政权就建立了一个全国机构网来支持和发展科学革命。法国科学院、巴黎皇家天文台，还有皇家花园都为科学家提供薪水，创建实验室，出版发行他们的著作，还主办他们的答辩会。在自18世纪中叶开始的工业革命中，各种发明和机器迅速传播到了法国及欧洲其他国家。法国人民对科学技术的发明热情高涨，正如当时法国数学家让·阿朗贝尔写的那样，科技使得“人们的思想活跃膨胀，自然就像决堤的河流一样到处流淌”。到18世纪末，法国的物理学家、数学家、天文学家和博物学家在探索科学发展的前沿问题方面已领先于世界。例如18世纪上半叶，杜菲发现了物体的正反电极理论；1775年，库仑制造出静电计并发现了磁极相互作用的库仑定律；达朗贝尔在1743年发表了《论动力学》；1789年，法国“近现代化学之父”拉瓦锡出版了《化学纲要》等。[③]

17—18世纪中叶，法国社会大多数区域仍然是地方化和农业性的，大部分劳动力仍然集中于手工业领域（例如1870年，法国农业中占用劳动力的比例还高达50.6%），新工业技术水平传播、发展迟缓和不平衡。[④]

---

① 刘易斯·芒福德. 技术与文明. 陈允明，等译. 北京：中国建筑工业出版社，2009：26.

② 乔尔·莫基尔. 雅典娜的礼物：知识经济的历史起源. 段异兵，唐乐，译. 北京：科学出版社，2011：108.

③ 此外，拉普拉斯1773年把牛顿引力学说应用于研究整个太阳系，1787年发现月球的加速度同地球轨道的偏心率。数学家蒙日在18世纪下半叶出版的《画法几何》和《关于把分析用于几何的论文》，建立了三维几何的代数方法，引起了工程设计领域的彻底革命。18世纪博物学家布丰编著的《自然史》对地质史进行划分，同时首次提出了太阳与彗星碰撞产生行星的理论。1778年法国著名的进化论者发表三卷《法国植物志》。张泽乾. 法国文明史. 武汉：武汉大学出版社，1997：377-381.

④ 张泽乾. 法国文明史. 武汉：武汉大学出版社，1997：390.

因而法国的工商业资本主义发展还是相当缓慢的，在许多方面还要受到封建生产关系的严重束缚①，僵化琐细的行会制度成为资本主义健康成长的绊脚石。并且法国君王在实施重商主义政策的时候，虽然鼓励资本主义的发展，但严格控制和管理工业发展，尤其是严格限制生产规模的扩大和工业资本的集中，使得大工业发展缓慢。法国 18 世纪初的国家商业政策仍为重商主义的性质，18 世纪中叶后，法国重农主义势力开始上台，法国商业政策受到很大影响。此后直至 18 世纪末期法国大革命时为止，保护政策与自由贸易政策相互更替着占据法国国家商业政策的地位。但是不管国家商业政策如何，法国的商业资本经过了 16 世纪、17 世纪、18 世纪的发展，已经有了巨额的储蓄。大工业制的家庭手工业及手工工厂早已出现，而在其中居主要地位者，即为商人资本家。法国本身是传统的手工业强国，手工工场极为发达，尤其体现在丝织、皮革、玻璃、陶瓷、装饰等行业中，其在欧洲上流社会享有盛誉，并为国家创造了大量财富。② 1740 年至 1775 年，法兰西近代工业的基础便已奠定。法国 18 世纪后半叶的工业上的改革，都是依靠商业资本的力量。③ 在 18 世纪末期，大规模集中化的商业，已陆续出现于法国的色当（Sedan）、雷姆、里昂等工业中心。同时处于支配地位的商人，逐渐变为生产组织者，商人商业资本所催发的手工工厂的成立代表了法国工业资本主义的产生。这些资本家逐渐注意并重视技术所带来的好处，他们在生产工具方面逐渐有所改良，利用一些新的发明，例如科学家蒲芬的高热度熔炉、勒让德的函数、赫罗的毛织物染色法、马格的丝织品改良，并且对英国在其工业革命中的所有诸种发明，法国资本家亦想方设法地进行采用。④ 例如法国资本家在 1747 年引进英国的飞梭，1771 年引进轧棉机，1779 年引进水力织纺机。⑤ 一些工厂甚

---

① 18 世纪的封建专制制度日趋腐败，宫廷挥霍无度，贵族们沉迷于骄奢淫逸的生活方式，经常的对外战争耗费了大量钱财，对人民的横征暴敛降低了群众的购买力，妨碍了国内市场的扩大。如此种种都严重地阻碍了生产力的发展。王章辉. 英国和法国工业革命比较. 史学理论研究，1994 (2).

② 伍纯武. 法国社会经济史. 北京：商务印书馆，1937：46.

③ 同②47.

④ 伍纯武. 法国社会经济史. 北京：商务印书馆，1937：47－50.

⑤ 楼均信. 试论法国的工业近代化. 杭州大学学报（哲学社会科学版），1991 (3).

至开始使用蒸汽动力和英国式的工业设备。① 事实上，在18世纪前80年中，法国与英国的工业产量齐头并进，保持1%的产量增长率，而在手工产品的制造产量上，法国还高于英国。②

虽然法国皇室奢侈淫逸，小农势力也阻碍了本国工业发展和社会变革③，但在这些具有初步形式的资本主义生产方式条件下，法国产生了一些富有进取精神的商人和实业家，技术为这些资本家带来了丰厚的利润，同时也使得资本主义的经济和政治势力逐步强大，进一步刺激了这些资本家对技术的欲望，技术成为他们占领市场和进行竞争的有效手段。正如芒福德所言，“1750年之后，对于这些资本家来说，技术已经不仅是实用的工具，而是欲望的目标”，“在一个无序的、变化的、需要不断去适应的世界里，技术成为被牢牢抓住的最后一根救命稻草”④。于是在生产技术改良的基础上，在商业资本与高利贷资本的储蓄，自由劳动者的出现，以及国际市场的发达等条件下，法国在18世纪末至19世纪初，紧跟英国之后，走上了工业革命的道路⑤，并在工业生产的道路上不断崛起，工业产值仅次于当时的工业霸主英国。

2. 启蒙运动与狄德罗《论出版自由信札》

(1) 启蒙运动

英国是功利主义的沃土，而法国是理性主义的故乡。18世纪的法国开启了世界历史的新纪元，一场声势浩大、号召启蒙、理性的运动在法国如火如荼地开展。⑥ 如果说文艺复兴将人性从神权、禁欲里解放出来，启蒙运动乃是将人类从宗教教条、盲目信仰中解放出来，其充分发挥人类的聪明才智，用理性之光照亮未来的自由王国。18世纪的著名启蒙哲学家孔多赛在谈及启蒙思想的神圣使命时呼吁：“一刻也不停地宣称：理性的

---

① 菲利普·潘什梅尔. 法国. 漆竹生，译. 上海：上海译文出版社，1980：144.

② 但到英国工业革命结束时（19世纪中叶），英国在主要工业部门和交通运输方面都全面超过法国。1820年，英国在世界工业生产中的比重达到50%，法国仅占15%～20%，1860年，英国下降为36%，法国降为6%。王章辉. 英国和法国工业革命比较. 史学理论研究，1994 (2).

③ 王章辉. 英国和法国工业革命比较. 史学理论研究，1994 (2).

④ 刘易斯·芒福德. 技术与文明. 陈允明，等译. 北京：中国建筑工业出版社，2009：321.

⑤ 伍纯武. 法国社会经济史. 北京：商务印书馆，1937：47-50.

⑥ 陈彦. 思想启蒙与政治变革——法国革命二百周年祭. 法国研究，1989 (4).

独立、著述的自由，是人的权利，是人的解放，”他号召他们“发出战斗的吼声：理性、宽容和人道”①。

启蒙思想家们一方面宣传理性和科学的思想，用理性原则取代传统权威和传统原则，把理性视为评判一切现存事物的标尺②，另一方面也对科学精神和技术意义有更深刻的把握。例如狄德罗 1745 年所翻译的《百科全书》乃是启蒙学者在自然科学领域最高成就的体现，是科学精神的璀璨结晶。③《百科全书》的宗旨是阐明自古至今人类思想发展的过程和各种科学的分类，反对封建统治和君主专制，提倡科学技术，振兴工业生产，按照理性主义改造人类社会。启蒙思想还是革命思想，它把矛头指向教会神权与封建制度。从根本上说，它所要批判的是封建宗教文化思想体系，它所要建立的则是新的资产阶级文化思想体系。他们反对教会和封建迷信，用人的分析论证代替神的盲目信仰。启蒙思想家们以自然权利反对封建特权，反对君权神授，号召人们有平等的、固有的、追求自由和幸福的权利。此外，卢梭关于人权的论述，在启蒙运动中达到了极高的境界。他在《社会契约论》中实行主权在民的制度，他提出每个人应根据自己的权利互相订立一种社会契约，以体现公共的意志，并通过这种公共意志即法律，来保证个人的自由、平等的权利。④

（2）狄德罗《论出版自由信札》

在启蒙运动如火如荼开展的过程中，一件事件的爆发可能影响了法国知识产权的命运。法国的出版行业与同时代的英国的一样，任何书籍的出版都要经过皇室的许可和审查，并且当时一系列政治事件的爆发，使得法国封建政权对书籍的出版和审查异常严格。例如法国 1757 年 4 月颁布的《有关印刷商的公告》第 1 条就宣布：“所有被证实编写或受人指使编写或印证了任何有抨击宗教扰乱民心、攻击权威、扰乱国家秩序和私定的书籍

① 孔多塞. 人类精神进步史表纲要. 何兆武，译. 南京：江苏教育出版社，2006：45.

② 汉默顿. 西方名著提要：历史学部分. 何宁，译. 北京：商务印书馆，1963：394.

③ 1751 年狄德罗和达朗贝尔组织一批有志于献身的促进唯理论、自然神论、新科学、信仰自由和人道主义的先驱们，着手编撰法文百科全书。先后参与编写工作的还有伏尔泰、卢梭、霍尔巴赫、拉美特利、拉瓦锡、孔多赛等人。启蒙思想还是革命思想，它把矛头指向教会神权与封建制度。

④ 张泽乾. 法国文明史. 武汉：武汉大学出版社，1997：384 - 389.

的人，将会被处以极刑。”法国当时虽然也授予作者版权特权，但是出于政治审查的目的经常会限制出版商的出版。[①] 整件事情的导火索是拉封丹事件。拉封丹是法国当时著名的诗人，当时法国议会就其出版的诗作《寓言》授予拉封丹版权特权，在其去世之后，法国议会将拉封丹诗作的版权特权授予拉封丹的两位女继承人，而后当时法国巴黎的一位书商购买了这一版权特权，准备对这一诗作进行出版。然而 1761 年，当时法国出版审查的机构政务委员会却作出决议，认为经过审查该书商无权出版该诗作。这一事件引发了当时巴黎书商们的普遍不满，他们认为版权特权具有合法性，却被法国当局无故剥夺了。他们害怕法国皇室的专断程序使得特权没有价值，并且最终将导致所有特权的废除。[②] 为了向当时的出版局局长和民众澄清诉苦，同时也为了捍卫他们自身的利益，当时的巴黎书商协会的会长勒·布雷东邀请当时法国最有名的启蒙派思想家就版权特权的合法性作出说明，他就是丹尼斯·狄德罗。

丹尼斯·狄德罗作为当时大百科全书派和启蒙运动最杰出的领袖之一，对于当时的封建特权体系是痛恨的，但是其写于 1763 年的《论出版自由信札》却对当时的包括版权和专利特权的制度进行捍卫和维护。狄德罗想要为“出版自由”呐喊，而这些书商更多考虑的是他们的利益。狄德罗于 1763 年完成了《论出版自由信札》，这些书商却将其标题改为了《以陈情书形式就书业的历史和现状尤其是特许所有的描述和考察》，并对其内容进行了严格的删减。

在狄德罗对版权特权复杂而矛盾的心理贯穿了这篇文章中。一方面狄德罗指出《百科全书》对商业和生产特许权非常抵制，因为对他来说，这些特权妨碍了经济规律的自由发展，但他为了出版的自由，却又要极力论证出版特权的合法性。他指出了这种令人尴尬的矛盾之处：“这确实是一个奇怪的悖论，当经验和常识都认为所有垄断都有损商业的发展，人们却都认为只有特许权才能拯救图书贸易，但是不管他们多么肯定，我们也不要被吓到。”另一方面即使他明白自己只是为那些书商的利益服务，但他

① 罗杰·夏蒂埃. 法国大革命的文化起源. 洪庆明，译. 南京：译林出版社，2015：43.

② 同①45.

又强烈渴望出版自由，他实际上也正试图稳扎稳打地建立起作者的权利，保护他们的利益。为了达到这个目的，他首先需要把特权作为一种财产而不是王权赐予的一种恩惠。消除一直以来与之相随的一些特权——尤其是一直以来被认为是理所当然的出版某一部作品的专属权——会让人们“把出版社的特权证作为一种可以随意给予或收回的恩赐，会让人们忘记它只是真正所有权的保证，而这种所有权一旦违法就是违法的。”他考察了法国出版者特权的历史，并且证明其是正当的。他重申了先前为出版商写的文章中的观点，把文学财产合约化。既然文学财产可以自由获取或买卖，那它完全可以与土地财产或不动产相比。“我问你，先生，是不是某人一旦买下了一栋房子，就享有了对其专属的所有权力。”① 这样的财产是不可剥夺的，因为它既不可能违背所有者的意愿而转移，也不可能分割给他人。但不管怎样，这种财产权不同于其他专属权利，因为它不能给予出版商所有图书，哪怕只是某一主题图书的权力，它只能给予他出版特定图书的权利：“它只能涉及一部书稿，一种合法割让的财产，合法获取的书稿，这份书稿取得的出版权，只属于一位买家，这种权力不管是全部或部分地转让给别人，都会损害所有者的权力。但是拥有这些权力并不能阻止其他人写作：出版书名相同的书籍。”② 狄德罗在为出版商呼吁专属不变的特权的同时，也在试图让每位作者认识到自己对作品的所有权。既然作者通常不会出版自己的作品（“保存收支账簿、问答、交流、收发——简直就是荷马或柏拉图门徒的职业！”），那么他就必须利用书商这个行业；但他们之间的合同关系，准确地说是作者对其作品的见证（“他自己最珍贵的部分，永不磨灭的部分”）。“版权特权是一种垄断权，虽然从表面上看，它与普通法似乎不协调，然而由于最先获得者从事的是带有风险性和进步性的劳动，应当是合法所得。因此即使说版权违反了普通法，也不能说是超过限度的事。而且由于限定了垄断期限，就更可以认为是合理的。只有作者才是作品的主人，别人不能充当主人。”③ “我再重复一遍：要么作者是其作品的主人，要么没有人是自己财富的主人，书商拥有作品，作者也

---

① 罗杰·夏蒂埃. 法国大革命的文化起源. 洪庆明，译. 南京：译林出版社，2015：50.

② 同①.

③ 富田彻男. 市场竞争中的知识产权. 廖正衡，等译. 北京：商务印书馆，2000：69.

拥有作品。”因此，是作者的所有权奠定了特权的合法性，反过来，正是难以废弃的特权间接地证明了作者的权利。①

狄德罗的观点显然受到了洛克自然权利的影响，同时建设性地将其用于作品这种无形物上。显然这也适用于当时的专利特权。他的这份书稿分别于1767年和1789年公之于众，那时候法国的封建王朝已经走向末路，他的著作作为人们反抗封建王朝的武器特别能够激励人心。② 事实上，狄德罗本意并不是为版权和专利的正当性进行辩护，而仅仅是想将其作为为言论自由而呐喊的工具。然而令他没想到的是，他的观点最终被其他人所利用，尤其是激发了那些新兴的工商资产阶级的热情，成为他们为自己利益呐喊的武器，成为之后新政权建立保留版权和专利制度的重要依据。可以说，如果没有这次捍卫，法国版权和专利权制度可能已经不复存在。③

3. 小结

18世纪中期以来，法国的科技水平发展到了一个新的阶段，并且随着法国商业资本的不断累积，商人商业资本所催发的手工工厂的成立代表了法国近代工业资本主义的产生。这些工业资本家逐渐注意并重视技术所带来的好处，他们在生产工具方面逐渐有所改良，将一些新的发明、新的技术作为他们有效的竞争手段。与此同时，启蒙运动为资本主义构建专利私权提供了理论基础。启蒙运动对专利私权制度的影响首先表现在其对理性主义的极度推崇，一方面提高了科学研究的积极性，促进了科技的飞速发展和进步，另一方面也为资本主义构建专利私权提供了理论基础。理性主义在启蒙运动思想中的中心地位更是不容置疑，以此为基础，启蒙思想家们继续宣扬自然法精神，强调公平、正义与理性法则的一致性，从而为免受专制权力干涉的私法上的财产权制度的构建奠定了坚实的理论基础。启蒙运动对知识产权制度的影响还体现在它对自由平等、天赋人权、民主正义等资产阶级政治理念的宣传和推广方面。依据自然法思想的体系，启蒙运动将自

① 罗杰·夏蒂埃. 法国大革命的文化起源. 洪庆明，译. 南京：译林出版社，2015：53.

② Frank D. Prager, A History of Intellectual Property from 1545 to 1787, *J. Pat. Off. Soc'y*, 1944, p715.

③ 同②716.

由平等的人作为政治国家组织的基础，并强调自由、生命、财产、安全等是人生而具备的人权，任何法律皆不可剥夺。① 而狄德罗《论出版自由信札》是启蒙运动中的一个华丽乐章，更是法国知识产权发展史的转折点。其首次将自然权利观运用于作品这种无形物上，将作品视作作者财产，把版权视作作者的正当权利。在这样的技术、经济和文化环境下，当时的法国民众尤其是那些富有进取精神的工业资本家逐渐萌生了一种新的专利制度观念，也即专利私权观念，而真正将这一制度观念付诸立法的是克劳德和布乎雷。

（二）科学发明协会、布乎雷与1790年法国专利法

1789年，法国人民受了英国革命及美国革命的影响，明确地知道了自己对于管理社会的作用及革命能力。同时他们又接受了孟德斯鸠、卢梭、屠能及亚当·斯密等人的政治经济学说，所以他们对于代议政治及经济自由诸多问题均加以注意。② 1789年7月14日，巴黎人民攻占巴士底狱，结束了旧的统治。这时封建制度、行会和重商主义体系彻底消失了。法国大革命是资产阶级夺权的革命，他们想要的是经济学家所称的工业与农业的自由，即完全免除工商业所受的国家的繁重的苛刻与监视。③ 在1789年，人们痛恨任何形式的垄断，因为垄断被视为与封建专制经济政策有关，因而包括发明特权和其他贸易垄断特权在内的整个特权制度统统都被取消了，但资产阶级政府与工业资本家利益的一致性和妥协性导致了法国专利制度以一种全新的形式重新建立。

首先，新建立的法国资产阶级政府十分重视科技和文化事业，采取各种措施鼓励国内工商业政策。他们废除了各种贸易垄断特权，确立各种工业法规，这一切都为国内工商业发展扫除了障碍。④ 此外，他们受英国工业革命的影响，深刻意识到技术对工业经济发展的重要作用，在法国大革命中，发明家和科学家的数量及重要性要比银行家、大商人和企业家们的

① 李宗辉．历史视野下的知识产权制度．北京：知识产权出版社，2015：120.

② 伍纯武．法国社会经济史．北京：商务印书馆，1937：56-57.

③ 同②.

④ 张泽乾．法国文明史．武汉：武汉大学出版社，1997：439-440.

大得多[1]，并且当时由于受到战乱以及专利特权废除的影响，法国有大量技工向外逃离。[2] 法国新政府深切地为本国工业的发展前景感到担忧，为此在1790年8月22日不惜花费200万里弗尔的奖金来奖励那些重要的科技发明。[3]

其次，当时法国一些科学发明协会开展了大量的游说，这些科学发明协会主要由工商业资本家、发明家、科学家和技工组成，其中以当时“发明和科学发现”协会（又称科学发明协会）最为典型。“发明和科学发现”协会的会长是克劳德（Claude），他是新兴工商业资本家的代表，在法国尼姆经营着一家大型的硝酸盐工厂。他与当时多位著名的科学发明家保持着交往和赞助关系，例如塞吉埃、普塔尔、拉瓦锡[4]，深切地明白技术对于企业家的生产利润的意义和作用，同时也明白专利垄断权有利于维护他们的技术垄断地位以及带来新的经济利益。作为当时科学发明协会的代表，他开展了大量的游说工作，主张法国建立新的专利制度。在1790年，他作为科学发明协会的代表向当时法国的农业和贸易委员会提交了建立新型专利制度的请愿书。法国的农业和贸易委员任命曾经做过法官的塞内加尔州长布孚雷（Boufflers）作为新专利法草案的起草者。布孚雷很可能被克劳德说动而接受了这一受命。[5]

最后，也是非常重要的一点，那就是布孚雷在起草专利制度时所运用的政治策略。布孚雷事后坦言，他当时起草专利法案最根本的三个动机

---

① 正如弗朗索瓦·德·纳夫沙多认为，法国大革命的目的之一就是要推崇那些可悲的被旧制度的研究员所忽视的机械艺术。他指出：“旧制度所看不起的这些技艺被称作机械技艺，这些被想当然地、习惯性地齐之良久的技艺是值得深入研究和全面发展的……狄德罗希望这些技艺能有自己的研究院；然而专制政府却根本不理解狄德罗！他们只把这些技艺当作浮华的奴隶而不是能给社会带来福祉的工具……这些表明上看来最普通、最简单的艺术在科学之光的照耀下将熠熠生辉；而数学、物理、化学、实用工艺美术设计应该指导它们的方法，改良机器。简化形式以及提高效率，节约劳动力。”帕特里斯·伊戈内. 巴黎神话：从启蒙运动到超现实主义. 喇卫国，译. 北京：商务印书馆，2013：137.

② Perovic S, The Frankenstein of 1790 and Other Lost Chapters from Revolutionary France, *American Historical Review*, 2013, pp. 1612 - 1613.

③ 同②.

④ Galvez-Behar G, Was the French Patent System democratic? France, *19th century*, *Working Papers*, 2008, p234.

⑤ 同④235.

是：（1）鼓励新兴工商业资产阶级发展生产，维护新兴工商业阶级的利益；（2）担心英国工业经济对法国的渗透；（3）为了留住当时准备外逃的产业工人。[①] 从布孚雷的表述来看，他显然代表的是当时工商业阶级的利益，他关注的是如何鼓励工商业资产阶级发展生产，摆脱法国当时工商业经济落后的局面。但他知道法国人素来对技术和发明家是尊重的，他也知道当时的精神是支持自由和平等，反对任何形式的特权和垄断，除非使用一种可接受的理论，否则不可能挽救专利特权制度。[②] 布孚雷从这样一种思想中获得启示：发明人就其发明具有固有的自然财产权，任何人未经许可对其发明进行使用将构成对其自然权利的侵犯。布孚雷巧妙地借用了当时狄德罗《论出版自由信札》对版权特权的辩护以及洛克的自然权利理论，他指出，"如果有什么对于个人是天生的财产的话，那就是他的思想"。布孚雷和他的朋友们着重保护发明人的专利权理念，同时故意将发明财产权人为的理论曲解为人权的一部分，就像从大革命中获得的从业自由一样，这种财产权同样也可以看作是人权的流溢。布孚雷很明显知道名义之下到底是什么东西。发明专利作为垄断特权将被制宪会议所拒绝，即使被接受也会被人民所鄙弃；但作为自然财产权和人权，则将会被接受并尊重，布孚雷将其称为"工业产权"。此外，布孚雷在制定草案时还吸收了卢梭的社会契约论，他指出发明家一旦将其技术公示于人，那么作为契约义务，社会应该赋予其相应的好处。[③] 事后证明，这种对思想的流行方式（受欢迎方式）的评估是正确的。弗里茨·马赫卢普（Fritz Machlup）无奈地指出："在与发明相联系时使用'财产'语词的人往往有确定的目的，即他们希望用一个好词'财产'来代替不那么讨人喜欢的界定'特权'，这对那些在法国制宪会议上支持专利法的政治家而言是一个有意的选择。对于学者们严肃争论了七十多年的思想的财产权概念，其最初是作

① Anderfelt U，International patent-legislation and developing countries，*Springer Science & Business Media*，2013，p167.

② Machlup F，Penrose E. The patent controversy in the nineteenth century，*The Journal of Economic History*，1950，pp. 1－29.

③ Galvez-Behar G，Was the French Patent System democratic? France，*19th century*，*Working Papers*，2008，p237.

为政治策略提出的。"① 布孚雷事后也承认这些理论都是有意设计的说辞。②

布孚雷在对专利草案进行制度设计时便紧紧围绕这些理论进行设计。首先，他明确了发明授权的新颖性和实用性标准。其次，他放弃了自威尼斯那里继承而来的审查制度，并确立注册制，不对新颖性或有用性进行官方的预先审查。因为如果要进行这样的审查，就会很容易使人们想到刚刚才克服的行会和行政机关对工商业者的约束。此外，正如自然权利理论所揭示的，发明一经完成，无须履行任何形式，发明人对发明就拥有了类似于财产权的权利，那么授予专利就只有确认拥有这种权利的作用。因此，进行新颖性或有用性审查也就没有什么必要。至于其发明是否满足专利授权条件，则是在发生争议时由法官进行认定和判决的。③ 实际上，在布孚雷看来之所以不交由政府审查，是因为他认为交由政府的审查将导致政府的主观裁量性极强，并且行政机关没有能力对新事物的有用性作出决定，他认为唯有公众有资格对这些事物进行评判。此外，布孚雷还设计了一条保护本国工商业的规定，该法允许引进外国发明，认为引进发明和原创发明具有相同的地位，但是对于在法国已经注册了的专利又到其他国家注册，则将被视为放弃法国注册的专利。布孚雷设计这一规定主要是为了吸引英国的工商业阶级和技工到法国投资和创造，并且也禁止法国的工商业阶级和技工将本国的技术带到英国。④

在 1790 年 12 月的制宪会议上，布孚雷公布了这份草案，但却引发了当时不少人的反对，他们认为专利制度是无用的、垄断的特权制度。⑤ 克劳德及其发明协会再一次突显作用，他们进行了强有力的游说，一方面他

---

① Machlup F, Penrose E, The patent controversy in the nineteenth century, *The Journal of Economic History*, 1950, pp. 1 - 29.

② Ulf Anderfelt, International Patent Legislation and Developing Countries, *The Hague: Martinus Nijhoff*, 1971, p16.

③ 鲁道夫·克拉瑟. 专利法——德国专利和实用新型法、欧洲和国际专利法. 6 版. 单晓光，张韬略，等译. 北京：知识产权出版社，2016：251.

④ Anderfelt U, International patent-legislation and developing countries, *Springer Science & Business Media*, 2013, p145.

⑤ Galvez-Behar G, Was the French Patent System democratic? France, *19th century*, *Working Papers*, 2008, p138.

们鼓吹英格兰之所以获得技术发展的活跃，是因为专利的保护，专利法有对利于法国工业经济的发展；另一方面，他们一直强调专利法是对专利权人自然权利和人权的保障，保护发明十分正当和必要。① 事实上，布孚雷也利用其国会和法院的关系网络使得这一法案最终通过②，并在 1791 年进行公布，这就是法国历史上著名的 1790 年《专利法》。③

无疑，法国 1790 年的《专利法》符合前文提出的专利私权范式，它是法国现代专利私权制度的起源，它是世界上第一部以成文法的形式宣告专利是发明者的自然权利，赋予自然权利以人权的高度，使其神圣化、合理化的法律，并且它使得法国成为世界上第一个建立注册制的国家。法国的这种私权模式也迅速传播到其他国家，对当时许多国家产生了影响，成为各国制定专利法的蓝本，包括比利时、哥斯达黎加、古巴、多米尼加共和国、希腊、海地、意大利、卢森堡、摩洛哥、巴拉圭、波兰、罗马尼亚、西班牙、叙利亚共和国、黎巴嫩和土耳其等国。④

然而法国的专利私权制度不过是克劳德等新兴工商业阶级维护他们的技术垄断地位及发展生产的工具，同时也是新政府鼓励工商业发展的工具。布孚雷等人所建立的专利自然权利理论没有解决为何专利私权还会有保护期限，专利制度与技术激励、经济发展的关联性等问题，并且法国 1790 年专利法实施之后，人们发现专利制度并没有带来促进工业经济发展的有效作用，相反它所带来的问题很多，人们对它的批判和不满一直没有停止过。⑤ 正如专利法史专家佐里娜·汗（Zorina Khan）所言，“法国大革命所宣告的专利权利仅仅具有宣示意义，它促进了寻租活动，本身不

① Galvez-Behar G，Was the French Patent System democratic? France，*19th century*，*Working Papers*，2008，p139.

② Douthwaite J V，*The Frankenstein of 1790 and Other Lost Chapters from Revolutionary France*，University of Chicago Press. 2012，p267.

③ 1791 年专利法还规定，申请人还可以依据其所缴纳费用的相应等级，请求 5、10、15 年的保护。该法律要求发明要有 2 年实施期限。

④ S. P. Ladas，*The International Protection of Industrial Property*，Cambridge：Harvard University Press，1930，pp. 231 - 232.

⑤ 包括申请费太高、诉讼程序烦琐和诉讼费用高昂、对外国发明的不信任、没有促进发明公开的制度等问题。

利于竞争”①。仅仅在 1790 年专利法颁布之后的第五年，法国人就为他们将发明作为自然权利和人权进行保护而后悔②，在 1795 年的法国宪法中，法国人认为发明人应该获得补偿或者排他性权利的保护，“补偿”的提出表明法国对专利的认识又回到了特权阶段。此外，1844 年法国的新专利法没有再提及任何专利的自然权利理论，该法的起草者表明其想要脱离自然权利这种形而上学的设计，而是更加注重专利的实际运用。③ 法国人最先建立了知识产权的自然权利理论，却又一步步自我怀疑，这更加说明了所谓的自然权利理论只是当时既得利益者的工具，这些争议都为法国之后的专利废除运动大讨论埋下了伏笔。

三、英美法系专利私权的起源

关于英美法系专利私权的起源在历史上一直存在争议，大多数人都认为英国是现代专利私权的起源之地，然而本书以为，正如相关史料所揭示的，英国私权模式的完全确立晚于美国的。美国专利私权的确立也并非一蹴而就，我们将看到美国现代专利私权观念的形成与该国农业文明向工业文明的转型息息相关，而其私权的确立也涉及不同势力的相互博弈。

（一）历史的误区：英美专利私权起源的纷争

1. 两种观点的分歧

当前理论界对于现代专利私权正式确立的标准和期限产生了较大的争议，主要存在以下两种观点。第一种观点认为，专利私权正式确立于英国。英国颁布 1624 年《垄断法案》的动机和首要目的是禁止王室颁发特权垄断权，将经营自由权和所有权置于王室的任意行为之外，使得国王的垄断授权服从于议会的检查，再将现存的所有权置于法院的保护之下，这部法律为后来近代私权的产生奠定了基础。伯尔曼认为只有到了 17 世纪

① B. Zorina Khan, *The Democratization of Invention: Patents and Copyright in American Development*, 1790—1920, Cambridge, Cambridge University Press, 2005, pp. 41 - 48.

② Frank D. Prager, A History of Intellectual Property from 1545 to 1787, *J. Pat. Off. Soc'y*, 1944, p711.

③ Anderfelt U, International patent-legislation and developing countries, *Springer Science & Business Media*, 2013, p267.

下半叶，专利权才逐渐地不被首先视为一项垄断的国王授权，而是被首先视为发明者的一项法定财产权，在英国光荣革命之后，专利权才被正常地授予新发明。① 至18世纪末期，专利制度随着其他财产权利的完善和作为技术的审查登记制度的确立逐渐完善，尤其是普通法院的管辖权的实现和专利说明书制度的确立，使得专利制度开始逐步摆脱政府的掌控，其王权色彩渐淡，并逐渐被认为是商人的排他性财产权利。②

主要理由在于：其一，专利管辖权从枢密院过渡到普通法院。由于专利授予是王权的行使，任何违反专利者都被认为是对君主权力的轻视，因此当时专利的执行和争端的解决都交由枢密院的皇室法庭来处理。枢密院作为英王咨询委员会由国王直接控制，其决定常常偏向于王权。1624 年《垄断法案》第 2 条明确要求任何有关垄断效力的问题都将以普通法的规则予以判定，从而试图限制枢密院的管辖权，但是该法第 6 条规定，上述规定并不适用于发明授予的专利。因而在实践当中，枢密院从未放弃过对专利有关的管辖权③，根据专利史专家休姆（Hulme）的考证，直到 1752 年的贝克案中，枢密院才主动放弃了专利管辖权。④ 其二，专利说明书要件的确立。在专利制度中，充当权利边界的是专利说明书。专利说明书最

---

① MacLeod C，The 1690s Patents Boom：Invention or Stock-Jobbing?，*The Economic History Review*，1986，pp. 549 - 571.

② 黄海峰. 知识产权的话语与现实——版权、专利与商标史论. 武汉：华中科技大学出版社，2011：136 - 137。张新锋. 专利权的财产权属性——技术私权化路径研究. 武汉：华中科技大学出版社，2011：142.

③ 尤其是在 1624 年《垄断法案》颁布不久后的"Robert Mansell 案"当中，枢密院明确宣布：基于正当理由而授予的专利，如果交由普通法院审查，则会对君主权力造成过度干预，因此下令终止普通法院所有有关专利争议的审理。Walterscheid，Edward C，The Early Evolution of the United States Patent Law：Antecedents (Part 2)，*J. Pat. & Trademark Off. Soc'y*，1994，p850.

④ 在此案中，贝克向枢密院请求撤销英王詹姆斯一世所授予的一项发烧粉专利，枢密院驳回了这一请求。但贝克认为詹姆斯一世向枢密院提交的一份证明有假，从而以伪造罪为由将詹姆斯一世诉至普通法院，并要求枢密院出庭提供相关的证明材料。当时法律专员认为，枢密院对此类要求无先例可循，枢密院没有理由不同意，但贝克也没有权利要求枢密院出示相关材料。枢密院经过再三权衡，最终从当时宪法的立场决定放弃对专利争议的管辖权。Hulme EW，Privy Council Law and Practice of Letters Patent for Invention From the Restoration to 1794 I. *LQ Rev.*，1917，pp. 33 - 63.

初零星地出现在17世纪初叶①，有些出于自愿，有些是因为皇室要求，以保证国内的熟练工人能够通过说明书理解并使用其发明，而在18世纪之后，公示发明专利的内容逐渐成为专利实践中的一项要求。② 在1778年的“Liardet v. Johnson案”和1795年的“Boulton & Watt v. Bul案”的判决中，法官更是明确宣布“专利说明书乃是专利人为了获得一定期限的独占利益而必须付出的代价”③。专利管辖权从枢密院过渡到普通法院，普通法院不再是执行和贯彻王权，而是常常以政策考量为中心，注重保护商人的独占性利益，为专利摆脱王权控制走向市民社会创造了条件。④ 而18世纪末专利说明书的制度化为无形物体的技术方案穿上了语言的保障，发明人可以清晰地界定专利的范围，从而使它们适用于专利的客体，专利私权得以形成。⑤

---

① 早在1611年，一个名叫西蒙·斯图万特（Simon Sturtevant）的专利申请人主动建议披露自己的专利申请，理由包括：(1) 证明自己的发明是新的且并非窃取而来的；(2) 他的专利不会阻止他人的发明；(3) 没有人向国王申请过同样的专利；(4) 他将受未来授权专利规定内容的约束。（Ramon A. Klitzke，Historical Background of the English Patent Law，*Journal of the Patent Office Society*，September，1959，p64.）也有学者认为，现存的世界上第一份专利说明书是1617年拉思伯恩和伯吉斯申请的专利——“Engraving and Printing Maps，Plans”，这份5页纸的专利说明书介绍了专利的保护范围，阐述了发明的实施方案。张新锋. 专利权的财产权属性——技术私权化路径研究. 武汉：华中科技大学出版社，2011：145.

② 1734年开始，所有的专利就都必须提交说明书了，如果不提交说明书，专利就有可能被认定为无效，说明书成为一种规范行为。当然，那时的专利说明书的作用仅仅在于方便法官解释专利技术。直至18世纪中叶，专利说明书所起的作用开始类似于今天的权利要求书那样可以用来界定权利保护的范围了。1711年，申请人约翰 · 纳斯密斯（John Nasmith）因为担心其发明在获得授权之前被公开披露，主动请愿在专利授予之后的一定期间内提交有关发明的详细说明。约翰·纳斯密斯的这一请求和建议得到了官方认可，并逐渐发展成专利授权的一项常规程序。Macleod，C，*Inventing the Industrial Revolution*：*The English Patent System 1660—1800*. Cambridge：Cambridge University Press. 2002，p49.

③ 在“Liardet v. Johnson案”中，曼斯菲尔德法官认为专利说明书是专利申请的必要条件之一，同时对专利说明书的公示程度作了明确具体的要求——必须足以指导同一行业的其他从业者能够为同样的生产或制造。从此，专利说明书不但是专利人的一项主动要求，而且从此成为专利申请人的一项义务。Boulton & Watt v. Bull，1 carp. p. c. 117，126，126 Eng. Rep. 651，654 (C. p1795).

④ 黄海峰. 知识产权的话语与现实——版权、专利与商标史论. 武汉：华中科技大学出版社，2011：138.

⑤ John N. Adams，Gwen Averley，The Patent Specification the Role of Liardet v Johnson，*The Journal of Legal History*，1986，p161.

第二种观点认为，专利特权向私权的最终转换形成于美国，尤其以美国1787年宪法的知识产权条款和1790年《专利法》为标志。美国自1641年授予第一项专利，到独立之后各州广泛实行专利制度，100多年来，通过授予专利来促进工商业发展、促进公共利益的专利设计，专利制度已被北美人民普遍认可。然而直到联邦《宪法》制定前，无论是马萨诸塞州还是其他各州，并没有赋予发明人自然权利的普通法律，各州专利授权依然沿袭英国的特权模式，而且各州独立的专利授权的立法具有明显的弊端。因为专利只在授权的州内有效，其他州的人可以自由地利用该技术，并且各州没有统一的标准，经常存在冲突。① 在结束对英独立战争之后，美国1787年宪法正式颁布了“专利条款”，此时美国正式以宪法的形式明确专利已经成为一项受宪法保护的财产权。② 也有学者认为，美国1790年法明确规定了专利的审查标准是新颖（此前不为人知晓或使用）、足够有用且重要（专利委员会要求相应的改进），并且明确了申请人提交说明书的义务：必须递交一份书面说明并附呈申请专利的物品的附图或模型。说明书必须达到确保该行业中具有熟练技术的人能够制造和使用该项发明的详尽程度。1790年《专利法》也明确了专利的审查机构是国务院，申请人向国务卿提交专利申请，由国务卿、司法部长、作战部长等政府高官组成的专利委员会进行专利审查。因而，美国在1790年专利法颁布后才真正实现了专利特权向专利私权的转换。③

不同学者对英美专利私权制度的确立形成了完全不同的观点，分别是从不同国家的专利史进行论述的。英国专利特权制度的确立是以普通法院的管辖以及说明书制度的普遍实践为特征的。美国的专利私权制度的确立是以1787年宪法的专利条款承认专利的“排他性权利”，及1790年专利法的颁布为标志的，同样确立了一个专门的专利审查机构，并在立法中明确了实用性、新颖性以及专利说明书的要件。下文将通过对历史资料的探析，明确英美专利私权具体产生的时期，并通过对这段时期的历史考察，

---

① 杨利华. 美国专利法史研究. 北京：中国人民大学出版社，2009：55.

② 张新锋. 专利权的财产权属性：技术私权化路径研究. 武汉：华中科技大学出版社，2011：176.

③ 同②148－149.

对专利私权形成动因进行进一步的研究。

2. 探析与明晰

英国1624年《垄断法案》的颁布并没有使得专利由特权范式向私权范式进行转变。首先，该法律框架对特权的授予确定了一个外在的界限。在这一限制范围之外垄断贸易的特权不可以被授予，在这一界限范围之内的专利仍然可以被授予。然而在这一界限范围之内，授予专利的权力仍然由王室掌控，王室基于有利于公共利益的主观裁量权仍然可以对个案授权。其次，专利性标准本身依赖于对个案的调整适应。尽管王权基于有助于公共利益的标准授予专利特权，但许多特权都仅仅是根据特殊政策的考量而授予的。垄断法规定的一般专利标准，都是源于对特殊政策的考量，主观裁量权很大，该标准不是一个统一适用于所有案例的具有可适用性的标准。唯一的改变在于，执行这一标准的不是之前的授权机构，而是其他机构，可以是普通法院或其他机构。

17世纪和18世纪英国专利特权的实践出现了一些变化：随着各种工业和商业垄断在17世纪繁荣后，专利授权实践开始逐渐消退。垄断专利重要性的消亡预示着人民对政府授权形式逐渐失去兴趣，因为英国政府对专利的审查依然基于一个完备的、严格的公共利益的考量，尤其是在涉及与国家利益直接和实质性相关的案例中。然而政府开始对这些发明适用常规的、标准的程序，而没有对其进行特殊的调查和考量。这也导致了“文本上的法律”与“实践中的法律”鸿沟的出现。文本中的法律在一个多世纪都没有进行过任何修改，而专利授权的实践逐渐发生变化，并开始摆脱专利特权的框架。英国专利申请的程序由1535年的公务员法规制。这一法律因为过高的申请费以及复杂的申请条件而备受苛责。除非专利具有重大的公共利益，否则大多数专利的审查都是形式主义的。唯一的实质性审查是司法官的报告，司法部长要审核垄断法的实施情况。在通常案件中，司法官很少去审查申请人的新颖性以及该专利所带来的公共利益。这些官僚主义的实践却逐渐演化为一个政府的普通规则，正如克里斯汀娜·麦克劳德（Christine MacLeod）将其称为“放任主义”。通常申请人会利用各种方式清除所有的程序障碍，使其在很少受到政府官员的审查的情况下获得专利。尽管没有人有权对这一权利进行强制实施，但专利通常会按照一个标准化的、没有个案特殊性的政府审查的程序实施。政府对特权的放任主义的态度使其一步一步向标准化转变，这完全是一种无意识的演变。

然而将这种转变视为英国在18世纪"从特权向法定私权的转换"的见证①，有过分夸大的嫌疑。首先，授权的实践本身就模棱两可。从17世纪末期开始，发明专利经常在缺乏实质性调查的基础上被授予专利。只有当涉及特殊的重要利益时，比如涉及国家税收或军队利益的时候，相关政府的官员才倾向于更加认真地审查专利。更加重要的是，只要没有利益相关人对专利授权进行明确的反对，检查员检查这种消极的审查程序占据着当时大多数时间。当有人对专利特权进行反对时，检查员才会开展更加详细地调查。此外，枢密院会在授权之前或之后进行审查，正如前文所言，这是基于个案的一个特殊审查。当枢密院发现相关专利"不便利"或有害时，可能会不授予或撤销相关专利。

许多学者受E·W. Hulme的观点影响，认为1753年之前普通法院与枢密法院之间存在长期的斗争②，直到1753年这个斗争才结束，这才导致"一个从宪法的角度考虑枢密院的管辖"，并且这一案件导致议会"放弃了它对专利案件的管辖"③。然而当时英国所揭示的资料表明，这一论述完全是错误的。相关的证据表明：首先，枢密院与普通法院的关系远比一般人想象的要复杂得多，绝非是枢密院与普通法院持续斗争之后，最终枢密院投降这么简单。虽然一些例子表明普通法院和枢密院之间存在斗争，例如前面1624年的例子，但大多数的情况下，这两个法院是和谐共存甚至存在密切的合作关系的。比如在1677年和1680年的专利申请的案子中，枢密院建议当事人向普通法院诉请他们的专利。④ 其次，枢密院对专利的管辖及其对专利的主观授权并没有在18世纪中期突然中断。尽管休姆（E·W. Hulme）认为1753年的事件导致了枢密院对专利管辖的转

① Mossoff A, *Rethinking the development of patents: An intellectual history*, 1550—1800, Hastings LJ, 2000, p1258.

② 同①1286.

③ E. Wyndham Hulme, Privy Council Law and Practice of Letters Patent for Invention from the Restoration to 1794 (pt. 2), 33 *LAw. Q. REv*. 180, 1917, p194.

④ 同③72-73.

移，但是他在文章中仍明确地承认在这之后，枢密院仍然审理专利诉讼。[①] 事实上，相关研究表明，至少到1794年，枢密院还持续审理大量相关专利纠纷。[②] 而且，即便在1794年之后，当时的专利法实务群体也没有体现出对于枢密院将其管辖权过渡到普通法院的担忧。并且至少到1902年为止，枢密院还正式宣布对相关专利的撤销。[③] 在1847年发表的关于专利法的论著中，希德玛芝（W. M. Hindmarch）在其文章中还有针对当时“女王或枢密院对专利撤销”的论述，并且希德玛芝（Hindmarch）还专门对当时专利特权进行描述：“对专利的授权是英王的一种恩赐，并且英王可以对这一授权附加任何条件……英王可能考量这一授权是否过于轻率，这一授权是否可能会给相关公众带来问题或带来社会成本。”[④] 枢密院对专利的管辖地位是逐渐丧失的，可能持续到19世纪，伴随着一段长时间的模糊期。到19世纪中期，枢密院对专利的管辖只剩一个空躯壳。[⑤]

但是在18世纪末，英国公众对于专利的属性已经开始讨论，并且出现了一些不同观点，一些新的不同的声音开始在18世纪末期出现了。这时候认为专利是“权利”“财产”以及“获得财产”的术语开始使用。例如1791年一个匿名的出版物将专利定义为“王室特权向私人财产权利转型”[⑥]。一些发明家或学者开始用自然权利理论或从实证主义的视角来论证专利的权利属性。用自然权利论证专利权利属性的论者大致可以分为两个流派，一个流派持完全反对专利特权范式的观点，主张专利本身是自然

① E. Wyndham Hulme，Privy Council Law and Practice of Letters Patent for Invention from the Restoration to 1794（pt. 2），33 *LAw. Q. REv*. 180，1917，pp. 191－93.

② Davies，The Early History of the Patent Specification（pt. 1），50 *LAW Q. REv*. 86，1934，p103.

③ 同②22.

④ Hindmarch，W. M.，*A Treatise on the Law Relative to Patent Privileges for the Sole Use of Inventions：And the Practice of Obtaining Letters Patents for Inventions*，431 London，Stevens & Norton & Benning，1846，p431.

⑤ Bracha O，The Commodification of Patents 1600—1836：How Patents Became Rights and Why We Should Care，*Loy. LAL Rev.*，2004，p177.

⑥ MacLeod Christine，*Inventing the industrial revolution：The English patent system，1660—1800*，Cambridge University Press，2002，p198.

权利，国家只是发现而非创造这一权利，显然这一观点与专利是基于英王的恩赐而产生的这一观点完全对立。① 例如 1797 年，约瑟夫·布拉马（Joseph Bramah）写信给当时普通法院的大法官，其认为“发明是……个人的思想和理解的产物……是每个人天生的权利……与国家政策无关”②。另一个流派本身并不想要冲击专利特权模式的法律框架，事实上，他们之所以主张专利是自然权利，是因为他们对专利授权基于个案的政策考量不满，他们并不反对英王的授权。③ 一些人甚至认为专利被授权之前，应该根据实证的调查结果考量是否值得被授予，以及这一授权本身是否要花费如此多的费用，是否需要女王授权。他们认为专利是国家制定的权利，专利的权利范围和内容都应该为实现公共利益而由法律明确规定，他们高度颂扬专利的私权范式，因为这一模式不需要对专利进行特殊的个案考量，而是基于一个一般的专利性标准。一些更加先进的理论甚至试图对主权机关不应对专利授权进行个案的政策考量进行体系而且周密的论证。④ 当时站在理论前沿的还有亚当·史密斯（Adam Smith），虽然他没有明确澄清他讨论的是当时的专利特权体制还是一个新的专利权利。但是他明确指出，是市场而非政府在对发明人进行补偿。“如果发明足够有用，他可以通过市场进行获利；相反，如果发明本身没有价值，他不能通过市场获得任何收益。”“罚金本身几乎不能根据发明的价值进行如此准确的分配。”⑤ 因而政府之所以倾向于使用专利而非其他方法鼓励和补偿发明，是因为政府自身不需要花费太多的成本。亚当·史密斯（Adam Smith）不仅认识到了政府授予专利的节约成本优势，而且看到了政府在评估专利的实用性和价值方面并不应该掌握太多的自由裁量权，而是应该留给市场进行

① Mossoff A, *Who Cares What Thomas Jefferson Thought about Patents-Reevaluating the Patent Privilege in Historical Context*, Cornell l. reV., 2006, p76.

② MacLeod Christine, *Inventing the industrial revolution: The English patent system*, 1660—1800, Cambridge University Press, 2002, p199.

③ 同①1256 - 1257.

④ Dutton Harold Irvin, *The patent system and inventive activity during the industrial revolution*, 1750—1852, Manchester University Press, 1984, pp. 18 - 21.

⑤ 同②.

衡量。①

虽然18世纪末已经出现了对专利权利属性正当性的讨论，但这仅是当时讨论的部分图景。事实上，当时专利特权模式的法律框架依然根深蒂固，支持专利特权模式的观点依然占据主流。尤其是当时的司法实务阵营，是最坚守专利特权模式的阵营。例如当时的瑟洛大法官（Chancellor Thurlow）在其法律意见书中明确表示："如果英王拒绝授予专利，不但对于我来说，而且任何人都不能够对其进行争论，因为专利本身完全就是基于我们伟大的皇室的恩赐，没有与这个相比更令人感到荣誉的事情。"②正如这个法律意见书中所言，当时没有一个人试图在法庭上公然争辩，认为他有获得专利的权利或在专利保护期限内法院可以对其专利进行强制执行。③此外，19世纪早期基本上所有关于专利讨论的前沿论文都将专利视为"皇室的恩赐"并且认为专利特权的内容是由皇室基于个案进行确定的。④ 例如，1823年理查德·戈德森（Richard Godson）在所发表的一篇题为《无权利请求专利》的开创性论文当中指出："没有任何条款或立法规定专利是一种权利。这一对工业带来巨大激励，以及为我们带来无上财富的利益仍然是由我们国王的免费恩赐。它来源于国王，是因为《艺术和科学赞助法案》是基于我们卑微的请求下而由他颁布的。而国王将这一保护延伸至发明者无疑是对我们最大的恩赐……"⑤ 再如1846年，希德玛芝（Hindmarch）在其论文中论道："发明者从来没有要求专利私有的权利，他们只有使用专利的权利，但他们必须恳请英王授予他们这一权利，

① MacLeod，Christine，*Inventing the industrial revolution：The English patent system，1660—1800*，Cambridge University Press，2002，pp. 196 - 199.

② Bracha O，The Commodification of Patents 1600—1836：How Patents Became Rights and Why We Should Care，*Loy. LAL Rev.*，2004，p177.

③ Walterscheid E·C，*The nature of the intellectual property clause：A study in historical perspective*，William S. Hein & Co.，Inc.，2002，p92.

④ 同②.

⑤ Godson R，*A Practical Treatise on the Law of Patents for Inventions and of Copyright*，London，Joseph Butterworth & Son 1823，p47.

这仅是一种恩赐。”① 因而当时的论文并没有表明专利特权已经在空壳子中摇摇欲坠，相反，它仍然受到当时权威学者的大力支持。

虽然在18世纪末期，关于专利的一些理念和原作正开始发生重大的变化，这些变化涉及发明的概念、说明书的法定要求以及在专利交易中可以从被许可人处获得报酬，但这都不会给当时的专利特权范式带来任何影响。正如科利尔（Collier）在其1803年的论文开篇中提到专利“财产”是对每个人创造性天才的奖励，但当他谈到专利的实际原则时又完全回到了传统的专利特权模式，他坚持个案的特殊考量的授权模式，并认为专利是基于皇室的恩赐授予而获得的。专利是由“商业裁判者”的国王授予给“这些他认为具有合适资格的人”②。因而直到18世纪末期，英国离完全从特权向私权转换还为时尚早。之所以造成专利是否已经转换成私权的纷争，是因为当时对专利权利属性的讨论以及一些律师的过分夸大。虽然包括检查员在内的对专利审查的实践以及枢密院与专利的关系导致了模糊性，使得专利的授权朝着标准化行进，但是他们并没舍弃对个案的主观裁断。那时候的法律原则和法律思想虽然有一些变化，但专利特权模式的制度依然根深蒂固。直到1852年英国专利法的颁布，英国才开始摆脱专利特权模式，向私权模式转换。1852年专利法将申请书签字的权力从国王移交至专利委员会，但1852年专利制度存在很多问题，最主要的问题在于，其依然将专利当作特权制度。事实上，英国直到1902年新颖性审查和实质审查制度才得以确立③，这标志着英国专利私权的正式形成。

对于美国而言，从17世纪初开始，英国的一些大商人、律师和清教徒等，怀抱着对美洲财富的追求或摆脱国内宗教压迫的理想，向英王申请到了在美洲殖民地的特权后，开始有组织地对北美进行殖民活动，相继建立了13个殖民地。北美诸殖民地与当时的欧洲国家相比，具有非常丰富

---

① Hindmarch, W • M., *A Treatise on the Law Relative to Patent Privileges for the Sole Use of Inventions: And the Practice of Obtaining Letters Patents for Inventions*, 431 London, Stevens & Norton & Benning 1846, p431.

② Fessenden Thomas Green, *An Essay on the Law of Patents for New Inventions*, C. Ewer, 1822, pp. 64 - 65.

③ 王昌亚. 专利学基础. 武汉：湖北科学技术出版社，1985：5.

的自然资源，但劳动力稀缺，当时支配性的经济部门是农业，主要集中在经济作物的生产方面，例如甘蔗、蔬菜、小麦等，并且技术发展落后，远离发达的欧洲国家，工商业基础薄弱，市场狭小，经济比较落后。北美殖民地为发展本地经济，依托当地富足的资源，迅速突破了简单、粗放的渔猎和种植的落后经济形态，发展以私有制为基础、以市场为取向的经济，不断增长的商业意识导致了资本主义市场的诞生。① 同时为进一步促进经济发展，激励新技术和产业的开发和引进，各殖民地采取了政府津贴、补助、奖励以及赋予新开发技术和产业以有限的垄断专利等措施。② 因而与中世纪的欧洲一样，在美国殖民地的一些地区为促进经济发展而采用的各种激励措施中，专利特权制度只是其中的一种措施。英属北美殖民地的专利制度来源于英国，深受英国特权制度的影响，这体现在：

首先，北美殖民地的授权机构与当时母国的授权机构基本一致。③ 其次，殖民地在理念和具体实施方面，也深受英国专利特权模式的影响。各地殖民地普遍认为，由授权部门——殖民地议会，依据个案自由裁量。专利制度一般包括实施条款，要求在规定的时间内实施专利。例如马萨诸塞州 1641 年《自由之身》法令规定“对国家有利的那些新发明”授予专利以及康涅狄格州 1672 年规定，仅仅对那些认为“对国家有利”的发明才授予垄断，这表明单纯的发明事实并不必然导致发明者的固有的、排他性的垄断权。有些特权有一定期限的实施义务以及产品的质量或价格限制，有的要求被授权人带出一定数量的学徒。④

17 世纪和 18 世纪中期北美殖民地主要在马萨诸塞州、康涅狄格州等局部地方零星地实行专利特权制度，大部分殖民地，包括宾夕法尼亚州等

① 杰里米·阿塔克，彼得·帕塞尔. 新美国经济史：从殖民地时期到 1940 年. 罗涛，等译. 北京：中国社会科学出版社，2000：42.

② 政府奖励是殖民地最为普遍的激励方式，主要用来促进大规模的生产；特别奖金主要用以鼓励技术的开发，通常以个人、机构或殖民地政府提供的现金奖励形式进行；有时政府提议向开发新兴产业的人提供一定的财政支持；有时还会通过法律来强制生产某些产品。Bracha O，The Commodification of Patents 1600—1836：How Patents Became Rights and Why We Should Care，*Loy. LAL Rev.*，2004，p177.

③ 李剑鸣等. 美国通史：第 1 卷. 北京：人民出版社，2001：254.

④ Bracha O，The Commodification of Patents 1600—1836：How Patents Became Rights and Why We Should Care，*Loy. LAL Rev.*，2004，p177.

工业发达的地区，均没有实行专利制度。因为那里不存在将专利技术予以有效实施的大型工业基础或大型市场，不必要花费时间、精力及费用来寻求专利独占授权。殖民地商人与工匠间的竞争程度，远没有达到英国的程度。在各殖民地或英国法院中，至今尚未发现任何体现专利存在价值的关于殖民地专利诉讼的资料①，如争夺专利权属、起诉专利侵权的案例。这说明，殖民地专利的整体价值和社会影响不大。正因如此，殖民地专利制度必然只是局部和临时性措施。18 世纪美国独立战争爆发之后到 18 世纪末期，美国虽然颁发了几部专利法规，但是由于美国当时的技术、经济和文化以及权势等因素，美国本土还未具有建立知识产权私权的社会条件，美国的专利法和实践均表明其依然保留有浓厚的专利特权模式，其并未完全实现私权模式的转换②，下文对其进行详细分析。

（二）从独立战争到 18 世纪末期的美国专利特权制度

1. 18 世纪末期美国专利特权制度观念演变的动因

（1）技术、经济与资产阶级结构的分化

美国独立后，美国的科学和教育事业均处于落后地位，科技发展非常缓慢。直到 18 世纪末，有成就的科学家和发明家也不多。一些旧的思想观念对科学研究工作也产生了不利的影响。狭隘的地方意识往往阻碍了人们进行创造研究。宗教偏见也影响着科研工作的开展。例如，路易斯·加拉斯等人坚持认为世界各种物种并非长期演变进化的结果，而是从一开始就是上帝创造的。③ 当时美国的工艺技术远远落后于欧洲一些先进国家的，特别是英国，正经历着工业革命，法国和德国急起直追。当时美国技术上的发明是以机械制造产品为其主要内容，主要依靠工程技术人员本身的实际经验和积累，特别是机械方面的聪明才智和熟练技巧，当然也有一些自学的科技业余爱好者，例如殖民地时期的富兰克林以及 1786 年发明第一艘汽船的塞缪尔·菲奇，但这些优秀的发明家依然占少数。总的来

---

① Walterscheid E·C, To promote the progress of science and useful arts: the background and origin of the intellectual property clause of the United States constitution, *J. Intell. Prop. L.*, 1994, p1.

② 富田彻男. 市场竞争中的知识产权. 廖正衡，等译. 北京：商务印书馆，2000：269.

③ 李剑鸣等. 美国通史：第 1 卷. 北京：人民出版社，2001：254，376.

说，此时美国的生产技术发展还处于低级状态。由于美国缺乏技术人才，科技知识水平较低，引进欧洲国家已经取得的先进技术是当时美国所能采取的唯一切实有效的方法。如果说，美国的生产技术水平有什么提高，那也是模仿欧洲的结果①，它主要依靠引进欧洲国家的先进技术来发展自己的工农业。例如1785年奥利弗·埃文斯引进英国技术开办第一家自动面粉厂，伊莱·惠特尼通过对国外技术的学习而发明扎棉机，以及在罗德岛创办的美国第一家棉纺工厂的整套纺织机械设备就是塞缪尔·施莱特于1789年移民美国时引进的。施莱特因此被杰克逊总统称为"美国制造业之父"②。

与殖民地时期差别不大，独立之后美国绝大部分州依然以农业经济为主，只有4个人口超过10 000人的城市，自耕农、奴隶和手工艺人比例较大。绝大多数美国人靠农耕生活，美国的住所、穿着和农业生产方式都是惊人的原始、落后，制造业也十分落后，农家都是自给自足，自己制作肥皂和蜡烛，自己织毯，自己制作家具。③ 尤其是当时美国的南方种植园经济主要依靠大米种植园和棉花种植园经济，他们依靠土地、奴隶和商品市场的扩大发展经济。当然，美国仍然存在一些工商业（主要包括商业、金融机构、制造业和交通运输业）④，在独立战争期间，一些纺织工业和冶金业已有所发展，在马萨诸塞州等地建立起了一系列军火作坊，纺织工业中出现了雇工高达500人的纺织厂，仅新泽西一州，就有41家加工坊，1780年还成立了北美银行，1784年成立了纽约银行、波士顿银行等金融机构。⑤ 随着18世纪中期英国工业革命影响的扩大，工业对一部分商业资本家产生了吸引力，并且这种吸引力日益增强，一批敏锐的商业资本家已经察觉到技术革新的重大意义和可能产生的经济效果。尤其是波士顿商

---

① 刘绪贻，杨生茂，张友伦等. 美国通史：第2卷 美国的独立和初步繁荣（1775—1860). 北京：人民出版社，2002：373.

② 同①.

③ 同①.

④ 拉尔夫·德·贝兹. 1933—1973美国史：上. 南京大学历史系英美对外关系研究室，译. 北京：人民出版社，1984：456.

⑤ 同④53.

人尤为重视技术，他们出重金奖励发明，并兴办技校培训纺织工人。① 在18世纪80年代，通过市场累积了不少资本的商业资本家试图把一部分资金投入新型纺纱机的研制，并试图开办一些工厂，他们在贝福利、伦萨姆、纽波特、费城等地都曾先后开办过纺织厂，但最终由于缺乏先进技术和管理经验，这些工厂的寿命都是很短的。② 虽然当时以美国的财政部长汉密尔顿为代表的工商业阶级力主发展制造业，但当时美国还处在早期的资本原始阶段，技术和资本都严重缺乏，大量发展工商业根本无法实现。③ 18世纪末期的美国逐渐分化为两类资产阶级，出现了以工商业经济为代表的北部利益与以种植园经济为代表的南部利益之间的冲突与斗争，而在18世纪末期，北方的工商业资产阶级较为弱小，南方种植园资产阶级占据主导力量。

(2)“农业立国”与“共和”思想

18世纪法国启蒙主义的思想也开始席卷美国，到了美国革命前夕，有相当一批政治哲学家对此作出巨大贡献，其中最杰出的有本杰明·富兰克林、托马斯·杰斐逊、汉密尔顿、詹姆斯、麦迪逊、约翰·亚当斯等人。尽管美国革命和建国所依据的一些根本原则和思想理念，大都不是这批政治哲学家的首创，而是渊源于英法等国的先进思想家如洛克、卢梭、孟德斯鸠等人，但是他们将这些根本原则和思想理念与北美的历史传统和实际条件结合起来，进行研讨、发挥和宣扬，并极力付诸实践并取得辉煌成就，这极大地影响了早期美国人民的思想。其中美国开国元勋杰斐逊的思想起着主导性的作用，他影响着美国早期专利制度的构建。

杰斐逊从小出生在农村的种植园家庭，他对农业有着天然的情感，并且由于杰斐逊长期在法国任职，他接受了法国的启蒙思想，崇尚天赋人权，深受法国阿吉贝尔和奎奈等重农主义学派和亚当·斯密自由主义经济理论的影响，主张经济生活应该服从自然法则，大自然总是走向自由和趋于完善，因而他主张发展自由经济，反对国家干预。并且他在欧洲目睹了

① 拉尔夫·德·贝兹. 1933—1973美国史：上. 南京大学历史系英美对外关系研究室，译. 北京：人民出版社，1984：54.

② 同①.

③ 同①.

资本主义工商业兴起后所造成的贫富差距和社会矛盾，他担心工商业阶层组成的政府会损害广大人民的权利，尤其是农民的利益，因而他认为只有农业社会才能够保证平等。杰斐逊的立国思想主张重农主义，认为应由农民和手工业者组成自由民主的农业社会，“土地的耕种者是最有价值的公民他们最有活力，最富有独立性、最善良，他们与国家连接在一起并且以持续不断的纽带与国家的自由和利益合为一体”。相反地，工业生产者没有实现自己劳动力的任何物质条件，“为了维持自己的生活，不像农民那样尊重上苍，尊重自己的土地和尊重自己的劳动，而是依靠偶然性和顾客的反复无常的性格的人们，才会走向道德的腐化”①，“依靠心理会产生奴性及贪财之心，会扼杀道德的萌芽，并且为野心家的阴谋提供适当的工具”②，他甚至指出“当我们有土地可耕的时候，让我们不要希望看到我们的公民在工作椅上工作或摇动一个电线杆”，“对于制造业的一般运行来讲，让我们的工场留在欧洲吧”③。这些思想显然是为了维持和扩展南部地区的“土地资源——奴隶劳动力”双重密集型奴隶制种植园主的利益。

此外，杰斐逊等一批领导人始终坚持“共和思想”，他们认为政府权力是人民的权利，希望新选出的政府在处理国内各种不同利益纠纷时能不偏不倚、保持公正，注重保持公共利益和社会权利。④ 这反映在了他们的权利观上，正如杰斐逊所言，“造物主在人类心中灌输了一些道德准则，作为自然法来指引人类的群体行为和个别行为”⑤。在 1776 年发表的《独立宣言》中，杰斐逊认为“下述真理是不言自明的：一切人生来平等；造物主赋予他们以某些不可剥夺的权利，其中包括生命、自由和追求幸福……”他有意将财产从自然权利中忽略，并以追求幸福权取代了追求财

① 梅利尔·D. 彼得森. 杰斐逊集. 刘祚昌，等译. 北京：生活·读书·新知三联书店，1993：311.

② 同①311-312.

③ 他曾深情地说：我但愿幽居在一个朴素的农舍里，和我的书籍、我的家人以及少数老朋友共晨夕，吃粗茶淡饭，把世俗的盛衰荣辱完全置之度外，而不愿身居高位，大权在握。

④ 桂洋. 试析杰斐逊经济思想的转变及其连续性. 苏州科技学院报（社会科学版），2009(3).

⑤ 刘祚昌. 杰斐逊传. 北京：中国社会科学出版社，1990：327.

产权。这表明“杰斐逊将财产权看作是社会权利而非自然权利”①。在新成立的美国联邦政府里，杰斐逊与主张加强联邦政府权力、强调工商业者利益保护的“联邦党”不同，他和麦迪逊等组成的“共和党”强调广大农民阶层的利益保护，担心过于强大的中央政府侵犯人民的权利和自由，反对专制和垄断。

（3）小结

从美国独立之后到18世纪末期这个阶段，由于科技知识水平较低，缺乏技术人才，美国的科技发展缓慢。同时当时的美国是一个小农经济占主导地位的国家，由于技术和资本的严重缺乏，大力发展工商业根本无法实现，而农业经济形态主要依赖劳动力和土地等自然资源，不依靠技术的社会只需丰富的劳动力、简单的技术和经验就足以满足其需求，因而当时的技术在生产力中不占显著地位，技术对经济增长的作用有限。此外，代表南方种植园资产阶级利益的杰斐逊等人大力主张“农业立国”的思想，发展自由的农业经济，反对发展工商业经济，反对重商主义政策；并大力主张共和思想，注重保护公共利益，将财产权看作是社会权利而非自然权利，反对专制和垄断。因而在这样的技术、经济和文化环境下，杰斐逊等人萌生了专利是一种垄断，应该对其进行严格限制的制度观念。杰斐逊始终认为，专利是对个人自由和思想的限制，他在写给麦迪逊的信中多次表示，专利垄断是对社会构造的破坏，专利垄断代表着政府对个人事物明确的干预，他认为政府不应该限制而是应该帮助公民实现他们对个人自由和思想的追求。② 尤其是1813年他写给麦克富森的信最能体现他对专利的看法，他认为发明作为个人大脑产物的思想观念，本质上不能作为财产权的客体。社会为鼓励人们产生有益的、具有实用性价值的思想观念，可以赋予人们对其进行获益的专有权，但这一权利并不具有强制性，是否赋予

① 梅利尔·D. 彼得森. 杰斐逊集. 刘祚昌，等译. 北京：生活·读书·新知三联书店，1993：343.

② Walterscheid E·C, The Nature of the Intellectual Property Clause: A Study in Historical Perspective (Part 1), *J. Pat. & Trademark Off. Soc'y*, 2001, p763.

以及如何赋予，都是基于社会自身的意愿和便利性。①

2. 杰斐逊对美国早期专利制度的影响

（1）1787年宪法的知识产权条款

麦迪逊与杰斐逊对早期专利制度的塑造影响深远，尤其是杰斐逊被誉为"美国专利法之父"②。在1787年，杰斐逊因出使法国未能参加当时的制宪议会。麦迪逊等人为了鼓励发展工商业，将殖民地的专利特权模式纳入了宪法当中③，也即今天的知识产权条款。当麦迪逊将这一草案发给杰斐逊时，杰斐逊十分吃惊，他本人一点都不喜欢这一条款，他对专利制度是否能够给社会带来有益作用抱有极大的怀疑，实质上他一直试图去除宪法授予排他性权利的条款。他在1787年12月写信给麦迪逊时，明确指出"应该明确并且在没有诡辩的帮助下……对垄断进行限制"。当他发现1787年宪法已经被批准之后，在1788年7月写给麦迪逊的信中继续表达他关于垄断的意见，他特别指出"针对知识产权条款，他认为相对于不去做任何事情而言，最好废除垄断"。麦迪逊在这点上不大同意杰斐逊的看法，他认为对于专利和版权授予一定期限的垄断特权，应该是可以容忍的，因为这可以给社会带来一定的好处和利益。但麦迪逊在回复中也不断使用了"无可避免之灾祸"（a necessary evil）、"有限的、人为的垄断"等措辞。④ 对于杰斐逊来说，他认为这时候引入专利制度是不适合的，他始

① Frank D. Prager, A History of Intellectual Property from 1545 to 1787, *J. Pat. Off. Soc'y*, 1944, p93.

② United States v. Ewell, 383 U.S. 116 (1966).

③ 对于当时麦迪逊为何要在制宪会议中将这一条款纳入宪法当中，现在还存在争议。因为事实上，没有丝毫证据表明在一开始各州代表的宪法建议草案中有寻求加入知识产权条款的努力，相关文献记录表明，麦迪逊和南卡兰纳州的代表查尔斯·平克尼共同提出最后变成知识产权条款的议案，麦迪逊的笔记对这一条款没有进行过多的解释，只是称宪法知识产权条款毫无争议地获得了一致通过。现在一般认为存在几种解释：一是美国一些殖民区长期适用专利特权模式，他们具有路径依赖的心理；二是建国初期，美国经济和财政有限，相较于奖励和补贴等方式鼓励工商业发展，采用专利特权模式花费的成本最小；三是约翰·费奇在制宪会议召开期间用一个下午的时间，向各州代表们在特拉华河上展示其最新发明的轮船，无疑很好地渲染了专利保护的氛围。Walterscheid E·C, The Nature of the Intellectual Property Clause: A Study in Historical Perspective (Part 1), *J. Pat. & Trademark Off. Soc'y*, 2001, p763.

④ Vaidyanathan S, *Copyrights and copywrongs*, New York: NYU Press, 2001, pp. 23–24.

终相信美国的未来是农业而非工业，对社会公共利益珍视的“共和思想”也使他天然地反对垄断。① 然而面对已经确定的局面，杰斐逊只能接受，在1789年写给麦迪逊的信中提醒麦迪逊，应该在宪法当中借鉴1624年英国《垄断法案》的措辞，将专利和版权明确表示为一定期限的垄断。麦迪逊赞同杰斐逊的意见，但他认为，这种措辞将会与整个宪法的哲学框架相违背。②

因而从当时的立法背景来看，无论是杰斐逊还是麦迪逊都将专利视为是一种垄断性的特权。没有任何证据表明美国当时已经完全脱离了特权模式，进而创造了一个“现代专利系统”。早期的专利申请人以及当时的国会并没有将这一条款理解为要与当时的专利实践完全背离，美国宪法实施之后，美国国会收到了大量的专利申请，许多申请人援引专利条款进行专利申请，然而他们的申请依然遵照之前的特权模式，即他们在申请书中详细阐述他们的发明对社会带来的特殊社会福利，并请求国会对其发明进行个案审查，并给予排他性特权。就申请人而言，专利条款唯一的效果是将他们之前熟悉的各州授予特权的模式转换成联邦授予的模式。③ 国会自身也没有寻求进一步突破的打算，国会没有拒绝这些个人的特权申请，相反他们代表公共利益基于个案对这些专利进行审查，当时的国会还曾想过针对每一个专利申请颁布一个授权法令，只是因为后来要建立一般的专利法案才放弃了这一打算。④ 当时全国各地的民众，也通常认为专利就是限制人们自由的垄断，是政府基于发展经济和公共利益的需要所采取的一种政策，对专利持有天然的反感态度。⑤

（2）1790年专利法及实践

1790年3月，杰斐逊从法国回到美国就任美国的国务卿一职，当时的美国国会正在讨论制定1790年的专利法。根据相关资料，杰斐逊对当

---

① Mossoff A, *Who Cares What Thomas Jefferson Thought about Patents-Reevaluating the Patent Privilege in Historical Context*, Cornell l. reV., 2006, p953.

② 同①.

③ Edward C, Walterscheid, The Nature of the Intellectual Property Clause: A Study in Historical Perspective (Part 1), 83 *J. Pat. & Trademark Off, Soc'y* 763 , 2001, pp. 115-116.

④ 同③117.

⑤ Grant v. Raymond, 31 U. S. (6 Peters) 218, 241 (1832).

时1790年专利法的制定产生了非常重大的影响，1790年专利法很有可能是根据杰斐逊的设想进行构造的。① 经过一个复杂的立法过程，1790年美国专利法正式颁布和实施。在一些方面，1790年美国专利法确实取得了重大突破，例如该法创造了一个统一的专利体制，由三位政府高官组成专利委员会，由他们对"足够有用和重要"的发明授予专利。在形式上，其不同于英国枢密院以英王的名义授予的专利特权，也不同于北美殖民地和各州的立法部门针对个案进行的专门立法授权。其甚至确定了一些可专利性标准，例如新颖性和专利说明书要件，统一的专利期限以及标准化的行政申请和授权程序。这些都是专利工作标准化、制度化的重大进步。但从1790年的专利法的框架和实践来看，当时美国施行的依然是专利特权制度。

首先，1790年《专利法》规定，由美国国务卿杰斐逊、司法部长和作战部长三位政府高官共同组成专利委员会，他们对专利的授权享有充分的自由裁量权。杰斐逊领导下的国务院办公室负责专利的申请、登记、抄录、文书制作等行政事务。杰斐逊是美国联邦第一届政府的国务卿，因此其事实上成为美国第一任专利负责人。在缺乏具体专利授权规则的情况下，以国务卿为主的专利委员，既是专利授权规则的制定者，又是其所制定的专利规则的执行者，既是裁判员又是运动员。专利法虽然规定了一些可专利性标准，但这些标准仅是一个外在限制，并没有如何判断的具体规则。如何判定发明"足够有用和重要"？什么是"第一个真正发明人"？哪些是可以授予专利的发明，或者说授予专利的发明需要达到什么条件？在缺乏明确规则下，他们对专利的授予具有充分的自由裁量权，他们对专利的审查和是否授权都是基于发明是否符合公共需要的政治决策过程，公共利益标准是其基本的专利性标准。而且作为当时身处高位的行政官员，他们本身有重要的公务需要处理，专利授权只是他们各自公务之外的兼差，因而他们对专利的处理时间极为有限。② 在有限的时间下，他们需要处理

① Walterscheid E·C, *Patents and the Jeffersonian Mythology*, J. Marshall L. Rev., 1995, p269.

② Bracha O, *The Commodification of Patents 1600—1836: How Patents Became Rights and Why We Should Care*, Loy. LAL Rev. 2004, p177.

大量的专利申请，一旦申请被拒绝，当时的立法并没有规定专利纠纷处理机制，申请人并没有对其所谓的“权利”进行强制执行的办法。① 并且在实践当中，由于杰斐逊对专利的谨慎和保守政策，他不会以国务繁忙而简单予以授权，而是以专利授权需要促进公共利益的发展为宗旨，让他主导的专利委员会对专利审查采取了相当严格的标准，过分注重授予专利对公共利益的促进而非对个人利益的保护，因而授权缓慢、对发明人掣肘颇多。根据当时国务院秘书长雷姆森对 1790 年专利运行所作的报告，专利委员会每个月的最后一个星期六开会，会前由国务院信使负责将会议需要讨论的事项通知专利委员会的每位成员。开会时，专利委员集中审阅最近一个月收到的每一个专利申请，然后再考虑一个月，待下次会议讨论。②对待多个申请人就同一发明提出的多项专利申请，如轮船专利申请，专利委员会以“（都是发明人）不能给一个人优先于另一个人”为由，否定在先发明人追求的独占权。

其次，从当时发明人的申请书来看，发明人申请的模式依然是依据传统特权模式进行申请，申请人在说明书中提出“渴望获得（obtaining）权利的意愿”，而非基于自然固有权利的保障（secured）③，没有任何直接的证据表明申请人认为专利是一种权利，更不存在有任何人诉诸法院来强制实施其专利。例如 1790 年威廉·波拉德（William Pollard）对其改进的棉花纺纱机申请专利，其在专利申请书中运用了大量的篇幅来详细说明和解释其发明会给美国带来如何巨大的社会利益，例如其发明所带来的生产率的提高，并承诺接受委员会对其生产产品的价格控制。再如 1790 年约翰·菲奇（John Fitch）就其发明的蒸汽船申请专利，他充分证明了其汽船所带来的巨大公共利益，不仅“具有巨大的即时效用，而且更加重要的是对未来的美国甚至世界都会带来巨大的改变”，“可以节约人、马以及旅

---

① Walterscheid E·C, *Patents and the Jeffersonian Mythology*, J. Marshall L. Rev., 1995, p269.

② 杨利华. 美国专利法史研究. 北京：中国人民大学出版社，2009：69.

③ Frank D. Prager. A History of Intellectual Property from 1545 to 1787, *J. Pat. Off. Soc'y*, 1944, pp. 711 - 758.

行者的劳动力，更加安全、方便和快速”①。可以看出约翰·菲奇（John Fitch）的申请是传统的北美殖民地申请模式，通过描述发明的具体公众利益以吸引主权机关对其发明进行授权。② 并且他们的申请书反映了委员会的作用仅是“负责审查发明实现的公共利益并且自由裁决是否授予专利权”的机构。③

因而1790年专利法不是传统的、针对个案的、专门或特别的专利授权立法，而是针对所有专利申请的普通专利立法，但它的根基仍然是权力部门为公共政策进行个案裁量授权的传统专利制度。这种专利授权制度与中世纪英国以及北美殖民地和联邦时期的专利特权模式相比，并不存在实质区别，只是专利特别授权机构发生了变化，由英王或立法机构改为通过立法确定的行政高官。可以说，1790年《专利法》确立了一种一般化特权，是此前的专利特权模式与现代标准化专利模式的一种中间产物。它开始探索关于专利授权的实体和程序的标准化，以及试图确立一种统一的专利权利，但它整体上尚未突破专利特权模式。④

（3）1793年专利法及实践

由于1790年专利法下的专利授权工作进展缓慢，因而不但使得专利委员不堪重负，而且引起了当时发明人的普遍不满。在这个背景下，1793年的《专利法》被制定并开始实施。杰斐逊早在1791年2月7日就向国会提议修改《专利法》，他提交了一份修改草案，建议取消所有的审查，负责工作的国务院只进行专利的登记，专利的效力问题交给法院裁决。知识产权史专家Frank认为，杰斐逊起草了1793年的专利法，或者至少影响了这一专利法的制定。⑤ 1793年专利法案撤销了专利委员会，新的专利法取消了发明审查程序，专利工作变为国务卿领导下的纯粹的文书工作。1793年专利法实质上将专利审查的工作由之前的专利委员会转移给了法

---

① Thornton W, Short Account of the Origin of Steam Boats, *Rapine and Eliot*, 1983, pp. 13-14.

② 同①.

③ 同①.

④ 杨利华. 美国专利法史研究. 北京：中国人民大学出版社，2009：75.

⑤ Frank D. Prager. A History of Intellectual Property from 1545 to 1787, *J. Pat. Off. Soc'y*, 1944, p711.

院，国务院仅进行形式上的审查工作。这一改革实质上借鉴了当时的英国专利授权模式，英国17世纪以来的专利实践——专利的授予只需进行形式审查，很少进行实质审查，所有的专利实质问题交给法院处理。正如当时负责议案起草的威廉森（Rep. Williamson）解释道，专利法“是对英国专利系统的模仿”，这样做的目的是避免使负责该事项的官员负担过重。[①] 对于这一改进，不少人认为是美国专利制度改革的巨大进步，例如威廉·萨顿（William Thornton）就认为“这一改革将使国务院对专利授权或拒绝再无任何自由裁量权”[②]。

但事实上这一改革并未使美国完成向专利私权范式的转换，免除专利委员会对专利审查的自由裁量权并没有解决专利是特权还是私权的根本问题。它仅仅是将事前政府的审查和确认专利效力的权力移交给了事后审查的法院。这一改革带来两方面的影响，一方面审查工作的后移极大增加了法院的工作，使法院就专利诉讼所确立的相关规则变得更加错综复杂。[③] 另一方面，在当时缺乏明确可专利性标准和专利规则的情形下，将审查工作交由法官，不仅使得法院有权解释和适用可专利性标准，而且对专利规则的创制具有充分的自由裁量权。这些法院深受杰斐逊思想的影响，认为专利是一种垄断，应该对其进行严格控制，只有基于公共利益的需要才能够对其进行授予。在司法实践当中，当时普遍流行的解释是，专利是政府授予个体的一种特别权利，专利的实用性是政府对公共利益的积极利用，专利授权应有助于促进和增进公共利益。法院一般通过对实用性的标准的解释和使用来判断发明的有效性，由于法律本身并没有对实用性的内涵进行界定，因而法院对实用性的认定具有充分的自由裁量权。法院对实用性的评判，主要是运用特殊个案考量的方式来判断发明是否有利于公众，而是否有利于公众是一个十分宽泛的概念，具有类似于政策性考量的作用，因而法官在某种程度上，类似于传统的主权机关，基于对相关政策的考量

① 3ANNALS OF CONG. 855 (1793).

② Thornton W, PATENTS (1811), reprinted in 6 *J. Pat. Off. Soc'y* 98 (1923).

③ Wyman W·I, The Patent Act of 1836, *J. Pat. Off. Soc'y*, 1918, p203.

对专利特权进行授予，法官成为专利价值的主观裁判者。① 正如当时的冯·内斯（Van Ness）法官所言，1790 年设置的专利委员会使得“这些官员掌控了判断专利实用性和授权的权力”，而对于新的专利系统，他认为，“基于方便和公共安全的考虑，当所有的初步审查被取消了，垄断和专利被自由、无偿地赋予了任何具有发明或发现者的身份人后，应当有一些简洁的制度来审查专利的价值并决定其有效性”②，通过对当时法院审查职责和实践的审视，他认为法官已经掌控了“专利有效性的充分监管权力”并且“这是一种自由裁量权”。也就是说，法院实际上充当了之前英国皇室和 1790 年专利体制中“专利委员会”的角色，成为专利公共政策价值的决策者。根据亚当·莫索夫（Adam Mossoff）的考证，至少在 1800 年之前，法院在判决书中依然再三强调专利是一种垄断和特权，应该基于公共利益对专利进行审查。③ 例如在最高法院审理的“Evans v. Eaton 案”中，约瑟夫·英格奈尔（Joseph Ingersoll）在美国最高法院的法庭上公开表达了相同的观点，他认为“法官取代了专利委员会，对认定一个发明是否构成‘足够有用和重要’的专利具有决定性权力”④。

总体而言，美国早期专利制度深受杰斐逊的影响，反映的是当时缓慢发展的农业社会价值观念。杰斐逊代表南方资产阶级和广大农民阶级的利益，对专利垄断持谨慎怀疑态度，他强调对公民权利和自由的保护，担心强大的中央政府导致专制和暴政，损害地方和普通民众的利益。在专利的问题上，基于其垄断特征，他心存疑虑，对专利授权标准持保守和严格的立场。因此，在新成立的联邦政府就任国务卿、依法负责专利授权的杰斐逊，在审查专利申请、确定专利规则时，坚守专利授权服务于公共利益的观点，采取严格和高标准的授权政策。杰斐逊的观念不仅影响了当时的公众也影响了当时的司法实践。

---

① Robinson, William Callyhan, *The law of patents for useful inventions*. Vol. 2. Little, Brown, 1890, p137.

② McGaw v. Bryan, 16 F. Cas. 96, 99 (S. D. N. Y. 1821).

③ Mossoff A, *Who Cares What Thomas Jefferson Thought about Patents-Reevaluating the Patent Privilege in Historical Context*, Cornell l. reV., 2006, p953.

④ Evans v. Eaton, 16 U. S. (3 Wheat.) 454, 488 (1818).

（三）19世纪初美国专利私权的形成

1. 美国专利私权制度观念形成的动因

（1）技术、经济与工商业资产阶级的崛起

这一切的演变都是慢慢开始的。美国人在经历了对英国和欧洲技术的引进之后，他们对技术的创造进入了一个新的阶段。一方面，关于科学研究的理论和论著逐渐丰富起来，他们在天文学、地理学、地质学、生物学、气象学、海洋学等领域都取得了重大成果。[①] 另一方面，美国的发明家和相关的技术协会越来越多，美国人日益明白了技术的重要性。例如美国费城学会是个活跃的中心，激励着其他每个地区组织类似团体和协会。同时工商阶级和技工也建立了协会，设立图书馆，提倡研究新思想和新技术，这也推进了工业技艺。以“宾夕法尼亚工业品和实用工艺奖励学会”为例，18世纪末，它开始为设计优美陶器、瓷器和其他实用品的人提供奖金，以此激发美国人的创造天才。另外，它还为给美国带来新机器蓝图和模型的英国机械匠提供了奖金，那些机器已经把英国变成世界工厂。[②] 在物质上，引导变革的是发明家和工商业阶级，如同以往，他们只关注眼前利益，很少考虑他们的努力所产生的遥远结果，但种类繁多的机器发明逐渐将美国带入了工业文明，虽然重要的部分借鉴自英国——瓦特的蒸汽

---

① 例如1802年，马萨诸塞州的数学家纳撒尼尔·鲍迪奇出版了《美国实践航海学》，几年后又翻译了拉普拉斯的《天体力学》；1815年，康斯坦丁·拉法因斯克在费城出版了植物学巨著的第一部分；约瑟夫·亨利继富兰克林之后，对电流的研究取得了新的进展，在1832年发现电磁自导原理；美国地质学之父威廉·麦克卢尔于1817年完成了美国东部地区的地质构成图；莫西·康拉德在1832年发表《北美第三几年的化石岩层》。

② 再如1816年在首都华盛顿建立的全国性的科学学会、哥伦比亚促进科学研究院以及后来的全国性的科学研究组织都曾在推动科学研究发展方面起过重要作用。其中最突出的是美国科学促进协会和史密森研究院。事实上美国也开始流行关于通俗的科普演讲。在美国建国不久，在纽约市等地方就开始出现有关科技的通俗演讲。起初这些通俗演讲是由一些外国来访者发表的，其中较著名的意大利人西格诺尔·福尔肯尼，在纽约市等地发表关于自然哲学的演讲，和进行一些实验性质的表演。此后美国一些学者开始经常性的通俗演讲，例如比较有名的约翰·格里斯科姆、约翰·戈勒姆、本杰明·沃特豪斯等人。当时的一些高等院校和学术研究中心也对科普演讲给予大力支持，例如耶鲁大学。美国科学促进协会也曾举办一系列通俗科普演讲。在这一期间，有人还在一些大城市举办技术夜校，例如1820年威廉·埃利奥特在华盛顿举办的数学夜校，讲授代数、几何及其在测量、航海、天文学方面的应用等课程。查尔斯·A. 比尔德，玛丽·R.比尔德. 美国文明的兴起：上. 徐亚芬，等译. 北京：商务印书馆，2010：354-356.

机、斯蒂芬森的火车以及阿克莱特和克朗普顿的纺纱机——但是美国的发明家总会增添许多新的设计。富尔顿把蒸汽机应用于船上，开辟了航行的新纪元；豪创造了缝纫机；麦考密特和赫西则为农民创造了收割机，使得图坦卡蒙时代流传下来的小镰刀和长柄镰刀一下子过时了；莫尔斯发明了电报，把整个大陆紧紧联系起来，全国的商业贸易都可以在一张桌子上进行了；惠特尼的扎棉机粉碎了人类古老的经济活动，向那些劳累的新英格兰纺纱厂、棉花种植园主，以及密西西比州和路易斯安那州的奴隶大军发起了挑战。当然在每个发明家的背后，都坐着一个工业巨头，他们随时准备从工厂拿走机器，募集资本和劳力使之运转，然后为机器中源源不断的产品寻找市场。美国北部社会非常适合商人事业发展，那里没有墨守传统的教士或贵族歧视他们的生产劳动，工业可以利用的自然资源非常丰富——木材、煤、铁、铅和铜，还有源源不断的欧洲移民涌入，增加了劳力供应，以此弥补美国农民子女的不足，工厂、矿场和各类其他工业都可以从欧洲劳工中招募新手，资本也不缺乏。由于谷物、棉花和黄金大量流入国外，美国在国外的信用也提高了。美国制造业还有一个庞大的国内市场仍由其支配。① 于是在 19 世纪初美国也爆发了工业革命，工商业的发展已成大势。

事实上，当时促进美国工业发展的还有一个非常重要的因素，那就是杰斐逊对工业经济发展的态度发生了变化。1801 年杰斐逊当选美国第三任总统，他在刚上任的时候仍然秉持的是“农业为主、商业为辅、拒绝工业”的经济思想。然而 1807 年美国对英国的禁运极大地转变了杰斐逊的经济思想②，使其从主张以农立国发展到主张农商并举，鼓励并支持商业、制造业的发展。1812 年美英战争后，美国克服了一系列发展工商业

① 拉尔夫·德·贝兹. 1933—1973 美国史：上. 南京大学历史系英美对外关系研究室，译. 北京：人民出版社，1984：501.

② 在拿破仑战争中，美国的中立贸易遭到英法的致命打击，人民生活异常困苦。为了保护美国作为中立国的权益，杰斐逊政府在 1807 年颁布了《禁运法》。在禁运过程中，“客观形势逼得我们（指生产者）把我们的一部分有组织的劳动和资本应用到国内制造业和国内改进中去”，以解决人民生活日用品的供应问题；与此同时，航运业的衰落使得很大一部分资本用于制造业。因此，制造业作为一个新兴产业勃然兴起。

经济的阻碍，交通运输业得到改进①，城市化进程加快②，工商业经济以惊人的速度增长。于是从19世纪初开始，美国的工商业资产阶级在利用国际形势、技术以及政府保护性的关税政策的支持下，将大量私人资本投入工厂和公共交通建设，私人制造工厂纷纷成立，工商业阶级的力量逐渐壮大。例如1800—1823年，东部8个州成立了557家从事制造业的公司，投资资本达7 200万美元，其中工商业基础发达的马萨诸塞州达2 000万美元，美国棉毛纺织、服装、橡胶、钢铁冶炼等加工业都得到飞速发展。③ 到19世纪30年代，美国的联邦制度日渐稳固，工业经济逐步由工厂手工业发展为大机器生产。美国经济从独立初期的以农业为主、严重依赖国外市场的殖民地经济开始突飞猛进，并引发生产力和生产关系的巨大变革。

（2）个人主义和自由主义思潮的兴起

在这样的技术和经济环境下，美国商业风气大肆流行，人们对个人私利的追求无所顾忌，拜金主义泛滥，“正在被工业化和启蒙理性改变的社会生活，日益失去崇高的理想和内在的深度，肤浅和俗气正在蔓延并吞噬

---

① 18世纪末美国开始开创交通运输的新时代，他们开始修建公路、运河以及铁路。1830年之后情况很快变得明了，铁路成为国家主要的货运方式。在1830年，国家共铺设轨道3 328英里（约5 355.9千米），同国家开凿的运河长度大致相同。由于平均时速达10英里/时（约16.1公里/时），铁路就比四轮马车、水运和汽船要快得多，同水运不一样，铁路一年四季都不停地运行。交通运输革命大大降低了把货物运往市场的费用，从而刺激了农业和工业的发展。筑成的公路、运河和铁路加快了商业发展的步伐，增进了东部和西部之间的联系。同时美国传播通讯速度也大大加快，1790年美国只有92种报纸，每年发行量不到400万份，到1820年出版的报纸种类一下猛增至512种，发行量为5 000万份。詹姆斯·柯比·马丁，兰迪·罗伯茨等. 美国史：上. 范道丰，等译. 北京：商务印书馆，2012：347.

② 1820—1830年，美国的城市飞速发展。城市人口十年就增加60%，其增长速度是全国人口增长速度的5倍。1810年，纽约市的人口还不到10万人，20年后已超过20万人，西部城市发展得尤其快。詹姆斯·柯比·马丁，兰迪·罗伯茨等. 美国史：上. 范道丰，等译. 北京：商务印书馆，2012：351.

③ 1809—1815年，美国棉纺织业进入了迅速发展时期，到1815年底全国共有170家纺纱厂，134 214枚纱锭。1831年纺织厂的数量达到801个，1840年的增加到1 240个，1835年棉纺织业的产值已经达到了4 700万美元。服装工业也循序发展，年产值达到73 219 765美元。橡胶工厂成品年产值达到3 039 735美元。钢铁工业生铁产量到1830年已经达到165 000吨。刘绪贻，杨生茂，张友伦等. 美国通史：第2卷　美国的独立和初步繁荣（1775—1860）. 北京：人民出版社，2002：196-202.

它的竞争对手，物质主义成为衡量一个人是否成功的重要标准”①。政治家的思想不再被奉为信条，边沁的个人主义和斯宾塞的自由放任主义思想开始在美国渗透②，并形成美国特有的个人主义和自由主义文化。19 世纪 40 年代，法国人托克维尔认为“个人主义”和“自由主义”是当时美国文化的核心，是美国人最主要的价值观。托克维尔认为美国的个人主义和自由主义的概念可以归结为：“对自我的强烈自信，或者对自己的势力和智慧的信赖”和“全体公民为追求他们自己的财富与个性而进行的斗争，以及他们对人鼻息的蔑视”。托克维尔注意到，正是“个人主义”使当时的美国人“孤立于自己的大众同时代人，缩进家庭和朋友的小圈子里；人们有了这种按照自己的兴趣组成的小社会，便欣然置大社会于不顾”③。一切经济生产及相关经济活动均属私人管辖范围，民主政治的控制和决定不能干预这一私人权利。殖民地时期和 18 世纪末期的共和思想逐渐被淡化，美国人对社会义务逐渐漠视④，依据本人意愿对自己的财产拥有比过去更自由的支配权。无论是在个人财产的使用、企业的管理还是在宗教信仰的选择等各方面，人们都努力开拓更多免受政府权力控制的自由空间，于是出现了一个更注重个人、竞争更激烈的局面，越来越多的人认为既然政府权力难于把握，何不对它加以限制或将某些权力私有化 。“个人主义像贪婪的幽深洞穴，它吸纳着人们的各种欲望，也喷发着推动社会发展的巨大能量。”⑤

① 刘森林. 追寻主体. 北京：社会科学文献出版社，2008：58.

② 边沁认为“个人利益是唯一真实的利益”，“组成共同体的个人的幸福或其快乐和安全是立法者应当记住的目的，而且是唯一的目的”，强调道德的根本基础是幸福应当最大化（吉米·边沁. 道德与立法原理导论. 时殷弘，译. 北京：商务印书馆，2000：81）。而斯宾塞则主张进化理论，认为共同体是以有机体或准有机体出现的，社会发展的进程是在不断地摆脱原始的，由无政府的个人主义而走向完全共同体的历史。在这种共同体中，立法将变得无所不能，无所不包。他又是“无政府的个人主义者”或“行政虚无主义者”（Administrative nihilist）。傅正. 斯宾塞“社会有机体”论与清季国家主义——以章太炎、严复为中心. 近代史研究，2017（2）.

③ De Tocqueville，*Democracy in America*. trby G . La wrence. New York：Anchor Book，1969，p250.

④ Nelson W · E，*Ame ricanizati on of th Common Law：The Impact of Legal Change on Massac husetts Society 1760—1830*，Cambridge，Mass ，1975，pp. 122 - 143.

⑤ 李小芬. 20 世纪以前美国个人主义的历史演变. 厦门大学学报（哲学社会科学版），2003（5）：127.

美国这一时期的财产法理念主要是培养人的进取精神，体现了对个人自由主张最大限度保障的工具主义价值观①，法律的主要目标是保护个人的财产权。个人主义和自由主义的思潮使洛克的个人主义绝对财产理论获得了长足发展，正如大法官斯托里所言，“一个自由政府的基本准则应当是‘私有财产权视为神圣不可侵犯的权利’”②。肯特法官也认为，“法律要主张保护既得财产拥有的权利，更注重保护获得财产的权利”③。

(3) 小结

19世纪初，在不断引进英国和欧洲科学技术的基础上，美国的科技水平发展到了一个新的阶段，一方面科学理论逐步丰富，另一方面各种工业技术发明层出不穷，逐步由工厂手工技术发展为大机器生产，节约劳动力、提高劳动生产率的新发明对经济的价值和作用力越来越突出。随着美国工业技术的发展，美国逐渐由农业经济步入了工业经济，与此同时国内市场的扩大和商业贸易的发展，也进一步刺激了工业产品和技术的需求，商业贸易也为工业经济和技术创造提供了资本累积。尤其是那些逐渐壮大的工商业阶级不断通过赞助发明家获得新发明，他们越来越依赖技术，将之作为发展产业和制造财富的手段。与此同时，以杰斐逊为代表的美国政府思想开始从主张以农立国发展到主张农商并举，并日益重视发展工商业经济。并且随着个人主义和自由主义思潮的兴起，美国的权利观逐渐从社会权利向私有权利转换，洛克的个人主义绝对财产理论获得了长足发展，逐渐成为主流意识。因而在这样的技术、经济和文化环境下，当时的一些工商阶级和民众逐渐萌生了美国式的专利私权观念。

2. 美国1836年专利法与美国专利私权制度的形成

托马斯·杰斐逊于1809年卸任美国总统，在功成名就后隐退到蒙蒂塞罗，在1826年与世长辞。在19世纪，杰斐逊就已经不再干预对专利制度规则的制定了，即便在他去世时仍然对专利制度抱着怀疑的态度④，但

① 莫顿·J. 霍维茨. 美国法的变迁（1780—1860）. 谢鸿飞，译. 北京：中国政法大学出版社，2005：40-42.

② 伯纳德·施瓦茨. 美国法律史. 王军，等译. 北京：中国政法大学出版社，1990：23.

③ 同②98.

④ Walterscheid E·C. The Nature of the Intellectual Property Clause: A Study in Historical Perspective (Part 1). *J. Pat. & Trademark Off. Soc'y*. 2001, p763.

他已经无法抑制当时人们对专利看法的转变。不断壮大的工商阶级和发明家不断在专利申请书和专利诉讼中强调他们对专利享有的自然权利，需要国家对其进行确认和保护，要求宽松的授权环境和有效的专利保护。正如沃尔特沙伊德（Edward C. Walterscheid）所言“即便这些发明者和商人对于自然权利理论并不十分熟悉”，他们也逐渐意识到了“特权”和“自然权利”的区别，“他们不断在申请书、诉讼当中表明，他们对于发明具有自然的天生的权利，国家有义务对他们进行保护”①。事实上，杰斐逊之前所采取的保守的专利政策早已激怒了费奇等工商业阶级。② 他们认为“现在的专利既是一项权利也是作为一种财产”，例如约瑟夫·巴恩斯（Joseph Barnes）认为，“每一个美国公民都有要求其创新成果获得国家权力部门保护的宪法权利”③。瑞普·威廉·莫里（Rep. William Murray）认为，与当时的英国需要“通过国王慷慨和恩赐而授予”的专利特权系统不同，美国的专利则是对于其发明成果享有的权利。④ 当时美国的律师对于推动美国专利私权的进程也起到了作用，例如当时美国著名律师、法学家丹韦伯斯特在 1824 年的国会演讲中就公然指出：专利无疑是个人的财产，因为发明是人类创造的智力成果，并且美国工业经济的发展离不开发明创造，美国政府必须采取各种措施激励人们进行技术创造，以促进美国工业经济的长足发展。⑤

---

① Walterscheid E·C, The Nature of the Intellectual Property Clause: A Study in Historical Perspective (Part 1), *J. Pat. & Trademark Off. Soc'y*. 2001, p763.

② 尤其是在 1790 年的轮船案中，当时包括费奇在内的众多发明家都申请了轮船发明专利，并产生了冲突。当时杰斐逊担心轮船专利授予一人会造成垄断，对四位轮船申请人都授予了专利权，而且不分先后，让他们通过诉讼在法院继续竞争。费奇等人极为失望和恼怒，因为他申请的专利范围最广，但因为不能独占轮船技术的市场，所以无法显现专利的价值。此外，费奇也曾就其发明活动请求政府给予资助，但当时的美国政府并未给予其任何资金补助。MacLeod C, The paradoxes of patenting: invention and its diffusion in 18th-and 19th-century Britain, France, and North America, *Technology and Culture*, 1991, pp. 885 - 910.

③ Barnes J, Treatise on the Justice, Policy, and Utility of Establishing an Effectual System for Promoting the Progress of Useful Arts, by Assuring Property in the Products of Genius (Phils, 1792).

④ Annals of Congress (1793), available at https://memory.loc.gov/ammem/amlaw/lwaclink.html#anchor2.

⑤ 杨利华. 美国专利法史研究. 北京：中国人民大学出版社，2009：280.

在当时的技术、经济和文化环境的影响以及权利人和律师的不断说辞下，美国法官对专利制度的观念也在发生转变。大概从19世纪初开始，不少法官已经开始在判决书中运用自然权利来论证专利的私权性质，并且认为专利应该像不动产一样，由法律确立相关条件对其进行授权。① 而摧毁专利特权模式的最后一个障碍是斯托里法官。1811—1845年担任联邦最高法院法官，同时也是当时著名的法学家的斯托里，在审理"洛厄诉路易斯案"（1817年）、"贝德福德诉亨特案"（1817年）、"克尼斯诉斯库尔基尔案"（1820年）、"埃利诉索耶案"（1825年）、"惠特尼诉埃米特案"（1831年）等系列专利案件时，针对传统的将专利授权作为国家公共政策的手段，法院是专利案件中公共利益价值评判者的认识，提出了自己的不同观点。斯托里不否认法官是专利案件中对公共利益与社会道德标准的裁判者，但是他认为，法院仅限于从发明是否有害或令人不愉快的角度来认定发明是否具有实用性，而非从发明是否有利于公共利益以及多大程度上值得政府赋予特权的角度来认定；发明的实用性程度、价值多少都与公共利益无关。尽管当时斯托里对实用性的解释从现在看来并不完善，但斯托里至少从两方面冲击了当时的专利授权模式。

首先，斯托里认为发明实用性的标准是与"有害的或不道德的"相对的，进而限制了法官利用"有利于公众"的标准充分行使其自由裁量权。其次，斯托里法官充满前瞻性地指出市场对发明价值的重要性。斯托里借用了英国18世纪后期流行的市场价值理论，"如果发明的实际实用性价值有限，那么发明者将很少甚至基本上不能从发明中获得收益，那么这一发明就没有价值，将逐渐被忽视直至从市场上消失"②。因而法官的主要职责仅仅是在专利授权后，根据专利法规定的可专利性标准进行适用，不应该以公共利益为名义费力地对专利价值进行判断，市场才是发明价值的真正评判者。到19世纪30年代以后，斯托里关于专利价值与法院在专利事务中作用的论述，不仅在最高法院占据上风，成为相关案件的裁判依据，而且成为专利价值的正统理论：专利价值的唯一裁断和分配者是市场，法

① Mossoff A, *Who Cares What Thomas Jefferson Thought about Patents-Reevaluating the Patent Privilege in Historical Context*, Cornell l. reV., 2006, p953.

② Bedford v. Hunt, 3 F. Cas. 37 (C. C. D. Mass. 1817).

院（在判断专利权效力上）的作用限于适用一般的专利性标准。[①]

与此同时，美国的政府结构也发生了变化，从早期的以南方资产阶级利益集团为主到工商阶级利益集团的不断壮大，工商阶级利益集团并逐渐成为主导性的力量，这使得工商业阶级的诉求和利益能够获得更好的满足与回应。[②] 在这样的背景下，1836 年 7 月 4 日，美国国会通过并签署了 1836 年专利法。1836 年专利法起草人拉戈斯在修改专利法的报告中指出，现有的专利制度在该法制定当时的农业社会可能是足够用的，但对于通过美国人的创造与智慧已发展起来的制造业国家，它已不够了。国民的进步精神和创造力实现了远非制定该制度时人们所能设想的成就，利用最新发明的耕作技术，农业科研无须肥沃的土壤就能取得作物的丰收。人类的创造力正在探索一个无垠的王国，挖掘一座无尽的宝藏。所有的自然奥秘不会自然展现，人类探索的脚步也不会停止。[③] 美国迎来了专利史上最重大的变革，这部法律使美国真正地从专利特权模式向专利私权模式进行了完全的转换。一方面它彻底改变了 1793 年《专利法》确立的专利注册制，创造性地设立了一个以审查制为核心的专利授权机构和程序体系，从而建立了世界上最早的专利审查制。[④] 另一方面，它规定了专利授权的一般标准。由于 19 世纪斯托里法官关于发明的有用性即对公共利益无害以及发明的真正价值由市场决定的观点在实践当中的影响，发明的有用性审查标准弱化，新颖性标准成为当时美国发明的核心标准。1836 年美国专利法因此对新颖性标准规定了具体的适用规则。因而审查员是根据法律规定的专利条件进行审查，而不是根据专利审查者认定的有利于公共利益等主观条件决定是否授予专利的。

因而 1836 年专利法彻底告别了之前基于个案的、特殊的、基于经济公共利益考量的专利特权模式，它建立了一部“为所有的公民提供平等和

---

① Bracha O, *The Commodification of Patents* 1600—1836: *How Patents Became Rights and Why We Should Care*, Loy. LAL Rev., 2004, p177.

② 拉尔夫·德·贝兹. 1933—1973 美国史：上. 南京大学历史系英美对外关系研究室，译. 北京：人民出版社，1984：502.

③ 杨利华. 美国专利法史研究. 北京：中国人民大学出版社，2009：282.

④ 当时很多发明家和权利人对专利申请制不满，因为很多人用缺乏新颖性的设备和装置申请专利，在获得授权后进行诉讼威胁和敲诈勒索等投机活动，降低了专利的质量和专利制度的声誉。

普遍机会的一般法律”①。尽管那时美国的专利法并不是十分完善，但是它形塑了现代专利私权范式的基本模型：专利是个人法定的排他性财产权，可专利性标准由法律规定；任何人在其发明满足可专利性标准的情况下都可以获得平等的权利；专利审查机构是可专利性标准的审查者，其依据法律规定对可专利性标准进行审查，而法院则是专利权利的强制执行者，对他人私权予以合法保障。美国的这一专利私权范式框架在之后也不断影响着其他国家，包括英国、德国乃至于世界上大多数建立专利制度的国家，都纷纷借鉴和采纳了美国的实质审查的专利私权模式。

四、曲折与探索——专利私权的匍匐前行

随着近代科学技术的不断发展以及专利制度理论逐渐走向成熟，世界上越来越多的国家开始建立本国的专利私权制度。然而专利私权制度的传播和建立并不是一帆风顺的。在19世纪中叶的西欧爆发了一场如火如荼的反专利运动，一些国家甚至因此废除了专利制度。为何如此？在专利制度曲折前行的背后，我们又能获得何种历史启示？

（一）反专利运动爆发的起因

西欧反专利运动主要发生于19世纪50年代至20世纪初。这场运动牵涉英国、法国、荷兰、瑞士、德国等多个国家，由多个国家的法律专家、法官、经济学家、工商业阶级、发明家和律师等群体共同参与，是一场声势浩大的涉及废除与维持专利私权制度的大争论。这场反专利运动爆发的根源归结起来主要包括以下几点。

首先，西欧在19世纪30年代之后陷入第一次工业革命的低潮期，技术创新浪潮开始放缓，自由贸易经济开始成为各国经济发展的重心。第一次工业革命发生的时间是1760—1830年，这场史无前例的技术变革带来了技术和经济的巨大变动。英国一般被作为第一次工业革命的发源地，其后引领其他西欧诸国。第一次工业革命的发明丰富多样难以罗列，但可以

① Hofstadter R, The American political tradition: And the men who made it, *Vintage*, 2011, p214.

概括在三个主要范畴中：机器生产对于手工技能和操作的代替，使生产过程更加迅速、规范、精确和不知疲倦；无生命能源对于有生命能源的代替，特别是将热能转化为工作能源的蒸汽机的发明，为人类带来了一个全新的近乎取之不竭的能源供应；以及丰富多彩的新型原料的应用，尤其是以矿物原料取代动植物原材料的革新。虽然人均消费和生活水平增长极小，不过生产技术在许多行业和部门发生了引人注目的变化，当技术进步传播到之前未受影响的国家时，技术和经济的增长效果便逐渐开始扩散和爆发。① 然而正如弗里曼和卢桑指出的，技术革命都有高潮期和低潮期，他们将其称为康德拉季耶夫长波，西欧诸国在经历了18世纪中期到19世纪初第一个工业革命的峰潮之后，技术创新浪潮开始下降。② 这时候欧洲国家的工业生产率大大提高，工业产品源源不断，它们更加需要的是一个广阔的市场，以方便它们进一步进口廉价的原料、出口工业产品，因而它们迫切渴求发展自由贸易。第一次工业革命的铁路、汽船和航运等交通运输技术的迅速发展使得欧洲各国市场更加统一和自由。英国是自由贸易的倡导者，也是最早实行自由贸易的国家。英国通过海外贸易，把工业产品投入巨大的市场中赚回了不断增多的利润，并获得了源源不断的新资源，也正是对外贸易为英国的新产品创造了世界范围的需求。③ 当时德国政治还未完全统一，常年战争不断，国内经济凋敝，需要迅速发展工业，为此政府也积极主张自由贸易，采取措施强化国内的相关产业。1806年，德国普鲁士被拿破仑击败之后开始改革，一批在亚当·斯密的理论熏陶下成长起来的工商业阶级开始掌权，普鲁士政权积极地在德国内部推行自由贸易，并在1862年之前，废除了德国境内的关税。当时的法国依赖于英国进口的纤维产品发展工业，对英国的自由贸易政策也相当赞同。④ 1862年，法国与普鲁士签订了自由贸易条例，这标志着西欧自由贸易运动达到了高潮。

① 乔尔·莫基尔. 富裕的杠杆. 陈小白，译. 北京：华夏出版社，2008：88－89.

② 克里斯·弗里曼，弗朗西斯科·卢桑. 光阴似箭：从工业革命到信息革命. 沈宏亮，等译. 北京：中国人民大学出版社，2007：225.

③ 高德步. 英国的工业革命与工业化：制度变迁与劳动力转移. 北京：中国人民大学出版社，2006：191.

④ 富田彻男. 市场竞争中的知识产权. 廖正衡，等译. 北京：商务印书馆，2000：280.

其次，在这样的经济形式下，自由贸易理论开始兴起，在亚当·斯密和李嘉图等人的国际贸易自由理论的影响下①，并在理查德·柯布登为首的英国曼彻斯特学派的积极倡导下，反对任何形式的保护主义，赞成竞争完全不受约束的思想一时蔚然成风。② 在贸易自由、契约自由的旗帜下，通过授予专利权使一些工商企业受到保护、免受竞争的现象也引起了一些经济学家的注意。他们认为，各国的专利法授予一定期限的垄断权，在国内影响经济活动并在国与国之间起了与关税壁垒同样的作用，阻碍了国际贸易的开展和商品的自由流通。支持国际自由贸易运动的力量，将专利保护主义与关税保护主义相联系，将专利垄断与一般垄断特权相联系的言论，极大地影响到了当时的公众甚至上层决策者。③

最后，专利制度自身的问题也日益引发人们的不满，对专利制度批评的言论和学说不绝于耳。例如前文提及的法国 1791 年专利制度存在申请费太高、诉讼程序烦琐和诉讼费用高昂、对外国发明的不信任、没有促进发明公开的制度、促进寻租活动等问题。当时英国专利制度尤其令人诟病，19 世纪中期之前的英国仍然坚持专利特权制度，其授权程序复杂、成本高昂、费时不菲且含糊不清，对可专利主题存在广泛的混淆，并且专利权人的地位不能受到合理的保障。④ 专利诉讼甚至会逐渐侵蚀伟大的技术头脑的创造力，使发明者在财务上破产。⑤ 罗宾逊主张，一般而言，英国的法官不同情发明者，而且专利法含糊不清，致使任何一场专利诉讼的

---

① 亚当·斯密认为垄断是非效率的，易于导致腐败。因此，亚当·斯密反对当时东印度公司的垄断。

② 李宗辉. 历史视野下的知识产权制度. 北京：知识产权出版社，2015：118.

③ Sell S, May C, Moments in law: contestation and settlement in the history of intellectual property, *Review of international political economy*, 2001, pp. 467 - 500.

④ 布拉德·谢尔曼，莱昂内尔·本特利. 现代知识产权法的演进：英国的历程（1760—1911）. 金海军，译. 北京：北京大学出版社，2006：122.

⑤ 例如飞梭发明者约翰·凯伊、工程师乔纳森·霍恩布劳尔和橡胶硫化法发明者查尔斯·固特异就位于被专利立法所摧毁的发明者之列。艾里·惠特尼就扎棉机打了一场专利战，致使被逮捕，这几乎让他一贫如洗。后来他声称实际上他在扎棉机诉讼上的损失比他从中赚得的更多。把机械造纸术引进英国的福德里尼尔兄弟于 1810 年破产，其余生的大量时间都消耗在迁延不决、费用浩大的专利诉讼中。哈格里夫斯的专利权由于技术性事项被法庭否决：他在专利以前已经销售了少量的珍妮机了。阿克莱特在经过一场长期而昂贵的诉讼后于 1785 年失去了他的全部专利，与阿甘德失去专利是同一年。相应地，技术性事项上，特南特失去了他在漂白液上的专利，而不是漂白粉专利。

结果都不可预知。① 基于此，查尔斯·巴贝奇于 1829 年写道，英国专利法是“一套邪恶的、欺骗性的法律系统，它剥夺了专利所有人获得其才华成果的天赋权利”②。麦克·劳德通过对英国工业革命的考察，最终认为，十分之九的专利都出自那些没有经历过什么革新的工业。专利体系只为当时那些发明者提供了脆弱而不稳定的保护，而且许多领域的创新无法进行专利申请。专利活动与商业化进程、利润追求密切相关，但专利与技术进步之间的确切关系仍然模糊不清。③ 英国、法国等国为弥补专利制度的问题，建立了发明奖励、补偿和优先权制度，这些制度在实际中起到了激励发明创造的作用。④

基于这些原因，在英国国内，对专利制度改革的呼声日益高涨，英国在 1835 年—1851 年虽然制定了一些专利的相关法律，但这并没有对原有的专利体系带来太大的变动。1851 年顺利召开世博会之后，英国颁发了 1852 年《专利法修正案》。该法案揭开了英国现代专利法改革的序幕，取得了重要进展，但专利改革并不彻底，仍然存在不少问题。例如该草案依然将专利看作是王室授予的一种特权，而且这一专利权本身无法得到国家的充分保障，这样导致很大一部分人对英国现有的专利制度感到失望，缺乏信心。法国 1844 年专利制度的修改也没有实质性地改善其所存在的问题。⑤

---

① 乔尔·莫基尔. 富裕的杠杆. 陈小白，译. 北京：华夏出版社，2008：276－277.

② 同①276.

③ 乔尔·莫基尔. 雅典娜的礼物：知识经济的历史起源. 段异兵，唐乐，译. 北京：科学出版社，2011：301.

④ 例如英国国会向以下发明者奖励了特别津贴：国会向航海精密时计发明者哈里森给予奖励；捻丝机的发明者托马斯·罗姆，其专利被否决展期；塞缪尔·克朗普顿，他从来没有就其骡机取得专利；爱德蒙·卡特莱特，其动力织布机专利被债权人侵夺。瑞典人约翰·爱立信对螺旋桨的发明作出了一个至关重要的贡献，得到了海军部 4 000 英镑的奖赏；在经历一连串灾难后，亨利·科特失去了自己的专利却得到了一小笔补助金。此外，当时英国还建立了对发明技术或思想的优先权制度，更多的是一种名誉上的激励。牛顿和莱布尼茨关于“微积分”优先权的争议是历史上有名的例子。大革命前，法国政府向被认为带来社会收益的发明者给予补助金，并对具体项目给予奖金，例如 1775 年—1794 年尝试生产合成硝石的项目。在 1740—1780 年，法国政府以津贴和无息贷款的形式向发明者支付了 680 万里弗尔。

⑤ Galvez-Behar G, Was the French Patent System democratic? France, 19th century, *Working Papers*, 2008, pp. 257－280.

在这样的技术、经济和文化环境下，当时西欧的许多民众逐渐萌发了反专利，甚至废除专利的制度观念，一些未能从专利制度获益的利益集团甚至试图通过立法活动将这一制度观念付诸实践。当时一些工商业阶级受到自由贸易理论的影响，期望更为自由的投资甚至垄断环境，从而扩张商业贸易，并将大量商品销往殖民地从而获取大量财富，但是现有专利制度阻碍了这种行为。因为当时发达资本主义国家专利法的效力一般没有延伸到殖民地，这样资本主义国家的制造商在殖民地公司的竞争中可能因为后者的“搭便车”行为而处于劣势。① 专利制度成为商人们扩张商业、获取财富的绊脚石。商人们为此不断游说，希望废除专利制度。但一些工商阶级则主张反对废除专利，尤其是那些拥有技术优势的工厂主和企业主。英国是当时工商业阶级斗争最典型的例子。英国废除派最为坚定的支持者是罗伯特·安德鲁·麦克菲，他是英国的一名蔗糖加工商，同时也竞选成为英国下议院的议员，他从本土制糖产业的商业利益出发，认为当时制糖业商人对于制糖的有关设备和工艺需要支付大量的专利使用费，但是英国本土之外的殖民地却并不适用专利制度，因此殖民地的制糖商人并不适用专利制度，殖民地的制造商人并不需要使用费即可使用相关设备和工艺，如此一来本土的制糖产业商人不得不支付更高的生产成本，从而在商业竞争中处于不利地位。他不仅将废除专利的提案带入了下议院，同时利用政治影响力支持和推动专利废除运动。而专利制度的改革派代表是希德玛芝和韦伯斯特，他们是支持专利制度并倡导专利制度改革的拥护者，反对废除英国的专利制度。英国专利废除之争更像是一场处于不同目的、代表不同利益集团的冲突，并最终体现在是否废除英国现有专利制度的争议上。在荷兰也是如此，一大群不具有优势的中小型企业不断游说，给政府施加压力，他们认为“专利本身是产业发展和国家经济繁荣的障碍”②。

（二）反专利运动的开展

在英国，专利制度的废除者和支持者的争论经常可见于各种报纸、杂

① 李宗辉. 历史视野下的知识产权制度. 北京：知识产权出版社，2015：118.

② 伊利奇·考夫. 专利制度经济学. 柯瑞豪，译. 北京：北京大学出版社，2005：271.

志、宣传手册和会议上，比较有代表性和影响力的辩论发生在于1857年成立的英国“国家社会科学促进协会”的年会上。他们在各个领域和层面上展开了激烈的交锋，而争论主要集中在三个方面：专利的司法行政方面，专利的权利属性和正当性方面以及自由贸易方面。在实践方面，反专利舆论的巨大压力迫使英国国会分别于1862—1865年和1869—1872年两次指定专职委员会继续考察专利制度的运行。并且1871年议会在其指定的委员会报告的基础上，起草了一份极大地限制专利私权的改革法案。①

19世纪的德国在德意志帝国成立（1871年1月）以前分为许多邦国，一些邦国如普鲁士、奥地利和萨克森早已建立了专利制度，而莱茵河的部分地区采取的是法国1791年《专利法》，各邦国并没有统一的专利法。在当时德国各邦国工商业阶级的强烈呼吁下，德国开始订立各邦国统一的专利协定。但是自19世纪中期以来，德国乃至整个欧洲开始盛行反专利制度的潮流，因而在1853年和1863年，一些贸易协会强烈要求取消上述专利法的统一协定。由于亚当·斯密的自由主义经济制度和自由贸易理论成为德国的国民经济学，一些学者将其视作瑰宝，在公开场合大肆责难专利制度。例如约翰·普林斯·史密斯在1863年的德国国民经济学家大会上宣称，授予专利是通过法律强制设立垄断，阻碍了工商业活动。在他的提议下，大会认为，给予发明专利保护有害于公共利益，建议全部予以取消。大会还否认了发明人对于其成果享有权利，理由是：发明是当时文明的结果，是公共财产。当时作为政府智囊团的官方学者也极为反对专利制度，他们认为与其实行专利制度，莫如实行奖励制度。② 自由主义的经济思想以及自由贸易理论对普鲁士的管理者们产生了极大的影响，使得普鲁士的国务大臣鲁道夫·冯·德尔布吕克一度极其严苛地限制专利的颁发，使得专利授予率出现了大幅下降：在18世纪50年代和60年代，几乎

① 主要内容是：将专利保护期限缩减为7年；对专利申请进行严格的审查；罚没所有两年后未实施的专利；对所有专利适用强制许可。该改革法案甚至已经在上议院通过，但是后来又被撤回。Devaiah V, A history of patent law, *Retrieved August*, 1992, p2010.

② 富田彻男. 市场竞争中的知识产权. 廖正衡，等译. 北京：商务印书馆，2000：85.

90%的专利申请遭到了拒绝。[①] 此外，还出现了要求彻底取消专利保护的呼声。1853年由商会和地区政府进行的民意调查结果显示，只有很少的人支持取消专利保护，但在10年之后，就有了三分之二的——在诱导询问下——商会支持撤销专利保护。[②] 担任北德意志联邦宰相的俾斯麦甚至在1868年提出了一项议案，要求审查将来在联邦范围内是否还应当给予专利保护，并延缓了德国关税联盟的建立。[③] 维克多·伯梅特在其《建立在国民经济基础和工业经验之上的专利》中写道，“专利制度已经熟透了，已经越来越成为人类文化之树上的腐朽之果”[④]。

在法国，当时在专利和版权领域中公认的权威专家雷纳德（Renourd）和奥林皮卡（OlinPicard）也对专利私权制度进行质疑，原因在于授予作者和发明者一定期限的权利的思想与财产权的思想不相契合。法国米歇尔·谢瓦利尔（Michel Chevalier）可能是最坚定的反对关税和专利的人，他认为两者都源自同样的原则，最终又都被滥用。他在1863年11月的一份公开声明中宣称，应当用全国性的奖励制度替代专利垄断制度，并在1869年的经济学家的会议上公开谴责专利制度的种种弊端。1869年，博默尔也明确指出，由于发明者已经在自由交易中获得了充分的回报，所以没有必要再采取专利制度进行激励。[⑤] 法国更有一种偏激的观点，例如西斯蒙第认为，授予发明人特权的后果是给予他在市场上一种垄断地位。其结果是，消费者从发明中获益很少，发明人得到很多，其他厂商有损失，他们的工人则受苦。西斯蒙第希望所有的发明立即公开并被竞争者所模仿。[⑥] 受反专利思想的影响，在立法上，原本1791年专利法明确声明了专利的私权属性，但1844年法国新的专利法避免了对专利权属性进行任何的评价。法国最高法院在1887年甚至毫无道理地

① 鲁道夫·克拉瑟. 专利法——德国专利和实用新型法、欧洲和国际专利法. 6版. 单晓光，张韬略，等译. 北京：知识产权出版社，2016：272.

② 同①272.

③ 伊利奇·考夫. 专利制度经济学. 柯瑞豪，译. 北京：北京大学出版社，2005：76.

④ 同③273.

⑤ Frank D. Prager, A History of Intellectual Property from 1545 to 1787, *J. Pat. Off. Soc'y*, 1944, pp. 711-758.

⑥ 王剑锋，郭庆存. 专利制度的发展沿革：技术的垄断与反垄断. 科技与法律，2004 (2).

宣布不存在知识产权这种东西。①

在荷兰，尽管抵制专利制度的运动起步较慢，但却反响强烈。随着论战的开展和荷兰中小企业的强大游说，许多专家认为专利法缺乏可行性，也找不到一种让相关各方都满意的改革方案，而废除专利之后，荷兰中小型商业团体不需要支付任何许可费便可以以较低的成本生产和国外一样的产品。于是在1869年末，荷兰政府向议会提交了废除荷兰专利制度的草案，立法机关最终接受了这些建议，在1869年末废除了荷兰的专利制度。② 当时的瑞士地区虽然保留有传统的专利特权模式的实践，但是由于没有利益群体的驱动，瑞士并没有制定统一的国内专利法。瑞士公司可以自由模仿其他人的发明产品。③ 在西班牙，1849—1878年废止了大量未能在既定期间内实施的发明专利和引进专利，并且75%的注册专利在三年内失去其垄断地位。④

（三）反专利运动的结果及其后续发展

19世纪70年代之后，这种反专利运动最终还是消退了，以下几大驱动因素导致这场争论的消退。

第一，19世纪70年代以后，随着技术的日新月异，欧洲资本主义各国又开始进入以电的发明和广泛使用为主要特征的第二次工业革命，各国都在想方设法激励技术创新和工业生产。美国在工业革命中取得的成就打消了人们对专利制度阻碍技术和经济发展的疑虑。19世纪中后期，美国的技术和工业开始迅速崛起，1865年南北战争胜利后美国的工业革命加速发展。1870年美国的第二次工业革命开始，并走在世界的前列。欧洲国家注意到美国仍然在大力实施专利制度，并且大量与19世纪后期工业革命相关的发明被提交给专利局（例如托马斯·爱迪生在美国专利局申请了超过1 000项专利），打消了他们之前对专利制度阻碍技术和经济发展

---

① Frank D. Prager, A History of Intellectual Property from 1545 to 1787. *J. Pat. Off. Soc'y*, 1944, pp. 711 - 758.

② Lerner, Josh, Patent policy innovations: a clinical examination, *Vand. L. Rev.* 53, 2000, p1841.

③ May C, Sell S · K, Intellectual property rights: A critical history, *Boulder*, CO: Lynne Rienner Publishers, 2006, p112.

④ 同③.

的疑虑。①

第二，1873年，英国、德国、法国、荷兰、瑞典等主要欧洲国家爆发了经济危机，欧洲经济进入一个相对萧条的时期。正如霍布斯鲍姆所言，19世纪最后25年的萧条，使一切发生了变化，从工业和农业两方面削弱了自由贸易，强化了贸易保护。“政治上，自由时代的终结意味着字面上的自由暗含了……自由主义者……遭到削弱，不仅由于他们自由贸易和廉价政府（即相对不作为）的意识形态的失败，还因为选举政治的民主化……它毁灭了政府政策代表大众的幻想。”② 此外，当时各国基于经济利益展开掠夺殖民地的竞争也是自由贸易理论衰落的重要原因。③ 自由贸易说到底还只是一种和平时期的理想状态，在国家利益发生冲突时就不能适用了。基于各国经济利益，德国、法国、意大利、英国等国通过了提高关税法案，其提高幅度是多年来最大的。④ 并且在各国强化垄断的过程中，反对垄断和专利的理念也在逐渐丧失对抗能力的情况下被人们所淡忘。贸易保护主义重新抬头，自由贸易思想不再被奉为瑰宝，一些以前评判专利制度的人士也逐渐认识到，虽然专利制度本身是一种垄断性的权利，但是专利制度也有助于促进国内经济发展，维护本国公共利益。⑤ 例如1873年德国经济危机使得德国陷入了经济恐慌，原本坚持自由贸易主义政策的俾斯麦也立即采取了关税保护政策和产业扶持政策。受这些政策的影响，确信专利保护是有益的观点开始在普鲁士占据上风。⑥

---

① May C, Sell S. K, Intellectual property rights: A critical history, *Boulder*, CO: Lynne Rienner Publishers, 2006, p112.

② 克里斯·弗里曼，弗朗西斯科·卢桑. 光阴似箭：从工业革命到信息革命. 沈宏亮，等译. 北京：中国人民大学出版社，2007：222.

③ 当时英国处心积虑地对印度制定了殖民地政策，以垄断印度的棉花资源。法国也把亚洲东南部和非洲作为自己的殖民地。在掠夺殖民地落后的德国，1860年后有狄肯到东非探险，并在1884年成立了德国殖民公司。由于各国都在追赶英国，因此，英国也就不能不告别“小英国主义”。1872年，狄斯莱利在水晶宫进行讲演，鼓吹英国也应走向垄断帝国主义之路。富田彻男. 市场竞争中的知识产权. 廖正衡，等译. 北京：商务印书馆，2000：86.

④ 高德步. 英国的工业革命与工业化：制度变迁与劳动力转移. 北京：中国人民大学出版社，2006：275.

⑤ 同④.

⑥ 鲁道夫·克拉瑟. 专利法——德国专利和实用新型法、欧洲和国际专利法. 6版. 单晓光，张韬略，等译. 北京：知识产权出版社，2016：287.

第三，意识形态上：通过废除运动产生的人们对专利制度的讨论，使得人们在意识形态上对专利制度本身有了更加深刻的认识，尤其是对专利制度正当性的辩护，使得人们逐渐接受了专利制度作为一种合法的垄断权利。[①] 此外，1870年之后，之前在专利废除运动中引领重要舆论导向的经济学家，在专家会议上已经很少再讨论专利制度的问题了，专利废除争议从经济学期刊中消失了，年轻一代的经济学家们不再关心前辈们的争议，而只是为专利保护撰写经济学相关理论和政策的参考文章。他们中的绝大多数没有研究过曾经充斥在手册和杂志上的争议，而是将为专利制度辩护的约翰·穆勒的观点视为权威或自己论述的出发点。[②]

第四，利益集团的努力与欧洲各国政府对专利制度的支持。以技术人员、发明家和工商业阶级等工业团体为主体的专利制度的支持者积极地行动，他们以各种理论为专利制度的正当性进行证明，尤其是他们抓住人们对科学家和发明家的尊重和敬仰，将发明家作为专利保护受益的中心，不断予以神圣化和美化。[③] 他们著书立说，选举出专业或商业团体会议的发言人，散布大量的小册子和传单，在商业期刊上刊登文章并在报纸上重印，为征集支持专利制度的最好的文章支付奖金，向政府和立法机关提交申请，组织国际会议，甚至对废除派所提及的制度缺陷进行了改革，废除派的言论所依据的基础被打破。[④] 他们将起草的会议决议投到报社，为支持专利改革而在组织间达成妥协。例如在英国，改革派根据废除派的批评，在1852年之后对英国专利制度的各种弊端进行了改革和修正，并且1874年英国废除派最有利的支持者麦克菲的改选失败，意味着废除派背后最强有力的政治力量的倒台。在德国，在1860年前后，包括工程师协会、化学冶金协会在内的许多技术发明协会都强烈支持专利制度。当时德国的工商业巨头西门子兄弟在欧洲组建了支持专利制度的组织，大力对外

① Machlup F, Penrose E, The patent controversy in the nineteenth century, *The Journal of Economic History*. 1950, pp. 1 - 29.

② 穆勒主张，发明人应获补偿和报酬，对此不应拒绝；不支付等价物，不经过发明人同意，任何人自由使用其劳动成果的法律总体上是不道德的。Machlup F, Penrose E, The patent controversy in the nineteenth century, *The Journal of Economic History*, 1950, pp. 1 - 29.

③ 同①.

④ 同①.

开展游说。1873年德国维也纳世博会的举办使德国政府意识到保护专利的必要性、重要性和急迫性。1874年，以西门子为首的保护专利学会成立，该学会极力主张制定专利法。这次大会作出的决议指出，“所有文明国家都应当确保立法保护发明，因为正义感要求用法律保护智力劳动”。该协会起草了一份法律草案，这份草案与西门子所写的备忘录在1876年一起被呈交给了俾斯麦。这次会议的召开对于推进德国建立统一的专利法起了极大的作用，德国在1877年5月25日终于颁布了统一的专利法。

在荷兰，公众对于恢复专利制度的争论很少，但由于一些具有技术优势的实业群体强烈要求，以及在当时的国际保护知识产权联合国际局的催促下，其他国家对荷兰政府恢复专利制度的压力也逐渐增强，荷兰政府终于在1910年恢复了专利法。瑞士作为当时欧洲唯一没有制定过专利法的国家却积极地参与了《巴黎公约》的起草，并且于1883年在这份公约上签了字。瑞士政府担心缺乏对专利的立法会使他们失去在国际经济或政治领域发声的机会，同时本国的一些实业团体也给瑞士政府施加压力。于是在1887年7月，瑞士《专利法》通过，但是这项《专利法》被称为“现代专利法中最不完全和简单的专利法”，它只针对以机械形式存在的发明，这主要是因为当时新兴的瑞士化工产业与政府认为，在化工业领域模仿比它们更为先进的竞争对手德国更有好处。但是关键利益集团的外部施压，尤其是德国以及美国政府的贸易报复、威胁，使得1907年瑞士进一步修改专利法，以保护化学工业知识产权成果，并将《专利法》的范围扩展到化工生产方法（但是没有包括产品发明，直到20世纪中期之后才将化学产品包含到立法当中）。①

五、历史的启示

在工业时代，专利制度的演变历史可以得出以下几点启示。

第一，不同历史阶段，不同国家，技术、经济和文化环境的差异性影响人们产生不同的制度观念，这是美国和法国专利私权制度观念产生差异

① 伊利奇·考夫. 专利制度经济学. 柯瑞豪，译. 北京：北京大学出版社，2005：13.

的根源所在，但无论是法国还是美国，专利私权制度的最终确立都是利益的博弈与妥协的结果。在法国，虽然法国大革命造成了专利特权制度的废除，但法国新政府要发展工商业经济，而新兴工商业资本家希望对技术进行垄断和发展生产，它们达成了利益上的一致，使专利制度以新的私权形式获得重生。在美国，18 世纪末期，工商业阶级的力量比较弱小，代表小农资产阶级利益的杰斐逊，主张发展农业和共和思想，对专利垄断进行限制，并利用其政治影响力对美国早期的专利制度的构建产生影响。19 世纪初，工商业资产阶级的力量逐渐强大，美国新政府为发展工商业经济以及工商业资本家对独占技术利益的不断诉求，最终使得美国 1836 年专利私权法得以颁布。在这一过程当中，自然权利论、发明人中心、登记制度等具体制度设计都是为正当化和实现这些利益而使用的工具而已。

第二，西欧在 19 世纪 30 年代之后陷入第一次工业革命的低潮期，技术创新的浪潮开始放缓，技术对经济发展的重要性让位于商业贸易的，自由贸易经济开始成为各国经济发展的重心。并且在这样的经济形式下，自由贸易理论开始兴起，专利保护主义与关税保护主义相联系，同时专利制度弊端日益凸显，对专利制度的批判和评论不绝于耳。在这样的技术、经济和文化环境下，西欧诸国产生了反对专利制度，甚至废除专利制度的制度观念。一些利益集团甚至试图将这一制度观念付诸实践，例如荷兰的专利制度便因此而废除。但 19 世纪末期，以下几个因素导致了反专利运动逐渐消散：第二次工业革命的爆发；经济危机的爆发导致贸易保护主义的兴起；通过废除运动，人们在意识形态上对专利制度本身有了更加深刻的认识，以及经济学家退出对专利制度的批判；利益集团的努力与欧洲各国政府对专利制度的支持。

第三，无论是法国新政府还是美国新政府，最初设立专利制度都是为了发展本国工商业经济，其所要保护的是公共利益，而不是所谓的保护发明人的权利。法国以自然权利作为表面修辞，美国也在工商业阶级不断的斗争中逐渐明确这一点。工商业阶级借助人们对发明家的尊重和敬仰，将发明家作为专利制度受益的重心，不断予以神圣化，在这些工商业阶级的不断游说和努力下，法国和美国的专利私权制度是以发明家为中心建构的。但就本质而言，大量的发明人受雇于工商业阶级，或必须将其专利销售给后者以获取微薄的收入，因而工商业阶级本质上是受益者。保护发明家不过是这些利益者的说辞，如果发明人无法获取其工作成果，专利制度几乎不能实现其所要实现的对发明活动的激励。这种利益的分离和可能的冲突，使得专利法表面上实现的是鼓励发明创造和促进激励的功能，本质上实现的却是刺激投资者的功能。

第四，专利制度依然是政府调控经济和技术发展的政策工具，是否保护专利私权，以及以何种水平保护专利私权，与一国政府根据现实发展状况和未来发展需要而作出的公共政策选择和安排有关。这体现在：一是法国和美国新政府初期都是为了鼓励工商业发展。二是在 19 世纪中期，西欧反专利运动爆发的原因之一，即技术创新浪潮放缓，经济增长主要依靠商业扩张和自由贸易，政府为实现自由经济和贸易增长，对专利进行限制，专利保护变弱。这本质上类似于政府考虑到某些行业的经济体制，例如铁路、公路运输、电力、天然气、通信等，为了服务于有价值的社会目的，对其进行适当的调控，专利制度所涉及的相关行业本质上与这些行业无异。

第五，专利是否能够激励技术创新和经济增长是一个值得探讨的问题。一方面，一些利益集团倾向于将英格兰和美国的工业快速发展与这些国家存在专利制度的事实作为专利与进步之间存在因果关系的充分条件。罗杰（Roger）谴责所有尝试这些历史证据的做法都是“后此谬误/错误因果”的体现。正如历史所揭示的，专利制度在法国和英国工业革命所起的作用有限，甚至还带来了负面效应。很多时候，专利制度的作用被利益集团所夸大，并不断被正当化，其对技术和经济的作用从来没有被严密论证过。另一方面，一些德国和瑞士经济学家将他们国家的工业进步归功于没有专利制度。还有些学者主张，专利可能在工业发展的早期促进技术革新，但在更高级的发展阶段反而对发展有阻碍。事实上，19 世纪下半叶的荷兰和瑞士两个国家虽然专利体系已经完全不存在，但这对技术进步的速度几乎没有产生任何影响。① 正如 E. 施弗指出的，考虑到像荷兰这样

① 乔尔·莫基尔. 雅典娜的礼物：知识经济的历史起源. 段异兵，唐乐，译. 北京：科学出版社，2011：302.

的国家，“如果没有专利制度的话……工业领域整体的进展步伐，看上去不会与现在有显著的不同”①。

事实上，专利无论是名曰“特权”还是名曰“私权”，都并非发明家本质上固有的一种自然权利，本质上是人为构造的，对技术的一种垄断，这也是为何专利从诞生起就一直饱受争议的原因所在。无论是西欧还是美国都对专利制度的作用产生过怀疑，这也正说明专利垄断对技术和经济发展的消极影响绝非一个局部问题。并且无论是威尼斯的历史，还是英国、法国的历史都表明，专利制度绝非激励技术创新的唯一机制，政府奖励制度、补偿资助和优先权制度等都曾在历史中起到了对发明创造的激励作用。

第六，在西欧废除运动中，经济学家的相关理论影响了当时人们对专利制度的看法。这是因为对于专利制度本身的复杂性、神秘性，以及技术、专利与经济之间的复杂关系，人们寄希望于经济学家的评论和分析。并且正如西欧专利危机所呈现的，一国国内所有的相关主体（包括法律专家、法官、经济学家、工商业阶级、发明家和律师等群体）对专利制度的正当性和所出现的问题进行交互探讨，有利于解决专利制度的危机，推进专利制度的改革。

① Schiff E, *Industrialization without National Patents: The Netherlands*, 1869—1912; *Switzerland*, *1850—1907*. Princeton University Press. 2015, p451.

第四章 后工业时代：专利私权制度的国际化和异化

知识的进步使得20世纪晚期资本主义社会的经济从大规模的流水线生产向小规模、灵活的生产方式转变；资本主义生产方式的这种转变导致人们体验时间和空间的方式改变，造成了新一轮的“时空压缩”和一个文化特征的“拼贴社会”。

——戴维·哈维

这是一个最好的时代，这是一个最坏的时代；人们正踏上天堂之路，人们正走向地狱之门。

——狄更斯

19世纪和20世纪时期，专利私权制度虽历经坎坷，但逐渐在全球建立起来。20世纪中后期的第三次技术革命代表了人类技术革新的新时代，一个区别于农业经济、工业经济的新经济形态，即后工业经济形态正在兴起。专利特权制度诞生于前工业社会，专利私权制度形成和发展于工业社会，不同的社会环境形塑了不一样的专利制度观念，正如中山信弘所言，“一切制度均由其建立的时代所规定”①。在后工业时代，由于技术、经济、文化和权势都出现了深刻变化，专利私权制度也出现了新的变化。正

① 中山信弘. 多媒体与著作权. 张玉瑞，译. 北京：专利文献出版社，1997：3.

如戴维·凯瑞斯和苏姗·K. 塞尔所言，20世纪之前的专利法是一个远离法律舞台中央的、古怪神秘的、专属于技术专家的领域①，而在后工业时代，包括专利制度在内的知识产权法律和政策突然被视为与自由贸易、国家经济增长、国际竞争息息相关，并被提到了全世界的法律日程之上，知识产权法律突然成为世界各国争议的焦点，各国和国际上知识产权保护的范围得到极大扩张，甚至逐渐呈现异化趋势。当代知识产权法面临前所未有的挑战，尤其是人们对专利制度的批判和质疑达到了前所未有的程度。何以如此？是什么在推动着这一切的变化？本章试图对这些问题进行解答。

一、后工业时代专利私权制度演化的动因

在20世纪中后期，随着以计算机为代表的信息工业，包括生物工程、新能源、新材料、光导纤维、激光、海洋开发、太空技术等新兴科学技术在研究、开发和生产过程中应用的扩展，世界又经历了一场新技术革命。② 人们日益认识到知识和技术对经济的重要作用，对于新技术革命之后的技术经济形态，人们想到了各种称谓和方式来描述。例如，丹尼尔·贝尔在《后工业社会》一书中指出，“社会分为前工业社会、工业社会和后工业社会；前工业社会以采掘业为主，是人与自然的斗争。工业社会利用能源将自然环境转化为技术环境，是人与人自然的争斗。后工业社会出现了以信息为基础的智力技术、理论知识称为社会的中轴，是人与人之间的争斗”，“编码化的信息和知识正在取代资本和能源而成为创造财富的主要资产，就像200年以前资本和能源取代土地和劳动力那样”，“后工业社会正在来临”③。也有人称之为知识经济形态，例如1996年经济合作与发展组织（OECD）发表了题为《以知识为基础的经济》的报告，该报告第一次明确提出了知识经济的内涵，其认为，知识经济的时代已经到来，

① 戴维·凯瑞斯. 法律中的政治——一个进步性批评. 信春鹰，译. 北京：中国政法大学出版社，2008：185；苏姗·K. 塞尔. 私权、公法——知识产权的全球化. 董刚，周超，译. 北京：中国人民大学出版社，2008：178.

② 张卓元. 政治经济学大辞典. 北京：经济新科学出版社，1999：201.

③ 丹尼尔·贝尔. 后工业社会的来临——对社会预测的一项探索. 北京：新华出版社，1997：29－32.

"知识经济"是一种继农业经济和工业经济之后的一种新的社会经济形态，是以知识为基础的经济，它直接依赖于知识和信息的生产、分配、传播与应用，其突出特点是知识经济功能得到最充分的体现，在产品的价值构成中知识创造的价值占最大的比重，区别于物资在产品价值中占最大比重的工业和农业经济。① 尽管上述文献提出的角度和概念各有不同，但这些新概念均强调了在新的社会形态下，技术、信息、知识对经济和社会发展的重要作用。知识经济的广泛、迅速发展，引发了社会生活的物质基础和组织形式的日益知识化，这种变化引起了社会范式的转变：从以生产物资产品为主导的工业社会范式转变到以生产知识为目的的、以知识进行生产为主导的"知识社会"新范式。知识和信息在经济系统乃至作为力量、话语而在文化和政治系统中的穿梭流转，为整个社会环境植入了某种不同的运转机理并使其展现出某些别样的气象特征②，本书统一将这种社会形态称为"后工业社会"。

（一）后工业时代的技术创新和经济发展特点

后工业时代的技术创新和经济发展呈现出了与农业和工业社会形态不同的发展趋势，新技术和经济的发展充满了革命因素，总体来看具体包括以下几个特点。

1. 技术创造的幂指数增长与多样化

科技史专家道马斯曾言，人类最初的技术进步是锋利工具的制造、控火及车轮，其中每项重要发现都需要好几万年。中世纪以前人类的技术发明可用千年作单位来计算，而在中世纪晚期的西方，这种进步便可用世纪作单位来计算，紧接着，半个世纪、四分之一世纪可作为技术进步的阶段，从 17 世纪末至 18 世纪初，十年便可以作为衡量技术进步的时间单位了。③ 第一次和第二次工业革命之后，在近 200 年的时间里，人类社会的技术总量是以机械倍数的速度发展、进化和繁殖的，在 20 世纪前 20 年，

① 世界经济合作与发展组织编. 以知识为基础的经济. 杨宏进，薛澜，译. 北京：机械工业出版社，1997：17－26.

② 张文显. 知识经济与法律制度创新. 北京：北京大学出版社，2012：4－10.

③ Daumas M，A history of technology and invention：Progress through the ages，Vol. I，The origins of technological civilization，Vol. II，The first stages of mechanization，*Crown*，1969，pp. 1－2.

技术进步超过整个19世纪的。① 而自第三次工业革命以来，人类的技术进入了在质与量、深度与广度、内涵与外延等方面迅猛扩张、迅速飞跃的时期。有人估计，人类社会的知识和技术总量有90%是近50年生产创造出来的，这段时期被称为“知识爆炸”的时代。技术传播是一项发明被采用并赢得社会认可的过程，在后工业时代，人类社会能够获取的知识和技术不仅在总量上呈指数式增长，而且获得的时间空前缩短，获得的地区可以遍及世界每个角落。② 过去被少数人掌握的技术，现在很快被千百万人所掌握和使用，并且技术的更新周期越来越快。如1965年戈登·摩尔提出了著名的“摩尔定律”：价格不变时，集成电路上能容纳的晶体管个数，大约每隔18个月就会增加一倍，性能也会提升一倍③，40多年以后变化的速度依然没有减缓的迹象。某些技术领域产品的生命周期往往不到两年。④ 技术的快速发展依靠有用知识的自我积累、演进以及科学的促进作用。以往时代的技术创新较多依赖于生产经验和有用知识的累积，较少来源于科学知识。在后工业时代，不仅有用知识的累积空前庞大，而且科学与技术之间相互依赖、互动促进的发展格局，使二者日益融为一体，形成了统一的科学技术体系。

此外，技术创新也越来越复杂化和多样化，农业社会和工业社会主要的技术基础是较为单一的机械技术，而后工业时代的技术已经扩展至信息技术、新材料技术、生物工程技术、新能源技术、空间技术、电子和通信技术、海洋工程技术等领域。据统计，1970年复杂性技术占世界30种主要出口商品的43%，到2005年这一比例为87%。后工业时代技术的典型特征是知识密集型集中的高新技术，高新技术具有高度密集性、高整合性、高协调性等复杂特征。高度密集性不仅是技术的积累和聚集，更是科学、技术与产业的高度聚集与一体化。高整合性表明现在所归结为高新技术范畴中的不同技术种类之间不是简单的依赖关系，而是复杂的整合关系。高新技术的高协同性表明技术之间是相互联系和协调的，技术是有机

---

① 欧洲专利局. 未来知识产权制度的愿景. 郭民生，译. 北京：专利文献出版社，2008：141.

② 高洪深，杨宏志. 知识经济学教程. 北京：中国人民大学出版社，2002：8.

③ Peercy P·S, The drive to miniaturization, *Nature*, 2000, p1023.

④ 同②143.

组织的，这就意味着各种技术相互之间不再是封闭的、互不相干的、限制在一定范围之内的，而是联系在一起的有机组织的系统。

2. 技术与经济之间的结合程度日益紧密

在后工业时代，随着科学技术和经济发展突破某个临界面，二者之间的关系模式发生了根本的扭转和改变，科学技术和经济运行以前所未有的态势紧密地结合勾连在一起。技术不但极大地提高了社会生产力，推动了经济以较高的速度持续增长，而且促进了经济结构的重大变化。一方面，技术在传统产业中的比重逐渐加大。技术在经济中的渗透往往通过影响传统的生产要素来体现。例如，以制造业为主的物质生产中精益生产方式正逐步取代规模生产方式，这极大地提高了产品中管理知识的含量。另一方面，一大批以技术为基础的新兴产业迅速崛起，微电子光电技术、计算机技术、光纤和卫星通信装备的普遍应用以及以信息服务为内容的信息产业的迅速崛起，共同构成了发展最迅猛、规模最宏大的新兴产业。技术创新的产业速度不断加快，技术在被公司研发之后能够很快根据市场情况，孕育和催生出许多的产品和新兴产业。新技术不断带来新的经济利益和新型产业，在国家经济中占据越来越大的比重。发达国家 GNP（国民生产总值）的增长中科技进步因素的贡献比例日益提高，20 世纪初，发达国家 GNP 的增长中科技进步因素的贡献只有 5%～20%，至 20 世纪五六十年代已经达到 50%左右，而至 20 世纪 80 年代更是上升到 60%～80%，科技进步对经济增长的作用明显地超过资本和劳动。① 再以美国为例，20 世纪 60 年代以来，高新技术产业的发展十分迅速，高新技术在国民经济中的贡献迅速提高，1961—1965 年的为 7%，1976—1980 年的上升到 21%，1991—1995 年的达到 24%，1996 年的为 33%，1997 年的提高到 40%。在高新技术产业中，信息产业的发展更为迅速，1985 年美国信息产业在经济增长中的贡献为 4.5%，1990 年的上升到 6.1%，1998 年的上升到 8.2%。②

与传统的经济形态相比，知识经济的繁荣不再取决于资源、资本和硬

① 赵玉林. 创新经济学. 北京：中国经济出版社，2006：32.

② 同①32.

件技术的直接投入，而是依赖于知识和技术的积累与运用。将知识和技术作为主要的生产要素来推动生产力的发展，把生产力发展水平提高到一个新阶段，这是因为知识和技术大大提高了人类认识世界和改造世界的能力①，同时它是一种更个性化、更能体现价值规律的经济。不断依靠获得、占有、运用技术的能力，通过技术在生产工具或产品中的凝结来促进产业革命的突破，以技术创新能力来弥补资源、资本的不足，彻底改变了传统经济中资源、资本的总量或增量决定经济发展状况的模式。②

3. 经济全球化与知识产品在国际贸易的增长

20 世纪 70 年代以来，经济全球化正成为一种不可逆转的历史潮流。经济全球化在本质上是一个通过把更多的经济体组合到一个一体化的经济体系中，来达到深化国际分工之目的的经济增长过程③，是全球物资、劳务和资本构成的国际市场融合过程。④ 经济全球化的形成主要归因于信息技术的进步、各国宏观经济体制的趋同以及以跨国公司为典型代表的微观经济主体的全球性套利活动等。首先，互联网和多媒体等信息技术的发展使得全球形成了一个日益统一的市场，其在降低企业远距离控制成本的同时，也为信息、商品与要素的全球快速流动提供了技术上的支持。其次，苏联、中国等计划经济国家开始转型，开始实施改革开放和建立市场经济，世界上越来越多的国家开始欣然接受自由市场制度；由 20 世纪 70 年代的石油危机所造成的经济滞胀和布雷顿森林体系崩溃所造成的国际货币体系危机，使得西方发达国家纷纷放松经济管制，由此而掀起金融与经济的自由化浪潮。最后，跨国公司凭借其独有的知识产权、技术诀窍、管理战略以及资金实力，既可以利用发展中国家低成本的生产要素，将产品销售到价格更高的市场上进行商品套利，又可以将巨额剩余资本转向资本稀缺、投资回报率高的发展中国家进行资本套利，客观的效应便推动了经济的全球化发展。⑤

---

① 陈保森. 谈谈美国的“新经济”和“知识经济”. 当代世界，1998 (9).

② 高洪深，杨宏志. 知识经济学教程. 北京：中国人民大学出版社，2002：148.

③ 华民. 经济全球化与中国的对外开放. 学术月刊，2007 (7).

④ 梁优彩. 1997 年世界经济展望. 新世纪领导者，1997 (3).

⑤ 华民，孙烽. 经济全球化的成因、特征、效应与中国的应对. 复旦学报 (社会科学版)，2000 (5).

随着经济的全球化，高新技术产品与技术本身成为交易对象，在国际贸易中发挥着越来越重要的作用。一方面，据世界银行统计，1990 年，全球高新技术产品出口额占工业制成品出口额的比重为 17.4%，2014 年则已经达到了 29%。① 而在全球国内生产总值（GDP）中，已有 2/3 以上的产值与信息产品和产业有关。② 另一方面，技术创新推动了国际贸易结构的变革，不同国家的技术贸易额不断上升。1985 年全球国际技术贸易总额为 500 亿美元，1990 年为 1 200 亿美元，1995 年为 2 600 亿美元，2000 年则激增至 5 000 亿美元，到 2002 年达到近万亿美元，平均每 5 年翻一番。③ 尤其是美国等发达国家，由于具有技术和知识存储的优势，技术交易和许可更成为其经济创收的重要来源，例如仅在 1995 年“美国跨国制造业的出口，仅特许使用费和许可费就达到了 270 亿美元，而进口仅仅是 63 亿美元”④。

（二）后工业时代新自由主义思潮的宰制

20 世纪 70 年代中期，第二次世界大战后盛行的将社会福利政策与多边主义相结合的凯恩斯主义⑤，由于未能很好地解决经济发展缓慢、停滞不前的问题而开始衰落⑥，一个货币主义者的新自由主义思潮开始在学术界和政界复兴，到 20 世纪 80 年代，这一新古典经济自由主义思潮在全球传播。在资本主义社会，由于国家垄断向国际垄断发展。为适应这种需要，新自由主义开始由理论、学术向政治化、国家意识形态化、范式化发展，成为美英国际垄断资本推行全球一体化理论体系的重要组成部分。其

① 贺飞. 全球知识和技术密集型产业谁家强?. http://china.caixin.com/2016-01-31/100905592.html.

② 同①.

③ 余涛，翁凌峻. 国际技术贸易发展趋势及我国的对策选择. 经济师，2008 (11).

④ 苏姗·K. 塞尔. 私权、公法——知识产权的全球化. 董刚，周超，译. 北京：中国人民大学出版社，2008：36.

⑤ 凯恩斯主义（也称“凯恩斯主义经济学”）是建立在凯恩斯著作《就业、利息和货币通论》的思想基础上的经济理论，主张国家采用扩张性的经济政策，通过增加需求促进经济增长，即加强国家的宏观调控，扩大政府开支，实行赤字财政，刺激经济，维持繁荣。

⑥ 卫志民. 近 70 年来产业组织理论的演进. 经济评论，2003 (1).

标志性事件就是达成“华盛顿共识”①，标志着新自由主义成为欧美国家的意识形态和主流价值观念。② 例如英国首相铁娘子撒切尔夫人和美国总统里根在 1981 年就职后选择了新自由主义的芝加哥学派的观点。“这个新方法不仅是政策的改变，而是一个有意识的努力去改变对政府适当角色、私人企业的作用和市场长处的认识。”③

新自由主义思潮在经济和政治力量方面的观点，总体而言主要可以归结为以下几点：第一，极力否定国家干预，大力宣扬市场和自由化，包括贸易自由化、市场自由化、金融自由化、“无形的手”，总之，一切进入市场，市场主宰一切。用法国哲学家让·鲍德里亚的话来说，就是一切都变成可交易的、可买卖的交换价值，“这一过程是极端粗暴的，因为它将整齐划一作为理论状态，在这个过程中，全部独特的事物和特性、每一种另类的文化以及每一种不能表现为货币的价值都将被取消”。第二，是适应市场自由的要求，大规模推行私有化进程，进行以产权改革为核心的一系列改革。产权改革就是生产资料的私有化。例如新自由主义思想最有名的代表者之一的张五常认为，科斯的产权清晰论“使举世开始明白私有产权的重要”，“私有制是经济发展的灵丹妙药”，“私有制度是唯一的选择”④。第三，在战略和政策方面，大力宣扬全球资本主义化。新自由主义极力鼓励以超级大国为主导的全球一体化，着力强调要推行以超级大国为主导的全球经济、政治、文化一体化，即全球资本主义化。⑤ 第四，极大地鼓吹

---

① 1990 年由美国国际经济研究所出面，在华盛顿召开了一个讨论 20 世纪 80 年代中后期以来拉美经济调整和改革的研讨会。会上，美国国际经济研究所原所长约翰·威廉姆逊说，与会者在拉美国家已经采用和将要采用的十个政策工具方面，在一定程度上达成了共识。由于国际机构的总部和美国财政部都在华盛顿，加之会议在华盛顿召开，因此这一共识被称作“华盛顿共识”。这些共识主张拉美国家应减少政府干预，促进贸易和金融自由化，这些经验被提出来并形成的一系列政策主张。

② 周肇光. 如何看待西方新自由主义思潮及其国际影响. 福建论坛（人文社会科学版），2007（3）.

③ Sen G. Comment on Gill and Law, *Millennium-Journal of International Studies*, 1987, pp. 87 - 88.

④ 同②.

⑤ 同②.

技术创新和知识资源的价值。① 新自由主义者认为，当前资本主义的发展已进入消费社会或后工业阶段，但资本主义的形式却变得更加纯粹、更加发达，而且得到更加充分的体现，晚期资本主义把商品化的力量几乎拓展到了所有的社会生活和个人生活领域，渗透到了所有的知识和信息领域，信息和知识成为经济学话语中的一种资源或资本。在信息社会中，“起决定作用的不是资本，而是掌握在大多数人手中的信息知识”②。在新的经济秩序里，信息就如汽车，在大批量地生产、成为经济的驱动力。在新自由主义看来，知识社会的形成意味着人类社会将从一个以资本、土地和劳动力为基础的资本社会走向一个以知识为主要资源和以组织为关键结构的社会；在知识社会中，知识将取代资本而成为真正控制资源具有决定性的“生产要素”。信息逐渐成为一种财产，成为一种商品，并且是各行各业中最有价值的商品。从此资本的使用亦不再是权力争夺的中心，资本主义从商品拜物教转向信息拜物教。③ 正如西奥多·罗斯扎克在其著作《信息崇拜》一书中所说的：“我们几乎可以相信，不久我们就可以以塑料软盘为食，行走在铺满集成电路片的马路上。看来已经不再需要耕耘土地，开采矿藏，生产重工业产品，这些生活一日不可缺的必需品只是被偶尔提及，然后消失在无须费力即可满足人类一切需要的单纯的电子能量的嗡嗡声中。”④

新自由主义思潮使美国等发达国家逐渐放松对产业整体或部分的管制，开始大规模的产业私有化进程。这一导向也体现在“政府对反托拉斯环境的放松”，“曾经严格限制专利的商业利用性的反托拉斯规则大大自由化了”⑤。在强调自由贸易的同时，知识产权强保护的财产理念也正开始

① Susan Sell，Christopher May. Moments in law：contestation and settlement in the history of intellectual property，*Review of International Political Economy*，2001，pp. 467－500.

② 约翰·奈斯比特. 大趋势：改变我们生活的十个新方向. 梅艳，译. 北京：中国社会科学出版社，1984：15.

③ 杨立雄. 商品抑或礼物：新自由主义与新左派在赛博空间的对垒. 自然辩证法研究，2004（1）.

④ 陈业奎. 对“信息崇拜”的理性批判. 情报资料工作，1999（6）.

⑤ Silverstein D，Patents，science and innovation：historical linkages and implications for global technological competitiveness，*Rutgers Computer & Tech. LJ*，1991，pp. 313－314.

兴起。正是新自由主义理论驱动着欧美将有体财产保护逻辑类推至知识等无形资产，使它们相信通过权利人对知识进行独占式的强控制，可以实现其作为商品的市场效益的最大化。

（三）后工业时代的技术、经济与权势变化

1. 技术创新范式的转换

19 世纪和更早之前的技术发明所需的知识并不复杂和专业，一般由个体技工或发明家就可独立完成，创新个体在完成了发明之后便通过直接的适用或将发明商业化来获得报酬。① 20 世纪以后技术发明的范式开始转换，技术发展的日益多样和复杂化，技术创新的日益职业化和专门化，使研发技术的成本和风险已经难以由个体发明者独立承担。与此同时，越来越多的企业意识到技术对企业发展的重要性，企业之间的竞争越来越取决于产品的质量和成本，而后者又全靠科学研究工作的规模和效率。研发技术不是为了技术本身，而是为了开发新产品或改进新产品，研究被当作保护和发展公司的重要途径，于是这些公司开始通过组建研究实验来研发新技术和产品，技术专家和发明家逐渐依附于企业并被企业所掌控。企业将技术研发和投资作为企业的经营战略，并与具有相同条件的有组织的生产和销售机构结合起来，从基础研究到商品的研发都由企业完成，技术创造和商业在企业内部形成了规范的分工，个体性质的独立发明人日趋式微。

事实上，最早的工业试验室于 1876 年由托马斯·爱迪生在新泽西门罗公园创建，他雇用了很多科学家和试验人员在这个实验室里开展大量的实验项目，他所创设的"发明工厂"的生产目标是"每 10 天产生一个小发明，大概每 6 个月产生一项大发明"②。之后，德国和美国等国家的大公司开始沿用这一模式。德国公司最早意识到这一模式的重要性，诸如拜耳、巴斯夫、赫斯特、卡塞拉以及爱克发等公司都先后建立了工业试验室。20 世纪之后，类似的产业试验室在美国开始激增。早期的例子包括

① Lamoreaux N·R，Sokoloff K·L，Long-term change in the organization of inventive activity，*Proceedings of the National Academy of Sciences*，1996，pp. 12686 - 12692.

② 彼得·达沃豪斯，约翰·布雷斯韦特. 信息封建主义. 刘雪涛，译. 北京：知识产权出版社，2005：44.

通用公司、西屋电气公司、电话电投公司（AT&T）、杜邦公司、柯达公司、固特异公司、国际收割机公司、帕克·戴维斯公司等都建立了大规模的研究部门。在公司中建立研发实验室是“20世纪最重要的制度创新之一”，从20世纪早期到20世纪中后期，全球工业实验室从300个增加到13 500个，企业内部研发（R&D）费用持续增长，占到各国总研发的60%～70%，这些实验室雇用了7万多人，年预算金额高达2亿美元。①1953—1999年美国GDP（国内生产总值）只增加了几倍，但企业研发的费用却增加了十几倍②，在1974年，美国126家大企业从事了全部工业研发的近四分之三，而同一年4家公司从事了全部这种研发工作的近五分之一。③

后工业时代，建立专门的产业研究室已经成为企业组织结构的基本模式，催生了支撑发明创造活动的社会组织体系，形成了从技术需求、预测、规划到研制、试验、工业化生产的社会技术流程。就像漩涡一样，类似于谷歌、微软、索尼等这样的公司才可以吸引到最优秀和最顶尖的科技人才，企业成为专利和技术的代名词，是一国创新的最重要动力。因而正如熊彼特所指出的，当前技术创新不仅仅依靠科学理论的进步，更多的是企业家之间相互竞争，追求市场利润的产物。④ 罗斯托也认为，具有进取和革新精神的企业家追求市场利润的需求是当前发明家供应和技术创造的根本前提⑤，并且大企业是“毁灭性创新”中“最强有力的机器”⑥。

2. 经济主导力量的转变

在这样的趋势下，经济活动高度集中在少数规模庞大的企业之中，集权化的大型企业在经济发展中逐渐壮大，成为经济发展的主导性力量。在后工业时代，市场经济主体的竞争能力取决于创新能力，主要表现为市场经济主

① 苏珊娜·斯科奇姆. 创新与激励. 刘勇，译. 上海：格致出版社，2010：13.

② 同①13，23.

③ 约翰·肯尼思·加尔布雷思. 新工业国. 嵇飞，译. 上海：上海人民出版社，2012：73.

④ 约瑟夫·熊彼特. 资本主义、社会主义与民主. 吴良健，译. 北京：商务印书馆，1999：64－68，182.

⑤ W·W. 罗斯托. 这一切是怎么开始的——现代经济的起源. 黄其祥，等译. 北京：商务印书馆，2014：122－175.

⑥ 同④177.

体利用技术创新对新原材料、新生产方法、新产品和新市场的寻求与探索。同时因为科技平台需要巨额的前期资本投入，集权化的、自上而下的垂直整合模式是最有效的保证收回投资成本的唯一途径，而垂直整合的商业模式需要高度集中的生产资料以维持自身运转，其所导致的必然结果是生产资料愈来愈集中于少数大型企业的手中。正如里夫金所言，“全球《财富》500强企业掌握全球商业化的操控权，2011年，全球500强企业的收入达到22.5万亿美元，比这一年全球GDP（62万亿美元）的三分之一还要多”①。那些掌握和重视技术创新的主体经济实力日益强大，尤其是掌握高新技术的跨国公司，例如微软、索尼、苹果，其作用和影响日益扩大。②

一些控制关键技术的公司可以形成一个实际的卡特尔，不断推出新产品，垄断整个市场。③ 例如根据美国2010年的公开研究结果发现，5%的公司（699家中的38家）控制了全国发电量的40%；通用汽车、福特、克莱斯勒以及丰田这4家汽车公司共掌控了汽车市场60%的份额；新闻集团、谷歌、加内特、雅虎以及维亚康姆这5家新闻公司共掌控了美国新闻市场54%的份额；在家电制造业领域，前四大公司，惠而浦、伊莱克斯、通用电气以及LG电气，共掌控了90%的市场份额。相似的集权化大企业聚集模式遍布全球各个行业。④ 加尔布雷斯指出，这并非美国所独有的现象。在1909年的英国，100家最大的制造型企业占制造业全部净产出的16%，到了1958年，100家最大的制造型企业所占份额翻了一番，达到了33%。而到了20世纪七八十年代，这个比例几乎是原来的3倍，约为45%。在一篇重要的论文当中，弗雷德里克·普约尔（Frederic L. Pryor）指出了一般性的观察就能看到这一现象，换言之，从实际的角度而言，技术的产业集中度在所有成熟的工业化国家里都是相同的。⑤ 在后工业时代，高新技术、以知识产权为基础的产业，例如制药业、娱乐业、计算机软件产业，它们占据着好位置，至少是享受着贸易顺差的强大的出口者，

① 杰里米·里夫金. 零边际成本社会：一个物联网、合作共赢的新经济时代. 赛迪研究院专家组，译. 北京：中信出版社，2014：22.

② Strange S, The westfailure system, *Review of International Studies*, 1999, pp. 345 - 354.

③ 刘世昕. 中国还要在知识产权上吃多少亏. 科技信息，2003（9）.

④ 同①53.

⑤ 约翰·肯尼思·加尔布雷思. 新工业国. 嵇飞，译. 上海：上海人民出版社，2012：74.

它们被视为是下一轮浪潮中的领导产业，它们使得曾经在工业时代创造无数辉煌的钢铁业、纺织业等强大产业逐渐沦为“夕阳产业”①。

3. 权势结构的变化

在后工业时代，由于高新技术部门和企业在全球经济中越来越多的为资本主义国家带来经济利益和竞争优势，并且一些跨国的高新技术企业还能为政府官员提供国外潜在的有用信息，因而资本主义国家的政府越来越偏向和重视这些高新技术企业，对这些大企业有着一种天然的“父爱主义”，并越来越将高新技术的参与者置于商业规则之前。正如赖克曼所说：“发展中国家生产者日益增长的渗入到生产传统工业产品的远距离市场的能力，迫使发达国家比以往更加依赖于其生产知识和技术性产品的比较优势。”②

对于这些知识和技术密集型企业（例如制药业、娱乐业、计算机软件等），他们“拥有资源、动因和能力去世界上寻求机会来保证获利的回报”，它们寻求着获利和寻租的各种可能性，它们依赖着自己在本国经济上的地位，一步步寻求将自己的利益“通过有意的政治活动变成现实”，正如帕兰和阿伯特所指出的，“资本家的企业需要国家为其聚集提供政治和社会条件”③。这些拥有雄厚经济实力和关键技术的跨国公司，通过结盟、游说、选举等各种方式尽可能地把能实现自身利益的偏好转化为政策、制度，同时为了保持并扩大自己的技术优势以及相应的利益优势，结成行业联盟甚至跨行业联盟游说本国政府。同时本国政府也系统安排这些私人部门参与立法活动并有机会接触决策者，国家为其提供了选择权，使得利益集团可以阻止并影响着政策的制定及执行。在法律制度和决策的作出过程当中，大型企业与国家政府前所未有地紧密结合在一起④，因而以往国家独占立法权力并且掌握大部分执法力量的权力结构被打破。在后工

① 苏姗·K. 塞尔. 私权、公法——知识产权的全球化. 董刚，周超，译. 北京：中国人民大学出版社，2008：183.

② 同①34.

③ Woods N, Economic ideas and international relations: beyond rational neglect, *International Studies Quarterly*, 1995, p170.

④ Underhill, Geoffrey RD, Global issues in historical perspective, *Political Economy and the Changing Global Order*, 1994, pp. 145 - 161.

业时代，随着各国政府减少计划、推行私有化和放松管制，社会的权力机构已经发生了深刻的变化，掌握雄厚技术和经济力量的企业开始参与进来而成为社会权力结构的重要组成部分。这些社会控制力量在和国家分享着控制权力。如哈佛商务与政府中心前主任艾拉·杰克逊曾说，公司及其领导人已经“取代政治和政治家……而成为我们制度的新的领袖和占统治地位的寡头政治家”。一些大型科技跨国公司凭借其雄厚的技术和经济力量对国家政局进行影响和渗透，其作用和影响力甚至日益超过一些政党势力，一些政党和政客也逐渐成为这些大型科技公司的利益代言人。①

正如有学者所言，“西方国家的政治已经沦为一个投机运动——由金钱所控制，就像在国家足球联盟或国家篮球协会一样，这个运动的参与者——政治家——这个词现在本身就意味着耻辱”②。而这些企业之所以能够屡屡获得制度安排的机会还有一个很重要的原因是分散的公共利益通常无法获得代表，这意味着所有者的缺位。正如曼科·奥尔森的理论所指出的，组织大团体个人支出的费用要超出加入大团体后个人的微薄利益，分散的公共利益往往得不到代表。③ 格罗斯曼和赫尔普曼也指出，组织起来的利益集团具有两个方面的优势：一方面，利益集团容易获得许多政策方面的相关专业知识，这涉及它们的产业、专业和业余爱好。另一方面，利益集团能够集聚资源以获得产生集体收益的信息，并由集团成员来分担获取这些信息的固定成本。④

（四）小结

在后工业时代，技术日益复杂和多样化，伴随技术对经济活动的渗透和影响，新技术不断带来新型产品和新的经济利益，同时随着经济的全球化，技术密集型产品以及技术本身导致了国际贸易和跨国投资的结构变化，其在国际贸易中发挥着越来越重要的作用。经济的全球化也使他们意

① 马也. 论新自由主义的三项基本原则. 马克思主义研究，2006（2）.

② 戴维·凯瑞斯. 法律中的政治：一个进步性批评. 信春鹰，译. 北京：中国政法大学出版社，2008：183.

③ 彼得·达沃豪斯，约翰·布雷斯韦特. 信息封建主义. 刘雪涛，译. 北京：知识产权出版社，2005：251.

④ G·M. 格罗斯曼，E. 赫尔普曼. 利益集团与贸易政策. 李增刚，译. 北京：中国人民大学出版社，2005：3-4.

识到他们的产品有更加庞大的海外市场，也使得企业意识到技术和知识产权日益增长的价值。而技术快速发展的同时也使得他人更容易和廉价地复制那些昂贵的、先进的知识产权产品。软件、录像、CD实际上可以被任何人复制，只要他有复制的必要条件和复制设备。广泛的复制产品和工艺流程对这些技术和知识产品密集型公司的竞争优势带来威胁。同时这些企业所研发的新型技术，如半导体、软件编码、生物技术等，由于无法被列入传统知识产权分类而受到保护，也逐渐受到其他竞争者的复制和模仿。但与此同时，创新的成本却大幅提升，企业进行研发的成本不断上涨，它们需要更多的研发投资来继续在竞争激烈的市场中开发新产品。① 这些因素突出了原有知识产权体制与新兴的以技术和知识产权为基础的市场之间的根本矛盾。原有的知识产权体制与技术体系上的变化越来越不相适应，出现了一种危险即由企业付出代价授予一批新的行动者（仿效者）以权利，并减少它们从现有体制中得到的利益。而新自由主义思潮使政府放松了对这些企业的管制，也使得它们逐渐意识到对技术进行更广泛垄断的可行性和必要性。因而在这样的技术、经济和文化环境下，这些企业开始萌生了对原有知识产权体制进行变革的观念。它们希望寻找新的制度体系来消除他人的复制，同时要求不断扩大知识产权保护使其涵盖新型的创新，同时它们也希望获得更庞大的海外市场。

利益的一致性使得一些高新技术产业站在了同一阵营，它们成为积极推动知识产权保护的参与方，通过结盟、游说、选举等各种方式尽可能地将其观念、利益和主张转化为政策、制度。它们利用它们的经济、政治优势，不断编织一个又一个具有诱惑性的话语。这些私人利益集团一方面通过国内游说来影响国内立法，另一方面积极参与并主导政府国际贸易与知识产权对外政策的制定。由于创新发明范式是以这些大企业为中心的，并且这些大企业掌握着经济发展的主导力量，政府的政策和立法逐渐偏向这些技术企业。另外，社会普遍地接受这些大型企业为“经济生活中处于支配地位并且根本上受益的制度。这种接受在考虑商业集团观点的政治影响

① 苏姗·K. 塞尔. 私权、公法——知识产权的全球化. 董刚，周超，译. 北京：中国人民大学出版社，2008：34.

和考虑这些企业市场业绩的经济影响中显示出来”①。于是在后工业时代，我们看到了这样一种现象，唯一代表西方社会公共利益的政府与私人利益空前统一②，知识产权成了“富人俱乐部”，无怪乎，有学者哀呼，“知识产权是由‘那些梦想家和企业家处于世界权力的中心’规划的”③。在这样的技术、经济与文化情景之下，包括专利制度在内的知识产权制度逐渐走向国际化，乃至不断呈现异化的趋势。

二、后工业时代专利私权制度的国际化

事实上，在19世纪末，由于迅速发展的国际商业使得各国分散的知识产权保护体制受到的压力与日俱增，作为回应，各国通过了两个知识产权国际公约：1883年《巴黎公约》和1886年《伯尔尼公约》，这些公约创立了国民待遇、非歧视和优先权。然而这些公约既没有创立新的实体法，也没有对其成员国设置新的法律标准，而是将各国早已达成的共识成文化，各国政府在制定法律方面有很大的自主权。1994年由世界贸易组织（WTO）施行的《与贸易有关的知识产权协定》（简称Trips协定）获得一致通过。Trips协定开创了一个成熟的、有约束力的全球知识产权体制，该体制深入了各国国内的监管环境，推动了知识产权保护的一致性，统一了各国保护知识产权的基本标准。该协定制定的主角是一个特别的知识产权委员会，而知识产权委员是由当时美国的软件、制药和娱乐等12个大型知识密集型企业组成的。④ 这些企业集团成功地获得了国际的支持，从一个全球性的知识产权协议中得到了大多数他们想要的东西，而这个全球性的协议也开启了国际知识产权保护的新局面。

---

① Wilks S, Comparative capitalism and the political power of business, *Globalisation and Capitalist Diversity: Experience on the Asian Mainland*, 1996, p45.

② 戴维·凯瑞斯. 法律中的政治：一个进步性批评. 信春鹰，译. 北京：中国政法大学出版社，2008：190.

③ 彼得·达沃豪斯，约翰·布雷斯韦特. 信息封建主义. 刘雪涛，译. 北京：知识产权出版社，2005：2.

④ 1986年，知识产权委员会的成员是：布里斯托尔；美国哥伦比亚广播公司（CBS）；杜邦；通用汽车；休利特-帕卡德；国际商业机器公司（IBM）；强生；默克；孟山都；辉瑞。

（一）20世纪80年代美国强知识产权保护的国内氛围

到了20世纪80年代，在技术、经济和文化因素的影响下，美国开始实行一系列强保护的专利制度，主要理由包括：首先，美国的技术优势逐渐受到威胁，美国突然间认识到其世界科技领导者的地位受到了挑战，尤其是来自日本和欧洲的竞争，例如纤维摩擦、汽车摩擦、半导体摩擦等技术。① 并且美国认为其他国家的公司太容易获取和模仿美国的技术。② 其次，美国传统工业经济发展疲软，陷入低潮，而与之相反，高新技术产业开始崭露头角，呈现出欣欣向荣的发展态势③，尤其是当时的软件、制药和娱乐等产业在出口贸易方面保持绝对的顺差。美国政府认识到技术创新的浪潮又开始兴起，特别是对信息技术和生物技术，该浪潮提供了技术的经济价值。信息社会的来临使美国再次将政策重心转移到了促进权利人为中心的专利政策上。④ 最后，1980年之后芝加哥学派开始掌握美国意识形态的话语权，逐渐影响当时的美国社会。芝加哥学派认为，要加强政府对技术研发的投资与鼓励，对技术研发的刺激越强，技术革新的进展越快。⑤ 英国首相铁娘子撒切尔夫人和美国总统里根在1981年就职后都选择了芝加哥学派的观点。此外，这时候经济学家和一些理论专家也极大地鼓吹技术创新和知识资源（包括知识产权）的价值应该更加受到人们重视。⑥ 并且反托拉斯法对知识产权的认识也发生了改变。过去反托拉斯法

---

① 1959年美国高新技术产品制造产业占全球市场份额的79％，但到20世纪70年代末80年代初，其市场份额占有率跌至47％。与此同时，日本和以西德为代表的欧洲各国开始参与瓜分高新技术产品制造业的全球市场。富田彻男. 市场竞争中的知识产权. 廖正衡，等译. 北京：商务印书馆，2000：158.

② 多米尼克·格莱克，布鲁诺·范·波特斯伯格. 欧洲专利制度经济学——创新与竞争的知识产权政策. 张南，译. 北京：知识产权出版社，2016：27.

③ 据1981年美国政府的一份调查显示，高投资的美国新技术企业利润增长率是低研发投资企业的3倍，生产率为2倍，就业增长率为9倍，而价格增长仅为六分之一。包海波，盛世豪. 20世纪80年代以来美国专利制度创新及其绩效. 科技与法律，2002（4）.

④ Sell S, May C. Moments in law: contestation and settlement in the history of intellectual property, *Review of international political economy*, 2001, pp. 467 - 500.

⑤ 芝加哥学派的经济理论是规模越大效率越高，所以自然而然地重视作为资本主义前提的自由竞争和市场中的商品竞争（包括技术竞争）以及消费者的选择权。富田彻男. 市场竞争中的知识产权. 廖正衡，等译. 北京：商务印书馆，2000：158，169.

⑥ 同④.

常常认为知识产权产生了垄断，因此知识产权与反托拉斯法是相冲突的。20世纪80年代反托拉斯法日益认识到包括专利权在内的知识产权，不必然地“产生垄断或任何相关市场的市场力量”。美国司法部强调了如下观点：“市场力量或者垄断是更高级努力的结果，敏锐、洞察力或者运气并没有违反反托拉斯法，因而包括知识产权所有者在内的所有经济主体，有权依据其正当财产享有由此带来的市场力量。”① 并且“反托拉斯法不应当用于阻碍一再强调的竞争”②。

于是在里根时代，美国政府产生了强保护的知识产权制度观念，并开始制定著名的“Propertent”强知识产权保护制度体系。其主要包括以下几个方面的内容：（1）美国通过了一系列加强专利保护的相关法律，其中尤以联邦法院改革法案最为典型。该法案提出在美国建立专门的联邦巡回上诉法院，这导致以联邦巡回上诉法院为核心的专利司法体制初具雏形。（2）美国就大学和政府实验室通过产研活动而产生的专利进行了明确规定，其中尤以1980年通过的《拜杜法案》最具代表性，这些规定明确承认了大学和政府实验室能够获得其发明项目的专利权和独占性许可。（3）司法领域，联邦最高法院通过“Dawson v. Rohm案”的审理明确指出：“如果说自由竞争政策在我们法律中占有重要地位，那么以激励创新为目的的整个专利系统的地位也绝不会更低。”联邦巡回法院在减少被法院驳回的专利比例上也起到了帮助作用，比例由三分之二下降到了三分之一，使得专利更容易获得。③ 这些司法实践有效地“结束了反垄断法在司法领域对专利法压制的时代”④。

（二）美国企业集团游说的初步成效

在前述的技术、经济和文化环境以及政府对知识产权的强保护氛围

---

① US Department of Justice，1988：16.

② Hoff P，Inventions in the Marketplace：Patent Licensing and the US Antitrust Laws Washington，*DC American Enterprise Institute*，1986，p19.

③ 许多法院认为“专利制度的存在就意味着专利权合法的假设”，要求任何质疑专利权合法性的原告在提起诉讼时，都应该向法院提交“准确、翔实和具有说服力”的证据。王炳银，王剑锋. 专利制度的发展沿革：技术的垄断与反垄断. 广西社会科学，2004（3）.

④ Kastriner L·G，The revival of confidence in the patent system，*J. Pat. & Trademark Off. Soc'y*，1991，p20.

下，20 世纪 70 年代末 80 年代初，在知识产权保护上，各个部门的企业在不同的领域受到不同形式的资金短缺的困扰。农业化学品生产者、图书出版商、软件制造者、录像与娱乐供应商以及无商标药品生产商，每天都在经历与原有知识产权体制间的不协调。为了寻求新的经济利益，他们开始展开游说，刚开始受到负面影响的行业开始进行个别游说，专利利益集团与著作权利益集团开始采取并行的但又不相关联的政治行动，随着时间的流逝，在几个关键人物（如埃德蒙·普拉特、约翰·奥佩尔和雅克·戈林）的帮助下，这些不同的集团意识到他们正在追求共同的目标——加强知识产权保护。他们开始共同游说，以至于专利利益集团帮助著作权利益集团证明，反之亦然。他们在 20 世纪 70 年代末 80 年代初取得了一些初步的进展。

20 世纪 70 年代末，包括辉瑞、富美实（FMC）、国际商业机器公司（IBM）、杜邦等私人部门动员美国政府就农业化学产业问题与匈牙利政府进行双边谈判。① 私人部门的动员还获得诸如农用化工产业国际反伪造联盟和版权联盟的支持，以此施压，要求美国改变贸易政策，并在双边谈判中，要求匈牙利加强知识产权法的保护，进而加强打击农业化学产品的假冒问题。再如，在 20 世纪 80 年代，在众多知识密集性企业集团的动员和说服下，美国与韩国、新加坡、墨西哥、匈牙利和中国台湾等地区就知识产权问题（包括版权、专利和商标）开展双边谈判。这些双边谈判是美国迈向新方式改革的第一步。最终谈判的结果是这些国家和地区表示将对知识产权保护采取更强力的措施，美国政府认为其所采取的双边措施已取得了一定的成效。此外，私人部门以及美国政府也逐渐认识到将贸易和知识产权保护挂钩可以产生“神奇的化学作用”。正如孟山都农业公司国际事务主任恩亚特所指出的，早期双边谈判的成功使美国的高新技术企业相信知识产权和贸易的结合将会给他们带来丰硕的成果。②

（三）美国企业集团构建国际知识产权保护框架的游说与设计技能

继一些立法成功之后，这些企业集团获得了进一步前进的动力，他们

① Enyart，J，A GATT intellectual propertycode，*Les Nouvelles*，25 (June)，1990，p54.

② 同①.

在 1983—1984 年开始更加积极和谨慎的动员，尤其是这些利益集团逐渐聚拢在一起，并在 1984 年建立了国际知识财产联盟（简称 IIPA）。企业集团逐渐明晰了“自己想要的实质性利益”，并且“确立了对于什么是合适的、正常的和合法的理解”，于是开始为他们构建国际知产保护开展游说和设计技能，正如事后所证明的他们成功了，而他们能成功的原因可以归结为以下几点：

首先，当权力从国家转向市场时，企业在生产和知识结构上的主导作用使其更具有发言权。政府认可这些高新技术企业的单纯经济权，并赋予这些公司参与法律政策制定的权利，而高新企业也同时依赖于政府在意识形态上提供的合作与支持。其次，政府依赖于企业提供信息，这些企业能够为政府官员提供外国潜在的有用信息。它们利用在国外建立的律所、子公司等私人政策网络，为它们收集关于国外知识产权立法及其实践、是否遵守与美国有关的双边协议等详细信息。事实上，这些企业确实也为美国政府提供了大量揭露他国侵犯美国知识产权的信息和资料。① 再次，企业能够提供给政府的另一个资源是对较为神秘的议题提供专家意见。在一定限度内，知识产权法与为表示对天主教堂怀旧用阿拉伯语写成的圣经一样晦涩难懂。知识产权律师就像阿拉伯语培训师一样，是特权专家意见的提供者。对大部分普通律师而言，知识产权法非常专业且复杂晦涩，大多数知识产权律师在科学、工程、化学或者生物化学领域拥有非常专业的技术背景。后者有能力将其复杂性转变为政治术语，使知识产权和国际贸易之间的联系清晰化。②

此外，还有一点非常重要，当这些私人部门需要政府促进其利益时，它们会进行大规模的游说，并试图制造一些观念的吸引力来说服政府推动国内政策的制定，乃至于双边协议的缔结，这对它们将私人利益转化为公共利益产生了异常有效的作用。例如企业集团知道当时美国政府对国内不

---

① 苏姗·K. 塞尔. 私权、公法——知识产权的全球化. 董刚，周超，译. 北京：中国人民大学出版社，2008：96.

② 知识产权的“技术知识与促进其保护承诺密不可分。与国家和其他行动者相比，知识产权委员会的这些大牌公司在乌拉圭回合谈判中拥有决定性的优势”。苏姗·K. 塞尔. 私权、公法——知识产权的全球化. 董刚，周超，译. 北京：中国人民大学出版社，2008：97.

断增长的贸易赤字以及提高国际竞争能力的问题而感到头疼，于是他们精明地将有利于自身的举措“粉饰”为有助于美国政府解决贸易危机以及提高国际竞争竞争力的措施。这些高新企业集团再三强调，它们是当前乃至下个世纪美国经济增长和国际贸易的主力军，它们将为美国提供大量和新兴的就业机会。而知识产权的保护对这些企业的发展和国际贸易至关重要。它们努力向国会和主管部门提供它们的情况，强调观念和利益的关系，寻求政府在确立一个更公正的全球贸易秩序上的帮助，并成功地使美国政府重新定义了其在知识产权上的利益。① 另外，私人部门在游说当中再三强调知识产权是“财产权利”，它们声称这些权利是毋庸置疑的、自动获得的，它们能用权利说话，部分归功于当时美国尊重财产权的环境，尤其是美国国内对专利权态度的转变，它们声称所谓的侵犯者是“强盗”，进一步凸显了对于侵犯它们的“权利”的人的愤怒。这种具有挑衅性的说法强调不法行为，而实际上被它们所谴责为“强盗”的许多行为在国内和国际法上都是完全合法的。②

因而私人部门在与政府达成共识的过程中用了专业知识（确定问题、提供信息和损失评估）、设计技能（将晦涩难懂的知识产权问题转化为新的贸易政策工具）以及主张解决认识上的问题。此外，私人部门能够成功还有一个原因在于他们通过贸易谈判委员会（ACTN）而获得解决方法，该委员会由行政部门组成，向私人部门征求有关贸易政策的观点。ACTN作为负责多边贸易谈判的私人部门顾问的最高监督委员会，由美国贸易谈判代表负责并由总统任命成员，其成员多为当时具有相当地位的高新企业。③ 事实证明，ACTN在设计以贸易为基础的知识产权战略时发挥了重要作用，是其企业成员私人利益全球化的重要工具。

---

① 正如知识产权委员会顾问雅克·戈林所评论的：“如果美国政府和美国私人部门没有紧密合作，那么将知识产权转化为一个贸易问题以及用贸易的方法改善知识产权保护将不会出现。”苏姗·K. 塞尔. 私权、公法——知识产权的全球化. 董刚，周超，译. 北京：中国人民大学出版社，2008：97-98.

② 苏姗·K. 塞尔. 私权、公法——知识产权的全球化. 董刚，周超，译. 北京：中国人民大学出版社，2008：70-71.

③ Ostry S, Governments & corporations in a shrinking world: trade & innovation policies in the United States, Europe & Japan, *Council on Foreign Relations*, 1990, pp. 21-22.

（四）知识产权委员会与 Trips 协定的达成

1. 政府企业的合意与戈林的文章

1984 年，以欧宝（Opel）和普拉达（Pratt）两大企业为代表的 ACTN 成功说服美国政府将知识产权纳入关税及贸易总协定（简称 GATT）回合的谈判中。与专利利益不同，最初一些与版权相关的企业对 GATT 谈判并不重视。以 IBM 为代表的计算机软件企业更加重视通过伯尔尼公约的修订对计算机软件进行保护，而音乐、书籍和电影等产业则热衷于通过双边谈判来解决版权问题，IIPA 也将双边措施视为能够帮助它们取得较快成果的优先路径。当然还有一个很重要的原因在于，GATT 回合谈判非常复杂和持久，这对于渴望快速获得利益成果的企业来说并非最佳选择。然而最终经过各大高新企业的实质性保证，以及由美国贸易代表主持的几次会议的激励讨论，这些利益集团终于达成了一致意见，它们将目标对准了多边协议。①

这些利益集团委托它们的顾问同时也是当时著名的经济学家雅克·戈林出具相关报告。1985 年是私人部门寻求以贸易为基础保护知识产权概念全球化的转折点。戈林的贡献在于通过撰写报告和文件的形式将这些企业的利益诉求进行合理化和扩张化。例如在 20 世纪 80 年代，他代表相关企业集团的立场向国会提交了一份立法文件。这份文件与他之前发表的《对计算机软件采取以贸易为基础的方式保护国际版权》相似，阐述了一种将知识产权保护放在国际贸易的背景下的新设想。② 戈林认为，将知识产权与国际贸易相结合能够为不同国家提供交流的平台，同时也助于政府解决日益猖獗的知识产权侵权纠纷和强制执行问题，以及帮助一些国家纠正不符合标准的知识产权立法。而为了构建这一机制，戈林认为应当坚持在经济合作与发展组织 OECD 和 GATT 中进行多边谈判。戈

---

① Ryan M · P，The function-specific and linkage-bargain diplomacy of international intellectual property lawmaking，*U. Pa. J. Int'l Econ. L.*，1998，p562.

② 在立法文件中，戈林提出了一系列的策略，包括教育知识产权专家在这一问题进行经济方面的运动；美国参加《保护文学和艺术作品伯尔尼公约》；在 OECD 或者在 GATT 多边协议框架下与有相同想法的工业化国家磋商知识产权协定，“来避免最不发达国家阻挠者的战略”；认识到需要与世界知识产权组织（WIPO）磋商，坚持在 GATT 中建立知识产权守则；继续采取单边和双边措施与盗版和国外执行不力的情况进行抗争。苏姗·K. 塞尔. 私权、公法——知识产权的全球化. 董刚，周超，译. 北京：中国人民大学出版社，2008：99－100.

林的建议得到了企业集团和 ACTN 知识产权特别小组的广泛认同，1985 年 10 月，ACTN 知识产权特别小组向 ACTN 呈递的报告完全采纳了戈林的建议。①

2. 知识产权委员会动员跨国联合与达成合意

1986 年 2 月和 3 月，美国贸易代表莱顿要求将知识产权问题纳入乌拉圭回合谈判的议事日程当中。然而莱顿知道，虽然 ACTN 已经认识到了发展知识产权产业的重要性和迫切性，但欧洲、日本和加拿大政府可能还没意识到这一问题。而如果缺少这三国政府的支持，那么将知识产权问题纳入乌拉圭回合谈判的议程当中的希望将变得渺茫。因而要实现这一目的，就必须确保获得美国政府和其他主要国家的支持，为此需要更多具有国际关系并能参与政策制定的高新企业的加入。② 1986 年 3 月，欧宝和普拉达公司联系了它们的支持者并说服其成员建立了知识产权委员会(IPC)。IPC 为避免其成员谈判的分歧，尽快获得合意，而有意限制会员人数，并坚持 IPC 的会员应当是美国具有顶尖技术或财力的公司。这些公司囊括了当时美国最尖端的梯队，主要由电子业、重工业和轻工业、化学制品业、制药业、计算机业以及创造性艺术业组成，当时没有哪一个贸易团队或协会能与之匹敌。③

IPC 成立之后积极开展知识产权的国际保护工作。它首先联系到了当时美国各大商会和许多产业协会，说服它们相信以国际贸易为基础解决知识产权问题的重要性和迫切性。美国各大商会和产业协会接受了 IPC 的意见，并同意它们所采取的多边策略。之后，IPC 成员又立即与欧洲和日本的各大商会和产业协会进行联络。例如 1986 年 6 月，IPC 联系到了英国联合会、德国工业联合会、法国的雇主同业会，并通过它们与欧洲工业与雇佣者合体联合会进行了联络。7 月，IPC 又与日本经济团体联合会进行了会晤。④ 刚开始有些企业集团并不支持它们的策略，主要是担心知识产

① 苏姗·K. 塞尔. 私权、公法：知识产权的全球化. 董刚，译. 北京：中国人民大学出版社，2008：99.

② Enyart, J, A GATT intellectual property code, *Les Nouvelles*, 25 (June), 1990, p54.

③ 同②.

④ 同①102.

权问题太新而无法被广泛接受并成为 GATT 的一部分，并且可能也不适合在乌拉圭谈判中讨论知识产权问题，同时它们也担心发展中国家反对把知识产权问题纳入 GATT 中。① 于是 IPC 再次展现了其强大的游说技能：

首先，它们再三强调知识产权对贸易和投资至关重要，但不能只寄托于政府，要亲力亲为，它们应当自己先达成普遍共识后再告知政府如何去做。正如 IPC 创始人恩亚特所指出的，"如果战争如俾斯麦所述，是一个如此重要的事务以至于不能留给将军，那么国际商业规则也是如此重要以至于不能留给政府"。并且它们认为由于 WIPO 过度重视发展中国家的利益，而对发展中国家国内知识产权盗版行为放任不管，但知识产权问题关涉贸易和投资，因而理应在 GATT 进行谈判。其次，IPC 努力说服欧洲和日本，使其确信以贸易手段作为解决知识产权问题的各种优点。IPC 根据自己提供的相关数据和报告，向其展示和证明了知识产权被盗用和侵权的广泛程度，以及企业自身对抗侵权行为的高成本，同时向其解释了知识产权侵权和滥用对于工业化国家未来发展所带来的威胁和隐患，以及美国政府当前通过双边贸易谈判所取得的一些成效。② 最后，IPC 阐述了以戈林描绘的蓝图为基础的，在 GATT 框架内构建知识产权保护最低标准、强制执行和争端解决机制的意见。IPC 认为，以 GATT 为基础的知识产权侵犯的措施将更加透明，包括直接措施、对知识产权侵犯的调节程序，以及通过提供强制执行机制完善现存的 WIPO 安排。③

IPC 与日本、欧洲的商业团体很快达成了利益上的一致，这些利益团体的联合行动，体现了一个由国际商业团体参与贸易谈判所获得的令人关注的突破。日本和欧洲的产业团体在很短的时间内成功地说服了本国的政府，并开启了 9 个月的新贸易谈判。据此，在美国、日本和欧洲的共同推动下，知识产权问题终于被纳入了 GATT 中。

（五）企业集团描绘的蓝图及实现

1986 年 9 月和 10 月，美国、日本和欧洲三方私人部门进行会晤，它

① Ostry S, Governments & corporations in a shrinking world: trade & innovation policies in the United States, Europe & Japan, *Council on Foreign Relations*, 1990, p23.

② 苏姗·K. 塞尔. 私权、公法：知识产权的全球化. 董刚，译. 北京：中国人民大学出版社，2008：103.

③ 同②103.

们就所达成的普遍共识联合起草了一份反映这三方利益集团的、以发达工业国家法律为基础的提议。其内容与戈林的前述建议很相似，并最终成为Trips协定的基础。它支持最低标准、国家强制执行措施、收缴伪造商品的边境措施和争端解决机制。作为合意的文件，它也包含某些妥协。举例而言，美国药品产业对强制许可的规定不尽满意，但美国在这个问题上通过妥协来保证与欧洲和日本的统一战线。另外，为了促使知识产权协议有最广泛的参与者，欧洲商业集团要求给发展中国家更优惠的待遇并提供技术帮助和过渡条款。① 三方私人团体开始广泛推广所达成的合议，美国政府要求将1988年的三方建议复制100～150份，并将此作为反映其观点的文件予以散发。

1986年到1989年4月，知识产权问题在乌拉圭回合谈判中停滞不前，主要是因为遭到了印度和北美等一些发展中国家的强烈阻挠。② 之后，多种原因促使原本不妥协的发展中国家逐渐加入Trips协定。

首先，美国根据新修订的贸易法不断对相关国家进行施压。1998年美国国会在相关利益集团的推动下，通过了以贸易为手段保护知识产权的办法，对其国内贸易法进行了修订。同时美国国会要求行政部门更加积极地使用301条款。私人部门为追求他们自身的利益和构建国际知识产权保护体系，不断督促美国政府向新兴的工业国家和发展中国家进行施压。例如美国政府不断根据其301条款和一般特惠制行动对巴西、韩国、印度等国进行施压。这些国家希望在Trips协定的合作框架内，可以缓解301条款和GSP行动所带来的压力。并且一些发展中国家的农产品不断受到来自美国等国所提出的市场准入的压力，因而发展中国家想以同意更多的知识产权保护来抵消该压力。③ 另外，美国政府还成功地与加拿大、墨西哥

① The Intellectual Property Committee, Keidanren, UNICE, *Basic Framework of GATT Provisions on Intellectual Property: Statement of Views of the European, Japanese and United States Business Communities* (*June*), 1998, p27.

② 这十国分别是阿根廷、巴西、古巴、埃及、印度、尼加拉瓜、尼日利亚、秘鲁、坦桑尼亚和南斯拉夫。

③ 苏姗·K. 塞尔. 私权、公法：知识产权的全球化. 董刚，译. 北京：中国人民大学出版社，2008：106.

签订了 NAFTA（北美自由贸易协定），其中包括严格的知识产权条款。[①] 其次，美国产业，特别是 IPC 在乌拉圭回合有 ACTN 这个强有力的联盟。由于 IPC 成员公司是 ACTN 的代表，或是知识产权问题的正式建议者美国医药研究与制造商协会（PHRMA）、道琼斯公司（Dow）、强生公司、默克公司、杜邦公司、孟山都公司和宝洁公司的高级官员）[②]，ACTN 和 IPC 之间一直都有密切的联系。私人部门虽然没有在 GATT 的正式地位，但作为 IPC 成员的普拉达企业可以以 ACTN 主席的身份担任美国在乌拉圭回合中的官方代表。因而这些企业集团就可以通过 ACTN 在谈判中开展游说。最后，由于知识产权本身的专业性，印度、北美等发展中国家在知识产权方面的问题上还是初学者，经验和知识各方面都十分欠缺。而美国等发达国家在知识产权和许可方面有丰富的经验，并且这些国家都是有备而来的，他们在谈判过程当中有力地反驳了发展中国家提出的各种方案和意见。[③] 经过多年的谈判，在 1994 年 4 月 15 日 Trips 协定最终达成普遍一致。

（六）Trips 协定的影响及后续

Trips 协定基本囊括了专利权、著作权、商标权、商业秘密等在内的所有知识产权，并极大地扩展了知识产权所有者的权利。例如专利权几乎扩展到了包括药品、化学品、杀虫剂和植物品种在内的所有领域，保护日期延伸到了 20 年。Trips 协定还专门规定了对半导体芯片和集成电路布图进行保护的条款。Trips 协定构建了一个趋于一致的知识产权保护体制，扩大了各国必须履行的知识产权保护标准的内容和范围，并将这些标准予以明确列举，并将国民待遇原则与一系列更高的知识产权标准联系在一起；同时还专门构建了处理知识产权纠纷的 WTO 争端解决机构（DSB），这意味着各成员国必须严格执行 Trips

① Drahos P, Global property rights in information: the story of TRIPS at the GATT, *Prometheus*, 1995, pp. 6 - 19.

② Weissman R, Long, strange trips: The pharmaceutical industry drive to harmonize global intellectual property rules, and the remaining WTO legal alternatives available to third world countries, *U. Pa. J. Int'l Econ. L.*, 1996, p1076.

③ Drahos P, Thinking strategically about intellectual property rights, *Telecommunications Policy*, 1997, pp. 202 - 203.

协议规定的义务，否则将受到 DSB 的裁决。WTO 被授权对成员国执行情况进行督查，从而确保受诉方在规定的期限内合理履行其义务，如果受诉方拒绝执行，那么 WTO 在必要时可以授权原告实施报复性的贸易制裁。这就确保了 Trips 协定具有强制执行力。① Trips 协定制定时，绝大多数发展中国家还没有保护知识产权的意识，因为其国内知识产权相关产业还没有形成足够强大的利益集团，它们主要是知识产权产品的进口国而非输出国。它们在签订 Trips 协定时还没有充分意识到这一条约将会对它们带来的影响。正如前文所述，它们在谈判中受制于发达国家的经济胁迫，希望以对 Trips 协定的妥协换取发达国家对它们经济的短期承诺。这毫无疑问将导致资源由发展中国家的消费者和公司快速流向工业化发达国家的公司。② 更加重要的是，Trips 协定开启了发达国家利用国际协议发展经济贸易的先例，为全世界范围内拥有高科技资源的公司注入了坚实的财产权利。不仅仅是它们先进强大的科技和经济势力造就了它们最终的成功，还包括它们所掌握的知识产权方面的专业知识、想法、信息和设计技能。

然而 Trips 协定并非事情的终结，它代表的是一种新的开始。IPC 代表的企业在 Trips 协定中成功地实现了大部分其欲达成的目标。根据戈林所说，除发展中国家延长期限之外，IPC 获得它想要的 95%。③ 然而美国有许多其他行业对 Trips 协定仍然不满意，认为它实质上比 NAFTA 更弱且更缺乏综合性。产业协会对发展中国家过渡期、缺乏对抗平行进口的保护义务、缺乏“公共秩序”和低于它们期望的边境侵犯执行条款表示不满。它们需要寻求更强大的保护，Trips 协定无疑开启了一个先例，使它们意识到可以通过国内和国际政治、国内立法和国际贸易之间进行相互渗透，可以通过一个多边的知识产权协定获取他们想要的利益。于是我们看到，在之后的阶段，这些企业又再次联合，并劝说政府建立更加高于

① Drahos P, Thinking strategically about intellectual property rights, *Telecommunications Policy*, 1997, pp. 202 - 203.

② Rodrik D, Comments on Maskus and Eby-Konan, *Analytical and Negotiating Issues in the Global Trading System*, 1994, p449.

③ 苏姗·K. 塞尔. 私权、公法：知识产权的全球化. 董刚，译. 北京：中国人民大学出版社，2008：112.

Trips 协定标准的保护。例如美国政府和企业对于诸如世界知识产权组织乃至世贸组织在内的许多既有多边国际组织经常陷于冗长辩论而无法充分发挥功能的失望与不满，因此冀图另起炉灶。例如，美国、日本、欧盟等知识产权强国为应对所谓的商业性假冒和盗版问题，抛开发展中国家在 WIPO、WTO 框架之外设立了《反假冒贸易协定》（简称 ACTA），并于 2011 年 5 月 1 日起开放签署，该协定将包括我国在内的发展中国家视为打击对象，其对知识产权的保护标准已远远超过 Trips 协定的。再如，美国等国家为主导，试图通过跨太平洋伙伴关系协议（Trans-Pacific Partnership Agreement，TPP）建立"面向 21 世纪""高标准、全面的"的知识产权保护高标准。它们甚至还试图构建一部世界统一的专利实体法条约（Substantive Patent Law Treaty ，SPLT ）。[①] 这些多边协议的签订无疑又将对知识产权保护格局带来重大影响。

三、后工业时代专利私权制度的异化

在后工业时代，私人企业不但通过国际立法引导了专利私权制度的国际化，而且基于自身的利益不断影响着国内立法以及专利实践，导致了专利私权制度逐渐走向异化。

（一）专利私权制度异化的概念

异化最初是哲学和社会学的概念，并且这一概念的使用有一个逐渐演变的过程。早在 17—18 世纪时期，卢梭和霍布斯便在权利与财产的让渡问题上涉及过异化问题。之后黑格尔首次从哲学意义的角度来探讨异化的内涵。黑格尔认为，异化是建立在绝对意识的基础上，任何有生命力的物体要达到圆满的状态，就必须逐渐异化为不同于自身的存在，并通过持续的对抗克服这一异化，因而他是以一种唯心主义的方式来解读异化的。而大哲学家费尔巴哈则认为，异化是人失去了自己的类本质而自由自觉的活动，费尔巴哈将神称作"人的本质的异化"，其本质上是一种对宗教的批判。受这些思想的影响，马克思将异化视作人的作用对象超脱人体而导致

① 梁志文. 论专利危机及其解决路径. 政法论丛，2011（3）.

的，具体而言，人是作为对象性的存在物，在人的发展过程中将自身的力量外化、对象化，而这些对象化的客观存在物变为了外在的异己力量，不受人的控制反而控制着人。①

如今，“异化”作为一个普适性的哲学概念在不同领域得到广泛使用。在后工业时代，当专利日益发展为主导性财产权利时②，专利私权的异化也同样不可避免。正如前文所述，随着技术日益复杂化和多样化，经济全球化，专利私权意识的日益凸显，以及发达国家政府和企业为实现利益的最大化，专利私权逐渐被其所干预和建构，出现了许多不合理的规定；同时在对专利私权的运用和实践过程当中，其权利本质发生了异变，衍生出与权利保护之目的相对立的力量，致使专利私权制度逐渐呈现异化的态势。在前工业时代，专利特权制度是政府为鼓励工业发展和增进社会福利所构建的，那时候制度的构建主要以公共利益为主。在工业时代，在工商业阶级与政府的相互妥协和博弈下，专利制度一方面逐渐成为发明人的私权和财产，另一方面政府却标榜鼓励创造和技术创新，工商业阶级和政府试图寻求一种公私利益的平衡。到后工业时代，在促进技术和经济发展的新自由浪潮下，企业和政府站在了较为统一的战线，企业极力对外宣传专利是一种私权，在这种情势下，专利无论是在制度构建还是在专利实践当中，都会与其所宣示的鼓励创新和技术进步相矛盾。专利制度阻碍知识传播，影响新技术扩散，制约创新活动③，束缚、抑制甚至压抑专利私权的

① 马克思在《1844年经济学哲学手稿》中谈道：“异化……是自在和自为之间、意识和自我意识之间、客体和主体之间的对立，就是说，是抽象的思维同感性的现实或现实的感性在思想本身范围内的对立”。卡尔·马克思．1844年经济学哲学手稿．3版．中共中央马克思恩格斯列宁斯大林著作编译局，译．北京：人民出版社，2000：99．

② 1982年，美国500家代表性上市公司市值中，有形资产与无形资产（主要是知识产权）的比例为，前者占62%，后者占38%，而到了1992年，情况就逆转了过来，前者为38%，后者占62%。2002年，有形资产的比例进一步缩小，仅占到13%，而无形资产的比例则高达87%。所以，现在美国大公司股票市值的87%，都是由无形资产构成，而知识产权作为无形资产的重要组成部分，其价值正连年攀升。张玉瑞，周燕，顾伯兴，查志奇．外国大企业如何在中国实现专利价值？挥舞许可和诉讼两大利器．http://www.sipo.govvcn/sipo/zscqb/guancha/t20040622_30329.htm．

③ 方兴东．警惕知识产权蜕变．http://www.cas.cn/Html/Dir0/02/79/68.htm．

弱势群体，挤占公共利益。①

（二）后工业时代专利私权制度异化的表现

1. 阿喀琉斯之踵②——专利成为企业的竞争策略和工具

正如前文所言，由于技术发展的日益多样和复杂化以及技术创新的日益职业化和专门化，技术的发明范式已经发生了转换，个体性质的独立发明人日趋式微，企业成为技术创新的主体。在美国，1885 年 12%的专利都是颁给企业的，而到了 1998 年只有 12.5%的专利是颁给个体发明者的。③ 随着企业对技术和专利的日益重视，以及企业所掌握的技术资源逐渐丰富，它们通过利益集团的方式不断影响着司法和立法，尽可能地把能实现自身利益的偏好转化为政策、制度。

一方面，它们逐渐将专利的权利从发明雇员上移转到企业上。以美国为例，19 世纪美国专利法的中心还是个体发明者，当时的法律认为雇员拥有与其发明相关的各种权利，谁发明谁使用，发明所有权与是否受雇用无关。这主要沿袭了工业时代的做法，那时候，发明主要是由受到生产过程的启发的工匠而作的，雇主雇用工匠时主要看重其掌握技术的熟练程度，而不是期待其从事发明活动，雇主也没有为研发活动提供额外投入。这样，新技术的发明就成了雇佣关系的副产品，雇主不拥有雇员的发明成果，由工匠自行申请专利并享有专利权。④

到 19 世纪末期，随着企业的力量逐渐增大及其对投资研发的成本越来越高，发明家逐渐受控于企业，企业在司法实践中不断诉请对雇员发明

---

① 美国著名的经济学家亚当·杰夫（Adam B. Jaffe）和乔希·勒纳（Josh Lerner）就现行专利制度对技术和经济的阻碍作用进行了批判，认为当前专利系统在发展的车轮中已经成为沙子，而不是润滑剂。亚当·杰夫，乔希·勒纳. 创新及其不满：专利体系对创新与进步的危害及对策. 罗建平，兰花，译. 北京：中国人民大学出版社，2007：102.

② 阿喀琉斯是古希腊神话中一位颇有独立意识的、近乎完美的英雄，其唯一的致命缺陷就是他的脚后跟。据说他在出生后，被他的妈妈海洋女神抓住脚后跟倒拎着在冥河里浸过一遍，全身得以刀枪不入，而没有浸到冥河之水的脚后跟就成了他身上唯一的弱点。在后来的特洛伊之战中，所向无敌的阿喀琉斯终于被一支阿波罗之箭射中了脚后跟，从而丢掉了自己的性命。后来，人们就用“阿喀琉斯之踵”来形容令人致命的弱点。

③ Merges R·P，One Hundred Years of Solicitude：Intellectual Property Law，1900—2000，*Cal. L. Rev.*，2000，p2187.

④ 吴欣望. 创新市场与国家兴衰. 北京：社会科学文献出版社，2012：46.

的使用权，法院在司法实践中逐渐偏向于企业。在 1897 年的“Blauvelt v. interior Conduit & Insulation 案”中，法院首次引入了工厂权（shop right），认为只要雇员的发明活动利用了雇主提供的资源，雇主便有权使用该发明，而无须获得雇员同意。[①] 20 世纪之后，越来越多的企业建立技术研发部门，企业成为技术创新的主体。美国法院越来越倾向于企业，1924 年，美国最高院在“Standard Parts co. v. Peck 案”中否认了专利权归雇员所有。最高法院认为，在 Peck 受雇改进汽车部件性能之前，其雇主福特汽车公司就已经在与其签订的雇佣合约中规定，企业拥有专利权。在这种情形下，由雇主享有专利权。此后，美国逐渐形成了以下惯例：如果雇主和雇员签订了合约，则专利权的配置服从合约；如果没有签订合约，则当雇员利用了雇主资源时，专利权归雇员，但雇主可以使用。[②] 1952 年，美国对这一惯例进行了法律上的明确。2011 年，美国再次修改专利法，其《发明条例》简化了雇主获得雇员发明的所有权的程序。雇主可以直接作为申请人提出专利申请，而不是代发明人申请。专利授权后，可以直接由雇主拥有。这一法律上的调整解决了雇员不配合专利申请时所导致的专利权保护实施被延误的问题。至此，许多国家都借鉴了美国的立法，企业真正成为专利法的中心。

另一方面，随着企业逐渐掌握了专利的权利，专利成为企业的核心资源，专利不仅仅表现为独占性的法律权利，更进一步成为企业的竞争工具。专利作为一种战略资源和竞争武器，扮演着强有力的新角色。根据美国进行的内容管理系统（CMS）调查，对于企业来说，申请专利的主要原因是（按重要性的降序排列）：阻止复制、屏蔽竞争者和获得运用的自由权（如不被其他人基于他们自己的专利进行的威胁或诉讼而限制）。获取声誉和许可收益不是很经常被提及。欧洲公司的调查也给出了相同的排名。当企业遇到更加激烈的竞争时，它们倾向于申请更多的发明专利。[③] 在实践中，在很多企

---

① 王重远. 美国职务发明制度演进及其对我国的启示. 安徽大学学报（哲学社会科学版），2012（1）.

② 同①.

③ Arundel A，Kabla I，What percentage of innovations are patented? Empirical estimates for European firms，*Research policy*，1998，p127.

业尤其是跨国公司的知识产权经营管理的过程中，专利几乎沦落为一种商业工具和竞争手段，甚至完全抛弃了法律赋予的高尚目的和社会寄予的道德底线。具体体现在：（1）企业强烈追求专利圈地运动，导致大量问题专利的产生。如果企业利用强大的研发能力而创造大量发明并申请专利，这本身无可厚非，然而一些企业为显示研发实力、增加交叉许可的筹码等出于商业利益的考量，申请了大量质量低劣的问题专利（questionable patent）或垃圾专利，这些专利遍布各个行业。① 哈霍夫（Harhoff）和谢勒（Scherer）通过对专利进行调查，发现专利的价值分配已经被严重扭曲：多数专利都没有价值，只有少数的专利有很高的价值。（2）一些企业申请或购买专利并非为了投入商业使用而是为了利用专利抢占市场优势，阻止其他竞争对手进入相同市场。例如1983年的“McDonald vs. Johnson & Johson案”，强生公司（Johnson）购买了大量麦唐纳公司（McDonald）的专利，但并没有将其投入商业使用，而是为了限制其市场竞争对手进入相同市场。再如在1991年的“Alling公司与Global公司案”中，Global公司购买了Alling公司的新专利之后，并没有对其进行使用而是将其闲置了数年。②（3）利用专利诉讼压制和打击竞争对手。最典型的例子是2010年至2014年，苹果和三星长达数年的专利大战。苹果起诉三星的最根本目的就是利用专利诉讼来排挤和压制三星。③（4）利用专利可以控制技术和产业发展。在后工业时代，企业综合运用“专利联盟”④“专

① 袁真富. 知识产权异化：囚徒的困境—以知识产权立法目的为参照. 知识产权法研究，2006（1）.

② YeeWah Chin，Unilateraltechnologysuppression：Appropriate antitrust and patent law remedies，*Antitrust Law Journal*，*vol*.（66），1998，pp. 441－447. 吕薇. 加强知识产权保护中的反垄断措施. http：//www.blogchina.com/new/display/?id＝14552.

③ 王太平. 知识经济时代专利制度变革研究. 北京：法律出版社，2016：84.

④ 专利联盟是专利所有者许可其专利给另一方或第三方的协议。专利联盟因为其本质（多数厂商之合作行为）以及对外授权契约内存在其他限制条款，不可避免地形成垄断而限制竞争，例如：（1）利用专利联盟来垄断定价、限制产量、分配市场；（2）如果专利联盟成员在没有协议的情况下会成为竞争者或很可能成为潜在竞争者，他们之间的联盟则可能会限制竞争；（3）如果专利联盟在一些情况下拒绝其他企业参加，也可能会被认为影响正常市场竞争，如被专利联盟排除在外的企业失去在相关产品市场上进行有效竞争的能力，专利联盟在相关市场上具有垄断地位，参加专利联盟的限制条件与联盟内技术的发展没有必然的联系；（4）可能妨碍联盟成员的研发创新。李玉剑、宣国良. 专利联盟：战略联盟研究的新领域. 中国工业经济，2004（2）.

利标准"[①] 等方式来控制技术的发展，进而控制产业的发展，或巩固其对技术和产业的控制。

因而在后工业时代，专利的作用已经发生了重大变化，专利已经不仅是一个单纯的法律概念，它逐渐变成了企业家所密切关注的经营理念。[②] 这些利欲熏心的企业家不断"异化"了专利制度，这个专利系统已经从其原有的位置上挣脱下来，并且似乎脱离了鼓励发明和促进新产品商业开发的固有角色。[③] 当前的专利制度已被异化为企业肆意攫取经济利益的商业工具，不仅阻碍知识传播，影响新技术扩散，制约创新活动，而且极大地浪费了权利人及其第三人在经济、时间等方面的宝贵资源。此外，设立阻止竞争对手进入市场的门槛，使得大多数市场被少量的掌握有大量专利的大型企业所掌控。这些大型企业将会有更少的创新的动力，因为他们面对的是一个更少竞争的商业环境，并且他们可以从已经获得专利的早期创新中获取垄断性收益。[④]

2. 专利私权的非理性扩张

随着技术的发展以及为了能够攫取更多的利润，企业和发达国家不断推进，专利私权的扩张呈现全方位、多层次的特点：在工业时代，专利制度的可专利对象还主要是机械流程和装置，正如 Robert P. Merges 所描绘的，在美国最初的一个 100 年内，"哪怕你把技术放到口袋里用来摇两

① 技术标准具有社会性和公共性，实质是对一种或几种生产技术设立的必须符合要求的条件。传统产业中，标准和专利权似乎是毫不相干的。技术标准关注公知领域的技术，专利则关注独占领域的技术。然而这种状况在知识经济时代发生了根本性的变化。一方面，某些领域的标准制定中已经无法回避所选技术方案的专利问题，另一方面越来越多的专利所有人也积极寻求将含有专利的技术方案与标志相结合，从而展开自己的专利战略，巩固其市场优势。当受到专利保护的技术纳入标准之中时，事实上就在一定程度上将公告性的标准归入了专利权人的私人控制，至少是部分私人控制。李春田. 标准化概论. 北京：中国人民大学出版社，2005：143.

② 王晋刚，张铁军. 专利化生存：专利刀锋与中国企业的生存困境. 北京：知识产权出版社，2005：前言 VII.

③ 亚当·杰夫，乔希·勒纳. 创新及其不满：专利体系对创新与进步的危害及对策. 罗建平，兰花，译. 北京：中国人民大学出版社，2007：68.

④ Stephan Kinsella，*Do Business without Intellectual Property*，available at http://www.stephankinsella.com/2014/10/do-business-without-intellectual-property.

下，都能闹出点动静来”①。在后工业时代，由于生物技术、信息技术等高新技术的迅猛发展给传统专利制度带来了许多新的诘问和挑战，很多传统理论不认可的对象，却因为其巨大的经济效益而被发达国家予以专利化保护。由此，诸多高新技术领域的知识创新成果成了可专利主题，专利保护知识创新的范围和领域不断迅速扩张。美国作为世界科技大国和知识创新的强国，其全面广泛的知识创新现实导致其最早对专利保护的主体扩张产生了强大的实际需求。1952 年美国通过相应的规定将可专利主题扩张至：阳光下人们所创造的一切事物。这种专利扩张的态势在 20 世纪 80 年代以来得到了进一步的强化。美国联邦最高法院在 1980 年“Dimondv. Charabarty 案”和“Ex parte Hibberd 案”的判决中打开了基因技术可被授予专利权的大门，包括微生物、多细胞植物及种子甚至多细胞动物。1998 年在“State street bank 案”中，美国联邦巡回上诉法院判决，管理股票基金的电脑化系统构成可专利主题，这就将可专利主题延伸到商业方法类的知识创新领域。在之后的“AT&T V. Execl communication 案”“Amazon. co v. Barneasandonoble. com 案”以及 2009 年的“比尔斯基案”中法院又进一步确认了商业方法专利，突破了美国古老的不得向商业方法授予专利的禁令。尤其是在“Amazon. co v. Barneasandonoble. com 案”中，华盛顿西部地区初级法院甚至认为亚马逊的“一次性点击”方法也可以获得专利。② 如今在美国，专利的客体范围越来越宽，其不断向商业世界靠拢，任何具有商业性用途的方法或产品都有获得专利保护的可能性，在美国专利局和法院能够看到各种形式多样的发明申请或司法诉讼，例如艺术方法、运动员的动作、建造风格、经济理论等。③

美国专利的不断扩张受到日本、欧盟的积极关注与回应，欧盟和日本也不断对可专利主题进行扩张。欧洲专利局上诉委员会通过相关判例宽泛

① Merges R·P, As Many as Six Impossible Patents Before Breakfast: Property Rights for Business Concepts and Patent System Reform, *Berkeley Technology Law Journal*, 1999, p2.

② Amazon. com, Inc. v. Barnesandnoble. com, Inc., 73 F. Supp. 2d 1228, 1249 (W. D. Wash. 1999).

③ Feinberg R, *Peculiar Patents: A Collection of Unusual and Interesting Inventions from the Files of the US Patent Office*, Carol Publishing Group, 1994, p154.

地解释了其可专利标准（“技术性”），从而使得动植物、计算机软件、商业方法等事实上得到了保护。日本也通过对其可专利标准“利用自然规律”，将基因、计算机软件、商业方法囊括于专利保护之中。[①] 许多发展中国家在发达国家的压迫下对其专利客体进行了一定程度的扩张。此外，美国大企业所主导的 1994 年 Trips 协定、2011 年抛开发展中国家在 WIPO、WTO 框架之外设立的《反假冒贸易协定》（简称 ACTA）以及确立“面向 21 世纪高质量”的更高标准的 TPP 协定等都对专利客体的扩大保护、延长保护期限、拒绝平行进口等标准进行了提高。

专利私权的非理性扩张，引发了人们广泛的批判：首先，将药品纳入专利权的保护范围，会造成一些地区的公共健康危机。例如由于将药品纳入专利权的保护范围使得这些专利药品的价格十分高昂，尤其是治疗艾滋病等稀有病症的药品，这将使得非洲和美洲等艾滋病猖獗的地区的患者，由于没有足够的经济能力承担这些药品的价格，因而失去治疗的机会，面临死亡的威胁。其次，将基因等研究工具纳入专利权保护范围，极大增加了相关科学研究的成本。例如在生物技术领域，由于存在大量相关技术，如果对这些技术申请专利，那么一旦试图对某一生物技术进行后续开发和应用便需要获得大量上游专利的许可，进而造成后续研究和应用的阻碍，引发所谓的“反公共悲剧”。再次，将动植物和人类基因纳入专利权的保护范围还引发了广泛的伦理道德的争议。例如宗教团体和绿色和平组织强烈反对将生命体和遗传物质纳入专利客体，认为这是对生命尊严的冒犯。[②] 另外，草根活动家、农民组织、环境集团、发展集团、人权组织和消费者组织，其率领全球进行“生命无专利”运动。[③] 其指出，跨国种子

① 王太平. 知识经济时代专利适格标的研究. 北京：知识产权出版社，2015：49－71.

② 例如 1995 年 5 月 18 日，约二百位宗教领袖在华盛顿发表声明，呼吁停止给基因和转基因动物授予专利权。“我们，凡后文签名之宗教领袖，反对人和动物生命形式之上的任何专利，我们深为美国专利局最近授予人体部分和几种基因工程动物专利的做法所震惊。我们坚信人和动物都是上帝的创造物，而非人类所造，因此不应作为人类发明授予专利。”绿色和平组织更指责生命体和生命物质专利是“现代奴隶主义”。胡波. 专利法的伦理基础. 武汉：华中科技大学出版社，2011：193.

③ 1995 年，一个由“255 个农业、科学和贸易组织以及超过 10 万名农民组成的，由经济趋势基金会引导的联盟提起了申诉”，要求美国专利和商标局对在 1992 年向格雷斯公司授予的植物专利进行撤销，原因是“缺乏新颖性且违反道德”。

和药品公司不断掠夺生物多样性和发展中国家的传统知识，然后科学地改变这些发现，申请专利，再以昂贵的价格向人们销售。对种子等植物授予专利的情形是："十大种子公司现在控制了世界 30%，230 亿美元的商业种子市场"，这些企业在竭尽全力控制食物供应并使农民和当地居民承担越加复杂的认证费和使用费。① 最后，在技术的更新周期越来越快的今天，专利的使用和保持期限都在不断缩短，但如今的专利平均保护周期却比 19 世纪的增长了近 40%。ACTA、TPP 不断扩张专利保护期限的妥当性值得商榷。

3. 万能的专利制度——一个尺寸适合所有人?

在前工业时代和工业时代，技术的单一主要体现为机械技术、产业的细分性不强，同质化即使暴露出问题仍属可容忍的限度。进入后工业时代，技术日益多样化和复杂化，发明创造依其所属的产业领域不同形成机制。然而企业和政府在构建专利制度时，依然遵循的是古老的威尼斯式的单一专利制度，全然不顾不同技术的类型和特性、研发成本、模仿难易度及其对社会的影响等，具体而言如下。

其一，研发成本会因所处的产业不同和具体某项发明创造的不同显示出巨大的差别。一些发明因妙手偶得，基本上不需要研究投入，而一些产业如制药企业因所涉及的技术研发的复杂性或者行政审批等待期限过长等因素，可能需要耗费巨大的研发成本。例如一家美国的制药公司声称其研发一种新药的平均成本为 8 亿 200 万美元。② 和制药产业一样，半导体产业同样是一个需要巨大投入的领域，开发微处理器不仅需要在线路设计上付出艰苦的工作以及上千万的成本投入，同时还需要建立起全新的配套生产设备以及流程，对高级技术工人和专门的技术设备的需要，使得研发微处理器成为一个高度的资金密集型产业。一般而言，完成新一代的微处理器的成本可能超过 40 亿美元。相反，另外一些产业如计算机软件产业对研发的投资需求要小得多。两个程序员在一间车库里就能研发出一套商业

① 苏姗·K. 塞尔. 私权、公法：知识产权的全球化. 董刚，译. 北京：中国人民大学出版社，2008：178，139.

② 丹·L. 伯克、马克·A. 莱姆利. 专利危机与应对之道. 马宁，余俊，译. 北京：中国政法大学出版社，2013：52.

软件程序，尽管近几年来编写代码的成本已经有所增加，但多数情况下，花费少于100万美元完成一套应用程序在很多情形下仍旧是可行的。不同产业研发支出的成本不同，导致它们对专利制度保护的需求也不同。研发的时间和花费的金钱越多的产业为了收回投资，对专利制度的需求也就越高，也更为迫切。①

其二，不同产业因所涉及的技术特性的不同，对其进行模仿的难易度并不一样。一些产业对其进行模仿的成本较低，模仿速度较快，例如产品发明，因为产品的销售揭示了它们的技术秘诀和有用信息。而一些产业的模仿成本较高且模仿速度更慢，例如方法发明通常不容易被模仿，因为竞争者没有机会去直接观察这些方法。据此，对于方法发明而言，相较于专利，商业秘密可以提供更加充足的保护（例如可口可乐的配方）。一些研究表明，由于化学产业更加强调方法创新，因此其更依赖商业秘密而不是专利保护。②

其三，离散性创新和累积性创新存在区别。包括制药和化工产业在内的离散性创新是一件一件分离的，创新发明可能被改进，但一般采取小范围的后继发明的方式。而累积性创新则是在现有产品的基础上一点点累积改进的，一件累积性创新的产品中可能包含着数量众多的零部件，其中尤以半导体和计算机软件产业最为典型。专利保护对离散性创新产品与累积性创新产品的意义有所不同，对于前者，专利的强保护不会阻碍后续技术的创新，而对于后者，专利的强保护可能阻碍后续技术的创新。

其四，不同产业对社会的意义不同。例如奢侈商品并非社会所必需，人们对其需求较小，而药品则事关人类的健康和生活，具有十分重要的社会意义，对专利药品的强保护可能会极大影响民众的健康和生活。在发展中国家，专利导致的昂贵药价使得人们根本无力负担，这导致了发展中国家的公共健康危机。例如南非每8个人中就有1人感染艾滋病，但昂贵的药价使得艾滋病人看不起病。即便在属于发达国家的美国，因有些专利药价太过昂贵，扭曲了药品的研发投资，引起了美国民众的诸多不满。例如

① 丹·L. 伯克、马克·A. 莱姆利. 专利危机与应对之道. 马宁，余俊，译. 北京：中国政法大学出版社，2013：55.

② 王太平. 知识经济时代专利制度变革研究. 北京：法律出版社，2016：30.

美国过敏药品 EpiPen 的药价已涨至 608.61 美元，在这近十年来的时间里，其药价涨幅达约高达 500%，造成许多属于过敏体质的民众，根本无法负担如此昂贵的药物。①

欧洲学者的实证研究也表明，专利对不同产业所起的作用也是不一样的：只在化学、生物科技和药品以及保护医疗设备的新产品方面有效；在机械、计算机、无线电或电视、汽车方面适度有效；对于玻璃和石油，只对创新方法有效。其在以下的行业被认为没有效果，包括某些高科技部门，如电子元件、仪器以及航天航空。② 相应地，欧洲授予专利的产品创新的份额在制药（80%）、化学、机械、办公及计算机设备以及精密仪器（50%）方面也很高，但是在交通、电信服务方面，其他交通设备、碱性金属以及纺织或服装方面却很低（低于 20%）。③ 专利对于产品创新比方法创新有效。根据一项 1990—1993 年的调查，在欧洲经营的大公司的产品中有 36%的创新得到了专利授权，而方法创新得到专利授权的只有 22%。由于相比产品来讲，方法不是很容易被竞争获取的，因此，即使没有专利，它们也能更有效地被保密，而且经过专利文件，它们会因为披露而遭受更多的损失。④

不同的技术和产业对专利制度的要求不同所产生的矛盾是显而易见的。当前大企业和发达国家所致力建构的“万能钥匙”般的专利制度，即用同一种方法适用于所有的技术，它的运作已经变得越来越昂贵。专利专

① Scott Alexander, *Reverse Voxsplaining-Drugs vs. Chairs*, available at https://news.cnyes.com/news/id/2169438.

② Cohen W·M, Levinthal D A, Absorptive capacity: A new perspective on learning and innovation, *Strategic Learning in a Knowledge economy*, 2000, pp. 39 - 67.

③ Arundel A, Kabla I, What percentage of innovations are patented? Empirical estimates for European firms, *Research policy*, 1998, pp. 127 - 141.

④ 同③. 此外，曼斯菲尔德的调查也发现，如果没有专利保护，60%的药品发明不能研究出来，65%的药品发明不被利用；化学发明有 38%不会被研究出来，30%不会被利用。但除医药和化学行业外，专利保护的缺失对许多行业影响很小甚至没有影响。（Mansfield E, Patents and Innovation: An Empirical Study, *Management Science*, 1986, pp. 173 - 181.）莱文等人的调查也表明，除化学和制药行业外，专利并非最重要的手段；对于过程创新，专利是最无效的；对于产品创新，专利的作用仍比不上领先时间和学习曲线优势。（Levin, Richard C., et al, Appropriating the returns from industrial research and development, *Brookings papers on economic activity*, 1987, pp. 783 - 831.）

列虽然尚未出轨，但已逐渐失去控制。更糟糕的是，它的病变增加了创新投资的不确定性，因而损害了专利体系所设计出来的各种激励措施。[①] 穆勒认为，精确确定激励和回报，也许永远也不可能得到彻底解决，非常可能的是，针对不同类型的技术得出不同的答案。[②] 丹·L. 伯克和马克·A. 莱姆利得出的答案更加具体，他们认为可以由法院根据不同的产业特色，通过对个案适用灵活的标准来适用不同的专利规则。这些标准可以被称为法院在专利案件当中运用的一些政策杠杆。法院在对不同发明区别对待时不会明确提及其所处的产业，但是所采用的方式对不同产业的影响却是不成比例的。尽管法院没有明确地显示出技术区别的特点，但是通过对一些政策杠杆的适用，使得专利法通过个案建立产业区别规则成为一种可能。[③]

4. 专利申请和诉讼的爆炸式增长

在后工业时代，整个社会知识量的增加、技术创新周期的缩短、技术创新和技术传播的速度的快速性，使得专利申请量的激增成为一种世界性现象。同时彼得·达沃豪斯和约翰·布雷斯维特根据调查还提出了一个令人不安的理由，美国专利局背后的政策委员会不可避免地有私营部门的代表参与，却没有消费者以及其他非政府代表参与，因而专利局的座右铭是

① 法律采取了一刀切的做法，通常的解释是：统一的存续期间，有利于避免“逐一决定”的判断成本，确保权利的可预测性，摆脱差异性设定有可能引发的政治纠缠。这一解释难具说服力：从立法目的看，维系智力性贡献与有效期的正相关，才能体现法律的激励水平。从投资角度而言，不同技术产业所处的市场、研发成本、产业化难度、利润率等各不相同，专利保护理应与成本和利润相匹配。亚当·杰夫，乔希·勒纳. 创新及其不满：专利体系对创新与进步的危害及对策. 罗建平，兰花，译. 北京：中国人民大学出版社，2007：156.

② J·M. 穆勒. 专利法. 3版. 沈超，等译. 北京：知识产权出版社，2013：24-25.

③ 丹·L. 伯克和马克·A. 莱姆利通过对司法实践的总结，针对化学、制药、生物技术、半导体和软件五个技术领域划分了三类的政策的杠杆——发明人是否获得专利及果真如此专利是否有效的杠杆；可作用于专利保护范围的杠杆；以及影响专利侵权救济方式的杠杆。其一，针对专利权的获得以及有效性而言，可以根据不同的产业特性，运用实用性、实验性使用、所属技术领域普通技术人员的水平、非显而易见性的辅助性考察、书面描述等政策杠杆。其二，针对专利范围而言，可以利用抽象创意、合理的可替换性、要素逐一分析、开创性专利、反等同原则、救济—合理的专利费等杠杆政策进行调控。其三，对于救济—合理的专利费而言，法院可明确地参考相关产业的各种情况以决定诸如公司期待的利润率以及该产业通常的专利许可费用等事实。专利许可费因所处产业的不同差异巨大。丹·L. 伯克、马克·A. 莱姆利. 专利危机与应对之道. 北京：中国政法大学出版社，2013：170-264.

使其跨国公司客户满意。这导致美国专利局对专利的授权更加肆无忌惮。① 作为世界头号专利强国，美国 1988 年、1998 年、2008 年的专利申请量分别为 151 491 件、260 889 件与 485 312 件，1988—1998 年增长了 72.2%，而 1998—2008 年则增长了 86%。至 2013 年 9 月，美国专利商标局的专利申请量已经达到 601 317 件。② 在欧盟，欧洲专利局（EPO）专利申请量在 1995—2006 年增长了 150%，从 80 万件增长到 200 万件。申请数量每年的增长率超过 9%，而同时期 GDP 的增长率却不到 2.5%。专利申请的大量增加，一方面导致各国专利的积压呈现空前水平，即便如美国这样拥有世界一流的专业专利审查团队的国家也是如此。③ 最根本的原因在于专利申请机关的审查能力无法与所申请的专利及技术发展同步。另一方面，大量的专利申请导致了专利授权质量的降低与不确定性的增加。④ 据这些学者的研究，在诉讼中，有半数以上的专利权最终被宣告无效。这些现象从不同角度表明现行专利制度下的专利质量已经下降了，这不仅耗费了大量的行政成本，还妨碍了科学和有用技术的进步。莱姆利（Lemly）认为，“只要专利局仍旧受到洪水般专利申请的困扰以及局限于可怜的审查时间，只要激励机制是偏向于授予而非驳回申请，专利局就还会继续对坏专利进行授权”⑤。

此外，自 1980 年以来，专利诉讼开始频繁起来。诉讼增加的原因主

---

① 彼得·达沃豪斯，约翰·布雷斯韦特. 信息封建主义. 刘雪涛，译. 北京：知识产权出版社，2005：188-190.

② 王太平. 知识经济时代专利制度的变革. 北京：法律出版社，2016：102.

③ 美国专利积压（待决专利）处于空前水平，并在最近 25 年间增长得比任何时候都快。1986—1996 年，专利积压增长了超过 70%，而过去 10 年，专利积压增长了近 500%，现在已达到 700 000 件申请。王太平. 论专利奖赏制度——兼论我国发明奖励制度及其重构. 中国法学会知识产权法研究会 2009 年会暨经济全球化背景下的知识产权保护研讨会.

④ 合格的专利权应该符合新颖性、创造性和实用性，同时也应对发明予以充分公开；但实际上，大量的被授权专利并不符合上述要求。据联合国经合组织估计，从 20 世纪 80 年代至 90 年代初，欧盟的专利授予率达到 50%～60%，而美国的专利授予率竟高达 80%～90%。奎伦（Quillen）和韦伯斯特（Webster）亦指出，在 1993 年至 1998 年的 5 年时间，美国专利授予率达到了 85%～97%。杨成. 全球专利申请过热 专利质量有待提高. http://ip.people.com.cn/GB/11458442.html.

⑤ 丹·L. 伯克、马克·A. 莱姆利. 专利危机与应对之道. 马宁，余俊，译. 北京：中国政法大学出版社，2013：33.

要包括专利通知的恶化、产业特殊要素的增加、诉讼回报的增加、企业好诉倾向的加重以及专利流氓的增加还有专利审查的下降。① 在美国，专利诉讼呈快速增长态势，其增速远快于一般民事诉讼的。专利诉讼自 1988 年到 2005 年增加了 122%，而同时民事诉讼总体上仅上升了 5%。② 过多的专利诉讼不仅带来了社会资源的浪费，而且影响了专利私权的稳定性。迪·索托（De Soto）认为，如果专利作为财产的一种形式能够有效运作，他们会对投资和贸易提供足够刺激。然而如果专利系统不能够有效实施，那么大量的争议将会产生，同时也会产生大量的成本。③ 当专利权利的有效性不确定时，财产权利可能会失效。④

四、历史的启示

在后工业时代，专利制度的演变历史可以得出以下几点启示。

第一，后工业时代，技术、经济和文化环境的变化，使知识密集型企业集团萌生了不断扩张知识产权权利范围以及构建全球性知识产权保护框架的制度观念，据此，它们不断通过结盟、游说、选举等各种方式尽可能地将其观念、利益和主张转化为政策、制度。由于它们属于技术创新和经济发展的主导力量，政府的政策和立法逐渐偏向这些企业。于是在后工业时代，唯一代表西方社会公共利益的政府与私人企业利益空前的统一，包括专利制度在内的知识产权制度逐渐走向国际化，乃至不断呈现出异化的趋势。“专利法并非存在于特拉比斯特（Trappist）修道院的封闭和寂静之中……一旦你将专利法从它现在赖以存在的自然环境中分离出来，那么你将其约束在使它暴露在自我修正的法律力量的领域中。迟早，这样一种与其他机构相隔离的法律机构会发展出它自己的专业语言、独特的思维方式、内部政策……这不同于一般法律所追求的政策，甚至有时与一般法律

① 丹·L. 伯克、马克·A. 莱姆利. 专利危机与应对之道. 马宁，余俊，译. 北京：中国政法大学出版社，2013：17.

② 王太平. 知识经济时代专利制度变革研究. 北京：法律出版社，2016：104.

③ Bessen J，Meurer M·J，*Patent failure：How judges，bureaucrats，and lawyers put innovators at risk*，Princeton University Press，2008，p45.

④ 同③7.

所追求的政策格格不入。”① 在后工业时代，专利私权机制犹如一匹脱缰的野马，在目的理性的轨道之外疯狂地驰骋。专利私权制度已经逐渐蜕化为企业实现自身利益的工具，鼓励企业投资的制度，与其所要标榜的鼓励技术创新的理性目的越走越远。

第二，专利制度依然是政府发展经济和技术的政策工具，而且在后工业时代逐渐升级，成为美国等发达国家发动贸易制裁和贸易战争的武器。在前工业时代和工业时代，专利制度还只是本国国内发展技术和工商业经济的调控手段。在后工业时代，随着技术和经济的全球化，同时在企业集团的不断游说下，美国政府逐渐将知识产权制度与对外贸易相联系，并陆续在 1979、1984、1988 年修订贸易法案，增强了知识产权保护与贸易间的联系。如今 301 条款以及 Trips 协定等国际条约逐渐成为美国政府在国际舞台上发动贸易制裁和贸易战争的武器。例如美国在历史上曾分别在 1991 年 4 月、1994 年 6 月、1996 年 4 月以及 2010 年 10 月借助其“特别 301 条款”对中国知识产权实施特别 301 调查，2018 年 3 月 23 日，美国再次利用 301 条款对中国发动贸易战争。

第三，在后工业时代，技术对专利制度变迁的影响越来越重要，最根本的原因在于技术对经济的作用力和价值越来越凸显，以及技术对权势主体影响的扩大。技术创新达到了前所未有的高涨阶段，日益快速化、复杂化与多样化，技术不仅与经济活动以前所未有的态势紧密地结合在一起，而且根本上改变了技术创新的范式和经济发展的主导力量，进而导致企业成为塑造专利制度规则的最重要的权势主体。正如加尔布雷思在《新工业国》指出的，整个社会中，权势在各个生产要素之间进行剧烈转移，在不同历史阶段，由于科学技术发展水平不一样，不同的生产要素成为最难得或最难代替的，从而也是最重要的，谁掌握了这种生产要素的供给，谁就拥有权势。在前工业时代，土地是最重要的生产要素，由于土地的稀缺性，权势是与土地决定在一起的，掌握土地的封建政府是制度规则塑造最主要的权势主体。在工业时代，随着人们不断开荒拓土，人们不断获得新

① 亚当·杰夫，乔希·勒纳. 创新及其不满：专利体系对创新与进步的危害及对策. 罗建平，兰花，译. 北京：中国人民大学出版社，2007：94.

的土地，同时随着机械方面的发明的增加以及冶金和工程方面知识的增长以惊人的速度增加着资本运用的机会，人们在较为先进的技术上投入较多的资本，生产得以扩大，收入和储蓄因而得以增多。例如在第一次工业革命阶段，煤炭、钢铁、铁路、机车等工业在国家生产的产品中的份额日益增加，农业在生产中的地位下降。工商阶级生产这些产品所需的少量土地可以很容易获得，劳动力供给也十分充足，资本才是最重要的。因而资本代替土地而成为最重要的生产要素。国家的威望和权力便日益转移到工商业资本家手中。①

在后工业时代，一方面随着工业的发展，“资本的供给日益充裕”，于是出现了“储蓄过多的倾向”，资本不再是稀缺的生产要素了。另一方面，工业和技术发展所需要的专门知识越来越复杂，专门知识成了企业成功的决定性生产要素，拥有先进技术研发部门和组织的大企业逐渐控制权势主导生产的是那些控制资本和技术的人——是“数量在不断减少的资本和技术巨头，他们篡夺和垄断了这个变革过程的好处……”② 价格和工资是依据他们的集体利益制定的。他们主导着社会并确定着社会的道德基调。他们还控制着国家，而国家成了服务于这些大工商阶级的意愿和利益的一个执行委员会。“绝对或者相对的大规模所给予巨型公司的市场权力，不仅是经济权力的基础，并且也是相当可观的政治权力和社会权力的基础……”③

第四，Trips 协定并非如世人所认为的那般光鲜亮丽，其在国际社会所起的作用也并非那么正面，事实上它带来了许多问题。即便是 Trips 协定的最强烈支持者——美国，也认为要为该协议付出巨大的经济代价。按照赖克曼所言：“无论是作为一个集团的发达国家，还是具体到美国，都不应当期待从履行 Trips 协定中而轻松地获得成功。尽管一些发达国家可能比别的国家获益更多，但是所有国家都会感受到知识产权保护的社会成

① 例如 19 世纪末，英国政治领域的首要人物是来自伯明翰的大工业家兼螺丝钉制造的先驱者约瑟夫·张伯伦。美国政府也主要为那些拥有大量资本财富的工商阶级所操控。约翰·肯尼思·加尔布雷思. 新工业国. 嵇飞，译. 上海：上海人民出版社，2012：52.

② Karl Max，*Capital*，New york：Modern library，1936，chapter 32，p836.

③ 约翰·肯尼思·加尔布雷思. 新工业国. 嵇飞，译. 上海：上海人民出版社，2012：47.

本时期经济的一些部门不堪重负。”这场运动与广泛承诺的全球贸易自由化相矛盾，并且带有残留的重商主义的气味。① Trips 协定反映了这样一种假设“发展中国家应用未许可的外国技术所得等于发达企业非法的损失”②。这种假设反映了商人的观点，它削弱了一个自由竞争规范，一个以产品的高性能、低价格和更高效的生产流程为基础的制度，而且权衡了对许可权持有者的保护。“薄弱的知识产权保护法律使得一些人有机会再次进入市场中，他们通过模仿和增加的创新可以提供更加廉价、更好的产品。”③ 因此，加强这样的法律可能产生反竞争的作用。其他分析家支持，当前的知识产权规则与经济创新严重不协调。福瑞认为在某种程度上“创新不是由技术上的突破所驱动，而是对现有技术的常规开发”④，Trips 协定中的起保护和排除作用的财产权体制对创新有巨大的影响，这是因为它们妨碍了现有知识的广泛传播。在某种程度上，研究与发现大都是基于前人发明的再创造，过强的专利保护不但会导致社会低效的垄断价格，而且将无法对竞争者研发第二代产品提供充分的激励。⑤

第五，全球经济和技术的贸易相关性，各国之间的专利制度的联系将愈加紧密，但由于利益集团的寻租日益突出，资本主义国家的专利制度绝非具有天然的正当性。并且这些利益集团已经不满足于 Trips 协定的利益框架，试图寻求更加广泛和多样的国际制度保护，ACTA 和 TPP 就是最好的例子，他们甚至还试图构建一部世界统一的专利实体法条约（SPLT）。专利制度的全球化尽管在协调国家法方面具有重要价值，但是，

---

① Reichman J · H，The TRIPS Component of the GATT's Uruguay Round：Competitive Prospects for Intellectual Property Owners in an Integrated World Market，*Fordham Intell. Prop. Media & Ent. LJ*，1993，p175；Porter T，Hegemony and the private governance of international industries，*Private Authority and International Affairs*，pp. 257 - 281.

② Reichman J · H. The TRIPS Component of the GATT's Uruguay Round：Competitive Prospects for Intellectual Property Owners in an Integrated World Market，*Fordham Intell. Prop. Media & Ent. LJ*，1993，p175.

③ 同②.

④ Foray D，*Knowledge distribution and the institutional infrastructure：the role of intellectual property rights*，WZB Publication，1995，p112.

⑤ Scotchmer S. Standing on the shoulders of giants：cumulative research and the patent law，*Journal of economic perspectives*，1991，pp. 29，31，34.

更可能会产生较大的协调成本。并且专利法的历史表明，专利法本身就是产生于国家法的多样性，而不是相同点，并且在经济与社会不同的发展阶段宜采取与之相匹配的知识产权保护措施。① 威尼斯、法国、英国、德国、美国等不同国家拥有不同的法律和实践，其结果是强化和改善了专利实践，多样性和法律试验仍然延续至今。因此，国际社会不应急于固定一种统一的知识产权保护的法律责任，而是应该坚持专利制度的多样性。正如杜菲（Dufy）教授指出的，如果国家和国际专利政策的制定者认识到多样性的价值，21 世纪的专利法将会得到更为丰富的发展。② 发展中国家应该结合自身经济和技术发展情况制定本国专利制度，立足于本国国情，在双边或国际条约的缔结中坚持自主性，提出自身诉求，争取构建其国际知识产权范围内的利益平衡机制，尤其是要坚决反对愈演愈烈的发达国家对国际专利私权的滥用行为。

① 在知识产权发展史上，包括美国在内的西方发达国家走过了一个从“选择保护”到“全方位保护”、从“弱保护”到“强保护”的历程。如果一国的知识产权保护水平高于其本土技术能力、经济能力和相关公共政策体系的支持能力，这种制度不仅不能达到刺激发明创造，刺激科技投资和引进、吸收外来技术的目的，而且还会加大知识的学习和传播成本，抑制本土的模仿行为，阻碍自主创新能力的提高。W. Lesser. *The Effects of TRIPs-Mandated Intellectual Property Rights On Economic Activities In Developing Countries*. WIPO，available at http://www.wipo.int/about-ip/en/studies/pdf/ssa_lesser_tnps. Pdf.

② Duffy J · F. Harmony and diversity in global patent law [J] . *Berkeley Tech. LJ*，2007，17：685.

第五章 未来技术时代：专利私权制度的重生抑或式微

这个可怕的事实已经格外明显：技术已经超越人性。

——阿尔伯特·爱因斯坦

永勿打听丧钟为谁敲响，它在为你敲响——为你，知识产权。

——冯象 ①

纵观历史，人类社会的演进大致经历了前工业社会、工业社会和后工业社会三个形态，每一次社会形态的演进都堪称是历史的大飞跃。伴随着社会形态的演变，专利私权制度也在不断地成长。这是一个漫长的历史演进过程，正如卡多佐所言，“从一种模糊的、不明确的同质同种逐步过渡到一种清晰的、明确的异质异种”的过程。②在这个变化莫测的世界上，变化是唯一能够确定的事情。这些变化可以是非常激进的变革，也可以是大背景下的渐变，无论哪种方式都必将引起社会形态和专利制度的进一步

① 冯象. 知识产权的终结——“中国模式”之外的挑战. 文化纵横，2012（3）.

② 本杰明·N. 卡多佐. 法律的成长、法律科学的悖论. 董炯，等译. 北京：中国法制出版社，2002：141.

变化。面对未来社会形态的变化，人们在茫然失措的处境中，自然会产生专利私权制度向何处去的疑问，自然会思考专利私权制度的未来模式。虽然“学者并非算命先生，预言未来既非其所长，亦非其当为”①，但面对不间断的变化，我们要作出选择：或者对现实条件作出反应或者对未来可能发生的结果进行计划。“与未来相关的唯一问题并不是将来会发生什么事情，而是如果真的发生了什么，我们将要如何应对”②。对专利私权制度未来模式的预测不是“依凭着蓍草和铜钱的占卜艺术”，而是立足于对其历史发展脉络的梳理和对当下种种现象的合理解释，这也是本章内容的立意所在。

一、未来技术时代专利私权制度的演化

关于未来的社会形态是怎么样的，我们对世界的感知给我们提供了想象的基础。这一感知建立在我们对之前历史发展规律的总结之上，也建基于当前的社会发展态势之上。正如前文所言，技术、经济与文化的相互作用所引起的新的制度观念和权势主体的变化是制度演化的根本要素，通过对这四个因素的系统的思考模式，可以使我们更好地理解不断演进的制度形态。明智的见解来自对四个部分内部之间的系统结合，也同样出自对每一部分内容的探索和发现。作为一个整体而言，它们突出了有可能影响专利制度未来发展的主要驱动力和可供检验的框架，其中技术变革往往是一切文明变革的开始。80 多年前，凯恩斯曾这样描绘未来世界的蓝图：机器人把人类从市场经济体制下繁重的劳动力中解放出来，人们在协同共享模式下投身文化活动，追求超然于世的崇高目标。③ 凯恩斯所描述的未来并非空中楼阁，越来越多的迹象和证据表明，新技术时代的到来，在推动生产力水平提高、物质丰富的同时，也将对经济、文化和权势结构产生影

① 胡波．共享模式与知识产权的未来发展——兼评“知识产权替代模式说”．法制与社会发展，2013 (4)．

② 欧洲专利局．未来知识产权制度的愿景．郭民生，译．北京：知识产权出版社，2008：186.

③ 同②．

响，为整个社会带来许多非同一般的变化。

（一）未来的技术和经济图景

随着有用知识的自我积累、科学的促进作用以及技术系统通过自组织过程适应其他环境，未来的技术创新、传播速度将比知识经济时代更加迅速、更加多样化和复杂化。技术史专家布莱恩·阿瑟甚至指出，随着技术不断自创生和组合进化，当技术的数量达到一定阈值的时候，可能的组合机会的数量就会爆炸增长，有些技术甚至可能以指数模式增长。这些不同领域的、分布在不同地方的技术将建构成一个密集的技术网络系统。这个技术网络系统就像一个完整的器官，一个更高等的、具有功能性的、目的性的有机体，不仅能够自构成、自优化，还能够感知环境并产生反应，当它们变得可以自组装、自构成、自修复并且能够“认知”的时候，它们就越来越像生物了。① 事实上，许多技术史学家和哲学家对未来技术的发展趋势感到担忧，他们害怕未来技术发展的异化对人类的生存带来威胁。例如芒福德认为，技术的迅猛发展已经渗入了经济、政治、文化等不同领域，并蜕变成一种“自主的力量”②。海德格尔在《技术的追问》中指出，技术根本不是人的工具而是一种现象或展现，它的统治来自技术自身的存在，而这集中体现在西方的全部历史当中。③ 埃吕尔也认为，技术发展追求自身的轨道，越来越独立于人类。技术越进步，人对技术的依赖性也越大。技术进步的历程不可逆，技术已成为人类赖以生存的一个环境，它指导人类的生活，人类生活必须向它屈服并进行适应。反对或放弃技术都无异于原始人放火烧毁森林，毁坏自己的家园。技术的自主性在于，它制造出一个无所不能的世界，具有自身规律而排斥一切传统。④

① 布莱恩·阿瑟. 技术的本质：技术是什么，它是如何进化的. 曹东溟，王健一，译. 杭州：浙江人民出版社，2014：231-232.

② 自动化的程序已经产生被囚禁的心灵。在“巨型机器”的淫威之下，人类背离了原来的生活目标，逐渐成为巨型机器的一部分。人类本身被机器化了，前途一片茫然。技术和机器变成这个世界的真正主人，支配着整个世界及其一切的居民。刘易斯·芒福德. 技术与文明. 陈允明，等译. 北京：中国建筑工业出版社，2009：192.

③ 海德格尔认为，技术的本质绝不是技术的。技术是一种真理或展现，特别是现代技术，它是一种展现，它揭示自然并同自然较量，以产生一种独立储存起来和可以传递的能量。姜振寰. 技术哲学概论. 北京：人民出版社，2009：49.

④ 埃吕尔. 技术的社会. 科学与哲学，1983（1）.

如果说上述技术专家对未来技术发展的预言让人感到缥缈遥远的话，那么下文所谈到的几大全新技术带来的变革将显得近在咫尺。互联网在数字内容上所引发的变革已是众所周知，但少有人知的是，大数据、物联网、3D打印技术和人工智能技术正在酝酿着一场革命，它们即将像互联网改变内容那样改变产品和服务。大数据、物联网、3D打印技术和人工智能技术等几个关键技术的变革，不但将对技术的创新范式带来巨大变化，而且即将席卷商品经济乃至服务经济。著名的技术和经济学家杰里米·里夫金、克劳斯·施瓦布以及吴军甚至预言，这几个关键技术将会是引领第四次技术革命的转型力量。① 这些科技有些还处于初期阶段，在通往成功的康庄大道上等待它们的还有许许多多的绊脚石。不过，它们很有可能在未来几十年，也许在未来几个世纪，彻底改变我们的经济领域。

1. 未来技术时代的关键性技术力量

（1）大数据技术

大数据（Big Data）是指“体量庞大、高速变动和/或种类繁多的信息资产，需要采用全新的处理形式以有助于提高人们在决策形成、视野扩展和过程优化中的能力”②。换言之，大数据是数据分析的一种前沿技术，从各种各样的数据中，快速获得有价值信息的能力。广义的大数据涵盖了自然界和人类社会的全部数据及其之间的关联。大数据运用的兴起随着全球数字化、网络宽带化、互联网应用于各行各业，累积的数据量越来越大，越来越多的企业、行业和国家发现，可以利用类似的技术更好地服务客户、发现新商业机会、扩大新市场以及提升效率。据研究表明，过去两年内产生的数据量，就占了有史以来的90%。全世界现在每天有超过250兆字节的数据产生，未来十年，全球数量还将以每年40%的速度增长。③ 最早提出大数据时代来临的是全球知名的麦卡锡咨询公司。麦卡锡咨询公司称：“数据已经渗透到每一个行业和业务领域，成为重要的组成部分之

① 杰里米·里夫金. 零边际成本社会：一个物联网、合作共赢的新经济时代. 赛迪研究院专家组，译. 北京：中信出版社，2014；克劳斯·施瓦布. 第四次工业革命：转型的力量. 胡军，译. 北京：工信出版社，2016；吴军. 智能时代：大数据与智能革命重新定义未来. 北京：工信出版社，2016.

② 谢文. 大数据经济学. 北京：北京联合出版公司，2017：10.

③ 徐晋. 大数据经济学. 上海：上海交通大学出版社，2014：1.

一。人们对于海量数据的挖掘和运用，预示着新一波生产率增长和消费盈余浪潮的到来。”哈佛大学的加里金教授也认为：“这是一场革命，庞大的数据资源使得各个领域开始了量化进程。无论学术界、商界还是政府，所有领域都将开始这种进程。”①

（2）物联网技术

“物联网是指通过智能感知技术、网络通信技术、数据融合技术，按约定的协议，将某一单位（区域内或行业内）的物品进行信息编码并输入全域互联网系统，从而实现各相关物品的信息链接和融通，是物的信息的重要输入端口，与云计算平台相互链接。”② 物联网将把这个集成世界网络中的所有的人和物都连接起来，物联网平台的传感器和软件将人、设备、自然资源、生产线、物流网络、消费习惯、回收流以及经济和社会生活中的各个方面连接起来，不断为各个节点（商业、家庭、交通工具等）提供实时的大数据。反过来，大数据也将接收及时的分析，转化为预测性算法并编入自动化系统，进而提高热力效率，大幅提高生产率，并使整个经济体内生产和分销商品或服务的边际成本趋近于零。③ 欧洲物联网研究项目研究中心指出，物联网已经通过成千上万种方式使世界连接成大网络。④

仅在美国一个国家，就有大约 3700 万个数字智能电表在提高实时的

① 张其金. 大数据时代下的产业革命. 北京：中国商业出版社，2016：3.

② 洪志生，薛澜，周源. 以“共享”理念驱动产业创新和经济转型. 光明日报，2016-05-11.

③ 杰里米·里夫金. 零边际成本社会：一个物联网、合作共赢的新经济时代. 赛迪研究院专家组，译. 北京：中信出版社，2014：11.

④ 物联网正在介入工业和商业领域，公司在整个商业环节安装传感器以便追踪货物流向；安装在零售店的传感器可以帮助销售和市场部门了解消费者行为，进而获取相关信息；物联网也被用于智慧城市的建设当中，传感器可以监测建筑物、桥梁、道路和其他基础设施的材料波动和状态，分析建筑环境的构造情况，以便适时作出修补；物联网也正被迅速用于自然环境，以便管理地球的生态系统，例如安装在森林中的传感器可以向消防员预警可能引发火灾的危险因素，还可安装在野生动物身上对它们的生存环境进行评估；物联网也正在改变我们生产和运输食品的方式，例如农民正在使用传感器预测天气，监测土壤湿度以确保作物生长环境保持在最适宜的状态，还可以安装在蔬菜水果上，通过分析货物气味判断其是否变质等。医生甚至将传感器植入人体，检测包括心率、脉搏、体温和肤色在内的身体机能，方便医生察觉重要体征变化…… 杰里米·里夫金. 零边际成本社会：一个物联网、合作共赢的新经济时代. 赛迪研究院专家组，译. 北京：中信出版社，2014：88-90.

用电量信息。未来10年内，在美国、欧洲以及世界其他国家，每栋建筑物都将配备智能电表，而且每一台设备（包括恒温控制器、装配生产线、仓储设施、电视机、洗衣机和计算机）都将配备可以连接到智能电表和物联网平台的传感器。2007年，大约1 000万个传感器将各种类型的人类发明连接到物联网上。到2013年，这个数字超过了35亿；更令人惊叹的是，预计到2030年，将会有100万个传感器连接到物联网上，其中包括空中传感技术、软件日志、射频识别阅读器，以及无线传感网络等在内的其他传感设备将协助人们收集更广泛的大数据，如电网不断变化的电价、供应链中的物流交通流量、装配生产线的生产流程、办公迁后台服务以及消费行为的即时追踪等。例如单从航空工业来看，通过使用大物联网和大数据分析技术来更好地规划交通路线、监控设施和维修方案，即使燃油效率只提高1%，也可以在15年内节约300亿美元的成本。在医疗领域，通过物联网技术、大数据分析反馈、高级分析方法、预测算法和自动化系统可以节约全球医疗领域25%的成本，每年就可以节约1 000亿美元。①

（3）3D打印技术

从20世纪80年代出现的第一台商业3D打印机至今，该技术从无到有，从实验室到家用，正在逐步进入并且改变我们的生产生活。3D打印技术还处于萌芽阶段，不过已经展现了赢得市场的巨大潜力。3D打印操作并不复杂，除创建软件外，人们几乎不需要参与任何操作，软件将生产过程全包了。② 当前商业3D打印仅使用几十种材质，大部分为各种金属和塑料，还有更多材质正在试验中。研究人员正在试验更多新奇的材料，比如木浆和碳纳米管，扩大技术的应用范围。某些3D打印机可以打印电路，从无到有地制造出复杂的电子产品，还有些能够在纸杯蛋糕上打印糖衣，以及喷射出融化的巧克力等液态食品。在巨型规模方面，已经有3D

① 杰里米·里夫金. 零边际成本社会：一个物联网、合作共赢的新经济时代. 赛迪研究院专家组，译. 北京：中信出版社，2014：88-90.

② 传统的激光（或喷墨）打印机是2D打印机：从屏幕上获取像素，将其在二维介质（通常是纸张）上转化成抹点或碳粉点。3D打印则通过网络下载、计算机辅助设计（CAD）软件制作或者3D扫描获得产品设计图，以数字模型文件为基础，运用金属、塑料或者高分子材料等可黏合材料，通过逐层堆积的工艺制造产品，改变了现有的实物产品生产模式。刘强，罗凯中. 3D打印背景下的专利制度变革研究. 中南大学学报（社会科学版），2015（5）.

打印可以“打印”混凝土材质的多层楼房。同时，研究人员也努力在相反方向上取得进展：在分子层级使用3D打印。现在已经有能够在惰性材料“支架”上3D打印病人细胞的“生物打印机”了。目前实验室中已经创造出了膀胱、肾脏和干细胞。① 更为重要的是，3D打印机甚至可以打印新3D打印机的组成部件，这就意味着3D打印机可以逐渐有效地提高自身的水平。②

现阶段的3D打印技术类似于1976年的计算机产业，商业上使用的是一套庞大且昂贵的机器，一小部分家用、廉价的电脑主要由兴趣爱好者使用。③ 不过在1980年，由于生产技术提高，电脑尺寸减小、成本降低，电脑迅速成为主流，个人购置电脑成为可能。④ 我们有理由期待3D打印也会有类似的发展趋势。2002年，3D打印公司Strastasys将第一台“低成本”3D打印机投入市场，售价30 000美元。如今，随着技术的发展，3D打印机的成本逐年下降，平均售价为1 500美元一台。行业分析师预计，未来30年，3D打印机将以空前低的成本生产更尖端的产品，使信息化制造过程接近零成本。⑤《福布斯》杂志的出版人里奇·卡尔加德认为3D打印机“是2015年—2025年的变革性技术”，“使用3D打印机可以把制造业经济由大规模的工业重塑到之前个体式的手工匠人零售商店模式”⑥。

（4）人工智能技术

“人工智能”（Artificial Intelligence）概念最先由约翰·麦卡锡（John McCathy）于1956年在美国达特茅斯电脑大会上提出，而后迅速引发全

---

① 克里斯·安德森. 创客：新工业革命. 萧潇，译. 北京：中信出版社，2015：113-114.

② 3D Printer Parts, *Makerbot Thingiverse*, available at https://www.thingiverse.com/explore/newest/3d-printing/3d-printer-parts.

③ N. V, Difference Engine: The PC All Over Again?, *Economist*, available at http://www.economist.com/blogs/babbage/2012/09/3d-printing.

④ History of Personal Computers, *Wikipedia*, available at http://en.wikipedia.org/wiki/History_of_personal_computers.

⑤ 3D打印机的成本曲线与计算机、手机、风能以及太阳能的一样降幅显著。杰里米·里夫金. 零边际成本社会：一个物联网、合作共赢的新经济时代. 赛迪研究院专家组，译. 北京：中信出版社，2014：89.

⑥ 马克·哈奇. 创客运动. 北京：机械工业出版社，杨宁，译. 2015：115.

球科研机构的追捧，并掀起了研究热潮。① 智能本是人类所独有的特征，其指的是人类认识客观事物并运用知识和思维解决问题的能力，而人工智能技术以研究人类智能活动的规律为主旨，构建具有一定智能的人工系统或硬件。② 人工智能系统主要包括符号性知识表达（运算规则、模板和算法）和非符号性知识表达（模仿人类的神经元模型进行运作）。当前广泛适用的人工智能系统主要以符号性知识表达为主③，其运作机理在于：首先，由计算机程序设计者或使用者预先在人工智能机器人中进行数据输入和算法设计，而后人工智能机器人以海量数据为基础进行深度学习，最后通过提取和分析数据进行精确操作。从目前的技术进展和产业现状来看，人工智能广泛分布在 13 个国家，涉及商业智能、电子商务和医疗保健等十多个工业领域。④ 尤其在绘画、音乐、游戏、新闻等文化艺术领域，人工智能参与创作活动的现象已成为一种常态。从美联社与人工智能公司合作开展的人工智能新闻写作平台“Wordsmith”⑤，谷歌公司研发的绘画人工智能“Deep Dream”⑥ 以及谱写乐谱的“Magenta 计划”⑦，再到近年的微软人工智能“小冰”创作的诗歌集《阳光失了玻璃窗》的发布⑧以及美国工程师扎克·图特设计的人工智能 RNN 续写世界知名小说《冰与火之歌》。⑨

① 罗素，诺维格著. 人工智能：一种现代的方法. 殷建平，等译. 北京：清华大学出版社，2006：21.

② Research（艾媒咨询）. 2017 年中国人工智能产业专题研究报告. https://baijia.baidu.com/s?old_id=816979.

③ 曹源. 人工智能创作物获得版权保护的合理性. 科技与法律，2016（3）.

④ *Deep Interest In AI*, *New High In Deals To Artificial Intelligence Startups In Q4'15*, available at https://www.cbinsights.com/blog/artificial-intelligence-startup-funding-trends.

⑤ 徐曼. 国外机器人新闻写手的发展与思考. 中国报业，2015（23）.

⑥ 凤凰网. 艺术危险了？谷歌新技术 Deep Dream 也许会在未来成为“可以自动绘画的机器”. http://art.ifeng.com/2016/0331/2819902.shtml.

⑦ 搜狐. Google 家的人工智能已经能作曲了!. https://m.sohu.com/n/453537300/.

⑧ 刘恩彤. 小冰推（阳光失了玻璃窗）诗集 100%人工智能创作. http://www.sohu.com/a/142577676_356153.

⑨ 腾讯科技. 专访美国工程师：我如何用 AI 续写〈权力游戏〉第六部小说. http://tech.qq.com/a/20170906/074791.

除文学艺术创作之外，人工智能机器人已经在许多领域用来制造有用的发明。例如2005年，约翰·寇沙研制出了一款能够进行创造发明的人工智能，并且其中不少发明符合专利的授权条件，例如授权号为851的美国专利。① IBM公司研制出了一款被誉为2016年最酷的六大人工智能之一的“华生机器人”，该款机器人能够“创造出世界上从未有过的创意”，并且在疾病诊断、药品和食品领域成效突出，成为一款誉满全球的新一代人工智能。② 日本日立公司（Hitachi）已经设计出了人工智能机器人，这一机器可以设计用于减少噪音的动车部件。③ 同样地，已经有人设计出了专门用于发明新的减少柴油引擎能量消耗的活塞结构的人工智能。④ 也有人发明了专门用来设计药物配方的机器人。⑤ 甚至有一个库隆公司（Cloem）已经发明了一种机器人，可以自行设计上千种发明。⑥ 有理由相信，随着未来对人工智能技术，尤其是非符号性知识表达（深度神经网络）的深度研究，尤其是在大数据、物联网技术的支持下，人工智能机器人可以独立并自主地研究和创造越来越多的发明。事实上，2015年硅谷工程师安东尼·莱万多斯基（Anthony Levandowski）成立了名为“未来之路”的组织，该组织致力于“利用人工智能开发、创造上帝之脑”。包括日本、美国在内的越来越多的发达国家正在试图通过剖析人类的全部神经回路，创

① 当然，在现阶段，该人工智能的应用仍然离不开人类的智力，研究目标参数和目标实现的标准都是事先人为设定的。Abbott R, *I Think, Therefore I Invent: Creative Computers and the Future of Patent Law*, Social Science Electronic Publishing, 2016, p57.

② Abbott R, *I Think, Therefore I Invent: Creative Computers and the Future of Patent Law*. Social Science Electronic Publishing, p57.

③ Plotkin R, *The genie in the machine: how computer-automated inventing is revolutionizing law and business*, Stanford University Press, 2009, p125.

④ 同③.

⑤ 一项名为“艾娃机器人”的系统被开发出来，用于疟疾治疗药品的研发，在给定的五千个分子物中，由艾娃机器人筛选最有效的分子物，最终它发现了一款用于治疗癌症的药物具有抗疟的最佳疗效。Plotkin R, *The genie in the machine: how computer-automated inventing is revolutionizing law and business*, Stanford University Press, 2009, p126.

⑥ *Official Records-Cloem*, *Register of Commerce and Companies*, available at https://www.infogreffe.fr/societes/entreprise-societe/792987836-cloem-060213B005530000.html?typeProduitOnglet=EXTRAIT&afficherretour=true.

造出模仿人类脑功能的人工智能系统（一般称之为全脑仿真）。[①]

2. 关键性技术力量对技术创新和经济发展的影响

正如技术和经济专家克劳斯·施瓦布、吴军、里夫金所言，上述四种技术力量中的每一种技术力量的作用力可能是有限的，然而一旦将这四种技术力量组合起来，它们将从根本上改变技术创新的范式，成为未来技术和经济发展的转型力量。将大数据、物联网、3D 打印和人工智能四个领域的技术发展组合起来，它们将极大地削减物品生产和发行的成本，不但将物品所蕴含的信息和内容（设计）与制造分开，而且使得人们所需要的大部分东西都能利用少量金钱（主要是原材料的成本）现场下载和制造出来。莱姆利（Lemley）将未来时代的这些技术所建构的社会称为“非稀缺性世界”[②]，而杰里米·里夫金将其称为“零边际成本社会”。这一零边际成本社会将呈现如下特性。

（1）技术创新范式的转换——“创客”力量的崛起及创造的低成本化

后工业时代，技术研发需要耗费巨大的投资，创新和利用技术充满着风险，而企业掌握着充足的生产资料和资金，因而传统的发明创新范式是以企业为中心的，集中式的企业尤其是大企业是技术和创新的代名词。在未来技术时代，由于 3D 打印和人工智能技术的发展和普及，一个高度分散的、民主化的、以用户为中心的创新范式将逐渐形成。[③] 克里斯·安德森认为，未来技术时代的工业格局必将与当前世界的完全不同，技术创新不再仅依靠大型企业以自上而下的集权方式被推动，而是由无数专业人士、创业者和业余爱好者等分散式的群体自下而上自主进行的开拓创新，

① 再如，2017 年 11 月，一篇人工智能论文登上了《科学》杂志的封面，为人们带来了人工智能领域的一个重大突破：三名分别来自麻省理工学院、纽约大学和多伦多大学的研究者开发了一个“只看一眼就会写字”的人工智能系统。他们创造的 AI 系统能够迅速学会写陌生的文字，从某种意义上说明它领悟到了字符的本质特征（也就是字符的整体结构），同时还能识别出非本质特征（也就是那些因书写造成的轻微变异）。Lake B. M，Salakhutdinov R，Tenenbaum J. B. Human-level concept learning through probabilistic program induction，*Science*，2015，pp. 1332 - 1338.

② Lemley M·A，IP in a World without Scarcity，*NYUL Rev.*，2015，p460.

③ 埃里克·冯·希普尔. 民主化创新：用户创新如何提升公司的创新效率. 陈劲，等译. 北京：知识产权出版社，2007：2 - 3.

克里斯·安德森称之为“创客运动”的兴起。[①] 里夫金和莱姆利(Lemley)也描述了这样的图景：在未来技术时代，人们利用物联网和大数据技术获取任何想要的设计和发明信息，还可以利用人工智能机器人帮助自己发明和设计信息，并利用3D打印机将任何数字化设计和发明制造成实体物品。此外，一些需要商店、工厂的专门技术所进行的服务将逐渐由家用、小企业机器人提供。安装这些设计的边际成本也将降至为零，因为许多服务仅需将互联网上的数据运行在现有的机器人上即可。同时物联网技术的发展也将导致发行这些产品的成本极大下降。[②]

事实上，根据埃里克·希普尔、罗森博格、弗里曼和沙等人的研究发现，就算在网络出现之前，业余用户的创新数量也曾让专业研发机构相形见绌。例如，埃里克·希普尔认为在印制电路CAD软件、管道吊架五金制品、外壳手术设备、图书馆信息系统等领域，用户和个体消费者为了自己的使用而开发和改良产品的频率从10%～40%不等，并且用户是80%的最重要的科学仪器创新的开发者，也是半导体加工的重大创新开发者。[③] 并且埃里克·希普尔认为，随着技术软件和硬件质量的逐步提升，用户创新能力也在不断突破和提高，技术的发展必将使用户成为越来越重要的创新源，创新将逐渐大众化。[④] 凯斯·索耶（Keith Saw）也将用户创新称为“跨组织创新”，也即创新不是来自企业和流线型的创新，而是来

---

① 克里斯·安德森认为“创客运动”具有三个变革性特点：(1) 人们使用数字桌面工具设计新产品并制作模型样品（“数字DIY”）；(2) 在网络开源社区中分享设计成果、开展合作已经成为一种文化规范；(3) 如果愿意，任何人都可以通过通用设计文件标准将设计传给商业制造商，以任何数量规模制造所设计的产品，也可以使用桌面工具自行制造，两种途径同样方便，大大缩短了从创意到创业的距离，作用不亚于互联网为软件、信息和内容带来的革新。克里斯·安德森. 创客：新工业革命. 萧潇，译. 北京：中信出版社，2015：30.

② 杰里米·里夫金. 零边际成本社会：一个物联网、合作共赢的新经济时代. 赛迪研究院专家组，译. 北京：中信出版社，2014：88-101.

③ 此外，罗森博格的定量研究表明有些最重要的、全新的产品和工艺是公司用户和个体用户开发的。以诺思报告指出，在原油提炼行业，几乎所有的最重要的创新都是由公司用户开发的。弗里曼发现，大部分被广泛许可的化学生产工艺是公司用户所开发的。沙发现，在四个运动领域中，大部分具有重要意义的器材是由个体使用者开发的。埃里克·冯·希普尔. 民主化创新：用户创新如何提升公司的创新效率. 陈劲，等译. 北京：知识产权出版社，2007：19-22.

④ 埃里克·冯·希普尔. 民主化创新：用户创新如何提升公司的创新效率. 陈劲，等译. 北京：知识产权出版社，2007：14-15.

自合作网络的。后者是一种广为分散的社会网络。“在合作网络环境下，产品的创意启发、选择和开发等所有进程都是自发的、同步的，许多人通过网络而作出重要贡献。”①

而大数据技术、物联网技术、3D打印技术和人工智能技术的组合所构建的用户创新技术范式，不但使大众创新成为可能，而且将使技术的创造、生产和商业化分离成为可能，并且变得不再稀缺。首先，任何用户都可以利用互联网和数据挖掘技术在开源社区搜寻想要的发明构思和设计，还可以通过连接网络的人工智能机器人帮助他们创造新发明，这样创造的成本就消除了。而一旦未来大数据技术和人工智能技术足够发达，将会形成这样一种技术创造的模式：大数据技术将搜寻到的知识和数据输入人工智能的机器里面，人工智能机器对这些数据和知识进行处理，并且智能地进行自主创造，这样就使得技术创造就像产品的生产一样，实现了一种流程化和机械式的生产过程。其次，用户可以利用3D打印技术将创造出来的发明设计进行实体化打印，不但可以灵活地实现个性化，而且能够以最低成本制造单件产品或小批量产品（因为唯一的成本就是原材料和电，而3D打印所需的原材料又非常廉价）。当所有人都在家里或公共设施上使用3D打印机，那么制造业产品将不再需要大批量的生产，也就不再变得稀缺。最后，由于物联网技术的发展和普及，任何用户都可以利用互联网和物联网对其生产的产品进行发行，从而大幅度降低供应链环节及成品交付环节的物流成本。戴文·德赛（Deven Desai）和杰勒德·马格里欧卡（Gerard Magliocca）已经将这种结果描述为技术发明的“Napster化”②。因而在这种新的技术创新范式里：大数据技术和人工智能技术使技术创造的成本极大降低，3D打印技术使得技术实体化和生产的成本极大下降，而互联网和物联网技术使技术的商业化成本极大下降。

（2）经济结构和主导性力量的转变

正如本书第四章所言，在传统的经济结构中，集权化的大型企业由于控制着大部分的技术等生产资料和资金，是经济发展的主导性力量。“创

① Sawyer K, The collaborative nature of innovation, *Wash. UJL & Pol'y*, 2009, p293.

② Lemley M·A, IP in a World without Scarcity, *NYUL Rev.*, 2015, p460.

客运动”的崛起，相当于1985年的个人电脑革命—在车库中诞生的发明向有史以来的经济秩序发起颠覆性的挑战。[①] 技术创新范式的转换和“创客运动”的兴起将意味着“产消者”社会的到来，大企业逐渐衰微，未来形态的经济主体由垂直整合的大型企业转变为分布式、去中心化、协作、可适应的中小企业，共享经济将逐渐兴起。

托夫勒在《第三次浪潮》中首次提出的“产消者”一词，指的是那些参与生产活动的消费者，他们既是生产者又是消费者。[②] 里夫金在《零成本社会》中描述了这样一个未来图景：在未来技术时代，将3D打印机嵌入物联网基础设施之后，世界上任何人都可以成为产消者，都可以采用开源软件生产产品，以供使用或共享。但其生产过程本身所需材料仅为传统制造的十分之一，并且所需劳动力也非常少。首先，利用大数据技术、人工智能等技术由现场或本地收集信息并进行发明设计，其边际成本接近于零；其次，利用3D打印技术将设计的发明进行实体化，所需的成本主要是购买3D打印的素材的支出，随着3D打印技术的发展，这些素材的成本将变得极低；最后，通过全球营销网站进行市场推广，边际成本接近于零，用户通过电子交付的方式得到产品，而产品的传输动力来自发达的物联网技术，所以边际成本也接近于零。

本书以为即使里夫金关于零成本社会的预言不会完全实现，但是他至少指出了未来经济秩序的一种新的趋势：大企业的去中心化以及中小企业和消费者力量的崛起。一方面，新技术的发展使得个体能够进行自下而上的创业与分散式的创新，实现制造业的民主化。制造业的民主化意味着制造新产品不再是少数人的专业，而是多数人的机会，任何人都可以获得生产资料，这使生产资料拥有者和控制者变得不再重要，生产资料在大企业垄断集团与普通民众之间实现了重新分配。另一方面，随着产消者社会的兴起，垂直整合形成的集中化企业模式将变得不再有优势，小型信息化制造者将具有绝对优势。集中化需要采用资本密集型的规模经济，即建设成本高昂的固定生产线，并可以进行大量生产，但这种做法缺乏灵活性且成本太高。而由于物联网具有分布式、协同以及横向扩张的特点，小型信息

① 克里斯·安德森. 创客：新工业革命. 萧潇，译. 北京：中信出版社，2015：31.

② 阿尔文·托夫勒在其著作《第三次浪潮》中首次提出“产消者”一词，并将那些为了自己使用或者自我满足而不是为了销售或者交换而创造产品服务或者经验的人命名为产消者。阿尔文·托夫勒. 第三次浪潮. 黄明坚，译. 北京：中信出版社，2006：150-151.

化制造者拥有简便的3D打印机器就可以进行生产，并可以通过本地接入物联网基础设施，利用极低的可再生能源为车辆提供动力，从而大幅度降低供应链环节及成品交付环节的物流成本。例如欧洲等地区的一些中小企业已经开始与区域内的绿色动力提供合作，以获取横向扩张的优势。①

里夫金指出："事实已经很明显，即在产品和服务的生产流通几乎为零的趋势下，在已经面临利润暴跌的行业中，越来越多的大型资本主义企业将无法长期持续。在世界贸易体系中，拥有上千员工、高度垂直一体化的特大企业已经占了很大一部分，这看似是壮观和不可战胜的。但事实上，他们极易受到分散的产销和协同经济的供给，因为分散的产销和协同经济会迅速吞食他们本已很低的利润。""在未来几年里，随着接近于零的分散的产销和协同经济在经济活动中的比例不断上升，传统大企业在全球贸易中的主导地位将逐渐丧失。"② 在未来技术时代，唯有中小型新型企业能够适应物联网开放的分散协作式结构。里夫金指出，在零边际成本社会，中小企业的分散、合作模式是唯一可行的经济模式。中小企业的分散、合作模式的出现旨在实现资源共享，中小企业唯有联合起来利用分散性、协同性的横向整合网络而非通过资本主义市场经济中的垂直整合商业模式，才能充分发挥其功能实现共赢。③ 公司的未来形态呈现出分布式、去中心化、协作性、可适应性等特点，公司将不断网络化成为真正意义上的信息工厂。④ 事实上，已经有研究表明，当今时代已经出现大企业去中心化和衰微的趋势。⑤ 现实当中的众多事例也充分说明了这一点，例如微软、IBM、通用公司等公司的IT离岸外包已成为全球现象，宝洁公司

① 杰里米·里夫金. 零边际成本社会：一个物联网、合作共赢的新经济时代. 赛迪研究院专家组，译. 北京：中信出版社，2014：91.

② 同①265.

③ 同①105-109.

④ 凯文·凯利. 失控：全人类的最终命运和结局. 东西文库，译. 北京：新星出版社，2010：286.

⑤ 例如拉杰什·纳如拉指出，20世纪末，企业开始从大规模和高数量转向小规模和高价值，大部分价值链，甚至核心业务纷纷外包，企业已经意识到依靠全球性的思想资源和人力资本，始终比依靠内部有限的资源更为有利。近二十年来，企业不再偏好纵向整合，对内部研发的依赖性加速降低，对外部研发的日趋增长。拉杰什·纳如拉. 全球化与技术：相互依赖、创新系统与产业政策. 冷民，译. 北京：知识产权出版社，2011：134-135.

35%的新产品均来自外部科学网络。2015年，Smart度假地产业委员会发起的联合办公空间的国际竞赛是群体智慧的典型体现，联合办公空间带来了整个产业链的集成效应，产业链上下游的企业可以提供彼此所需服务，带来互惠关系。①

随着产消者社会的到来以及经济主体的变化，共享经济将逐渐兴起。大数据技术的成熟应用实现了实体资源的虚拟化和数据处理的高效率，通过海量的共享空间和全方位的数据分析，为平台化的经济架构提供了落地实践的手段并奠定了扎实的根基；互联网、通信技术的迭代更新能够不断网罗市场上大大小小的参与主体，实现供需双方的快速匹配并促进了产消者的诞生，在重复博弈下淘汰传统经济垂直价值链的剩余中间人，减少交易活动中不必要的冗余成本和摩擦成本；能源革命和物联网的发展演进带来了分布、协同和横向对等的生产交易方式，实现以可再生能源为生产动力的规模化扩张效应，为社会的全要素、跨产业、绿色化生产创造了新的渠道通路。这些正是一个成功的经济范式所必须具有的通信媒介、能源和运输渠道，在此基础上，共享经济应运而生，以分布式、横向性、协同性和零边际成本等特性使人类经济发展进入新阶段。② 里夫金指出："如果通信互联网是一个使能器，那么若干年后，当它与能源互联网及物流互联网融合在一起形成一个一体化的、共享通信、能源和物理基础设施的物联网的话，这个网络就可以以接近于零的成本运行，并全面实现其他方面的共享潜能，包括收取租金、再分配网络、文化交流以及职业技能和技术交流等。当这一切都成为现实，协同式生产交换将迅速从利基产业领域普及到支柱产业领域。"③

利用网络化共享机制，成千上万的人可以分享汽车和自行车，分享自

① 张玉明．共享经济学．北京：科学出版社，2017：162.

② 同①前言.

③ 雷切尔·博茨曼认为社会网络已经经历三个发展阶段：在第一个阶段，程序员之间可以分享网络规则；脸书（Facebook）和推特（Twitter）属于第二个阶段，它们可以让人们共享自己的生活；第三个阶段是优兔（Youtube）和雅虎相册（Flickr），它们可以让人们分享自己创造的成果。"现在我们正进入第四个阶段，在这个阶段，人们可以利用技术在线下与别人分享现实世界中的各种财产。"杰里米·里夫金．零边际成本社会：一个物联网、合作共赢的新经济时代．赛迪研究院专家组，译．北京：中信出版社，2014：243－244，250.

己的房子、衣服、玩具和技能等，这一切在当今世界并不陌生。首先，共享汽车和自行车早已成为现实。在2012年，美国共有90万人享受共享汽车服务，全球约有30个国家共200万人享受共享汽车服务。根据弗若斯特沙利文咨询公司（Frost&Sullivan）的调研表明，到2030年为止，欧盟将有300多个共享汽车服务站，预计共享汽车将从3万辆增加到30万辆左右。在中国，2017年的摩拜单车、ofo共享单车等中国共享单车品牌的市场规模达到102.8亿元，增速达736%。① 到2020年，国内共享单车市场规模已经达到3.38万亿元。② 其次，共享房屋等空间也早已实现。以爱彼迎（Airbnb）为代表，Airbnb是以共享房屋为业务的一家企业，于2008年上线，到2012年底，其业务范围已经覆盖了全球3万座城市，拥有21家分所，为4 000多万个用户提供短租服务。到2016年底，它的估值已经达到300亿美元。③ 此外，玩具、衣服共享也已经实现。宝贝游戏（BabyPlays）、租彼玩具（Rent That Toy）和火盒玩具（SparkBox Toys）是著名玩具共享公司，关系社会（Tie Society）、跑道租赁（Rent The Runway）、艾拉（I-Ella）、化妆小巷（MakeupAlley）、阿韦勒（Avelle）、喜法棍（TFN）、ThredUP等都是全球有名的衣服共享企业。甚至连房屋的后花园、农业用地和科研实验室都纳入了共享体系，例如“共享地球”公司（ShareEarth）为农民提供后花园、农业用地的共享。20世纪80年代麻省理工学院成立的“前端实验室”（Wedlab）、2000年美国推出的“Xport项目”以及2016年中国的“米格实验室”共同打造了一个科研平台，将科研机构的闲置仪器和低效使用的仪器“众包”出去，提高仪器的使用率，同时解决有科研需求的用户的研发资源短缺的问题。④ 现在还出现了共享学习、共享交通、共享医疗、共享基因等。

随着技术的发展，一切物质和人力、有形的和无形的、闲置的和低效率的资源都将可以实现共享，并将呈现全面勃发的趋势。波特曼抓住了我

① 中商情报网.2017年共享单车行业数据分析及2018年预测：2018年市场规模将超170亿元.http://news.cnfol.com/chanyejingji/20180126/25956729.shtml.

② 前瞻产业研究院：2021年中国共享出行行业市场现状与发展趋势分析，http://www.qjanzhan.com analgst/detail1220/210412-4602ccc/.htm.

③ 张玉明.共享经济学.北京：科学出版社，2017：11-12.

④ 同③13-14.

们身边成长起来的、新经济模式的内在机理，她写道："人们每天都在进行协作式消费。通过技术和社会群体，传统意义上的分享、物物交换、出租、租赁、赠送礼物、替换又被技术和社会群重新定义了。共享消费让人们认识到，越过所有权，大家可通过共享产品和服务互利互惠，同时还可以省钱、省地方、省时间、交到新朋友、让生活变得更丰富多彩、对环境也极其有益……"①

（二）符号民主②：知识共享和参与文化的高涨

高级学识和文化最初是少数精英阶层的特权，包括中世纪的贵族和皇室与后来的大企业和政客。在 20 世纪的进程中，大多数西方国家越来越关注文化的控制力。图像、声音和符号越来越丰富，同时它们也受到唱片公司、电影厂商、电视台、广告商及其他大企业和政客们越来越多的控制。符号权力总是集中在少数者手中，精英阶级和官僚层级控制着文化的制造和传播。然而越来越多的"文化群众主义者"认为，普通消费者并不是毫无批判力的被动接受者，如果人们在文化环境的建设当中有机会发表更多的意见，那么他们将会有更多的参与，而不是疏远。打破符号权力的集中，文化环境将会变得更加丰富多彩和激动人心。很久之前，约翰·斯图亚特·密尔提出了符号民主文化的"乌托邦"理想：在一个社会中，生活方式、思想和公共表演艺术形式愈发多样，就愈发需要社会成员就思想和行为作出各种决断，这有助于发展成员个人的"心理和道德能力"，从而使整个社会文化更加"丰富、多样和活跃"，这就是文化累积效应。③

随着技术的发展以及共享经济的兴起，知识共享和民众的参与文化逐渐成为一种新兴的潮流。一方面，技术的发展使得普通民众普遍拥有了知识的生产资料，不再被挡在文化创新和流通围墙之外。公众既是知识的接受者，也通过综合、评价、编排、修改和改进等方式，参与和重新创造着文化产品。大数据、网络技术的发展使每个人都是装备精良的"知识工厂"，"兜里

① 杰里米·里夫金. 零边际成本社会：一个物联网、合作共赢的新经济时代. 赛迪研究院专家组，译. 北京：中信出版社，2014：267.

② 德国著名文化哲学家卡西尔认为，人不再是单纯地生活在物理宇宙中，而是生活在一个符号宇宙中。语言、神话、艺术和宗教构成了符号之网，人的思想行为和经验让这个符号之网变得日益精巧和牢固。恩斯特·卡西尔. 人论. 甘阳，译. 上海：上海译文出版社，2004：34.

③ Mill, John Stuart., *On liberty*, *A Selection of his Works*. Palgrave, London, 1966, pp. 252 - 257.

的电子设备实际上是移动的印刷厂、广播台、社区中心、市场、学校以及承载知识的图书"①，3D打印使得创新日益成为普通人日常生活的叙事。另一方面，网络社群的兴起为普通民众的知识共享和文化参与提供了途径。② 技术的进步，网络的普及，使社群能够真正突破实践和空间的限制，使社群真正实现人与人之间的自由聚合和知识共享，极大释放了普通民众文化创造的能量和价值。③ 网络社群为业余爱好者的复兴提供了舞台，"大规模业余化"的"人人时代"已成为趋势，开放存取④、自由软件⑤、创作共享⑥、"基因共享"⑦、维基百科、"公众专利评审"等知识社区层出不穷。一些企业还投资上亿元破解基因组，为防止其他企业抢占专利，主动将庞大的DNA数据库推向公共领域。⑧

---

① 杰夫·豪. 众包：群体力量驱动商业未来. 牛文静，译. 北京：中信出版社，2011：142.

② 社会学家瑞格尔德将网络社群称为"虚拟社区"，他认为虚拟社区是由"一群通过计算机网络连接起来的突破地域限制的人们，通过网络彼此交流、沟通、分享信息与知识，形成具有相近兴趣和爱好的特殊关系网络，最终形成了共同的社区意识和社区情感"。Rheingold H，*The virtual community*：*Homesteading on the electronic frontier*，MIT press，2000，p. 243.

③ 徐远重. 社群经济：移动互联时代的生存哲学. 北京：中信出版社，2015：12-13.

④ 1998年，美国程序员瑞梦德与皮林斯等人在美国加州发起设立了"开放源代码首创行动组织"，倡导"开放源代码首创行动"。开源软件实质上就是软件权利人在前既公开其源代码之商业秘密，又明确放弃软件版权中的修改权和许可使用权及获酬权，并以此为对价换取在后该软件用户对后续开发的软件同样公开源代码之商业秘密和明确放弃软件之修改权、许可使用权及获酬权的利益平衡模式。

⑤ 1984年，美国麻省理工学院程序员理查德·斯托曼出于对软件开发技术的垄断的不满，在一些企业的支持下，创建了自由软件基金会，开启了自己庞大的"自由软件联盟计划"，开始了自由软件的浩大工程。时至今日，自由软件的发展已取得巨大的成功，在许多国家得到认可与发展，仅美国自由软件联盟中的自由软件种类就达几千种，突出代表有GNU/Linux操作系统、GNU C++语言系统等。到1998年，Linux操作系统的增长率高达212%，在全球互联网服务器领域已占有27.6%的市场份额，而微软Windows操作系统在该领域的市场份额只有23.6%。

⑥ 创作共享的理念最初是一个在斯坦福大学成立的非营利性组织所提出的，它现在的总部在旧金山。其利用了倡导资源开放的软件发展者的理念，倡导资源开放。目前全世界已经有超过60个国家加入基本创作共享协议或授权体系中。

⑦ 2002年，经济趋势基金会把这一理论付诸实践：在巴西的阿雷格里港举办的世界社会论坛聚集了来自五十多个国家的250个组织。该论坛拥护《基因公有模式条约》。自此，许多团体和组织建立起来，旨在促进全球基因共享并防止它被"圈占"。

⑧ 迈克尔·赫勒. 困局经济学. 闻佳，译. 北京：机械工业出版社，2009：1；Robert P. Merges. 公有领域的新生动力. 杜颖，等译. 私法，2012年第10辑第1卷。谢晓尧、吴楚敏. 转换的范式：反思知识产权理论. 知识产权，2016（7）.

知识共享和参与文化强调群体智慧，汤姆·斯丹迪奇认为，人类有着善于合作和无私的本性，分享是人的天性，被视为是社交关系中的“中心特点”，互联网技术和网络社群使得人的这种天性得以释放。[①] 纽约大学的舍基（Shirky）教授还提出了“认知盈余”理论，他认为认知盈余是指那些受过教育（在某些方面有丰富的知识背景），并且拥有自由支配时间的人，同时具有强烈分享欲望，这些人将自由支配时间汇聚在一起，利用一定的平台将知识分享给他人，产生巨大的社会效应。从本质上看，认知盈余就是随着受教育人群数量的飞涨，将人们的时间、智力资源等看作社会资源的集合体，在以前，这些资源在投入人们的日常工作、学习之中后，剩余部分则大多被娱乐所消耗。在网络技术时代，网络传媒迅速发展，使剩余时间、智力等资源能够通过人们参与写作等行为成为一种公共性的社会资源，人们创造出维基百科、开放存取、自由软件等文明成果。共享空余时间能够创造出更多的认知盈余，能够有效地实现不同参与者之间的合作与互惠。[②]

在未来技术时代，随着技术和共享经济的进一步发展，民众的行动能力和智力创作会产生更加革命性地飞跃，知识共享和文化参与也将更加普遍。正如费舍尔所言，新技术将提供更加崭新的创造模式，更多的合作与趣味，更少的个人主义与官僚阶级。“在未来，共享将包含更多的创造。……集体创作有助于我们成为更加集体化的生命存在。”[③] “未来社会将会是一个创意和信息极大解放、人人皆可共享的时代。”[④] 里夫金也认为，“共享社区的观念以及协作的价值要超越专有和所有权的道德理念”[⑤]，“协同共享带来的创新民主化正孕育着一种新的激励机制，它更多的是基于

① 汤姆·斯丹迪奇. 从莎草纸到互联网：社交媒体2000年. 林华，译. 北京：中信出版社，2015：22.

② 克莱·舍基. 认知盈余：自由时间的力量. 胡泳，等译. 北京：中国人民大学出版社，2011：72-73.

③ 威廉·W. 费舍尔. 说话算数：技术、法律以及娱乐的未来. 李旭，译. 上海：上海三联出版社，2008：20-21.

④ 卡尔·劳斯迪亚，等. Copy Right! 模仿如何激发创新. 老卡，等译. 北京：电子工业出版社，2015：16.

⑤ 杰里米·里夫金. 零边际成本社会：一个物联网、合作共赢的新经济时代. 赛迪研究院专家组，译. 北京：中信出版社，2014：101.

提高人类社会福利的期望，而不那么重视物质回报。这种激励正有效地发挥作用”①。

（三）权势结构的变化

哈贝马斯在《公共领域的结构转变》一书中提出存在一个公共领域，其中每个个体平等地参与公共利益。哈贝马斯指出，“在高度发达的希腊城邦里，自由民所共有的公共领域和每个人所特有的私人领域之间泾渭分明”②。公共领域是指社会生活中的由私人集合而成一个领域，某种接近于公众舆论的东西能够在其中形成。③ 在哈贝马斯看来，在公共领域，既非地位也非传统而是理性通过交往而成为最终的赢家。④ 从本质上讲，哈贝马斯认为不平等和权力干预是可以排除的。汉娜·阿伦特的公共领域理论表达着类似的观点。⑤ 里夫金认为，在未来技术时代，零边际成本的经济范式将从根本上改变传统的阶级结构，有助于实现哈贝马斯和阿伦特所描述的社会形态。在未来技术时代，“业主、工人、销售商与消费者的旧有范式被打破”，产消者的出现反映着新的社会力量期冀通过制度化的渠道获得表达其政治诉求的空间。如果说与以垂直整合下的企业为主体的市场经济机制相对应的政治范式是具有“权威—服从”特征的“权力政治”，那么横向、协作下的零边际成本社会中的政治范式则是以“平等、自由”

① 杰里米·里夫金. 零边际成本社会：一个物联网、合作共赢的新经济时代. 赛迪研究院专家组，译. 北京：中信出版社，2014：21.

② 尤尔根·哈贝马斯. 公共领域的结构转型. 曹卫东，等译. 上海：学林出版社，1999：3.

③ 同②.

④ 当公民们以不受限制的方式进行协商时，他们是作为一个公共团体来行事的。在这样一个中间地带里，人们可以对所关心的问题进行自由、平等、理智的讨论，并能够不断地发表批判性意见，而不必受制于政治权力、习惯势力和传统观念的压制和约束。公民们必须通过公共的辩论以达成共识。每个公民从自己的利益和各自所拥有的价值、信仰和良知出发，发表对公共问题的看法，最后通过辩论形成公众舆论。尤尔根·哈贝马斯. 公共领域的结构转型. 曹卫东，等译. 上海：学林出版社，1999：113.

⑤ 阿伦特认为，公共领域是人们行动的领域，是一个由自由平等的公民们共同维持的、共同拥有的世界。它与私人领域这一遮蔽的空间协商私人利益或展示个人情感不同，是一个完全展现在人们面前的公开领域，是从事公共事务的领域和场所。在这一过程中，公民们自由讨论，公开表达，这种行动的价值不在于是否能达成实用性的后果，而在于凸显公民们活动主体性的过程不受到任何限制，既不表现为统治，也不表现为被统治。曾详耿. 公共生活与私人生活的间性思考阿伦特人类活动领域理论旨趣析解. 海南师范大学学报（社会科学版），2017（5）.

为特征的“权利政治”①。前者强调的是组织和权力，后者则侧重于合作与共享。零边际成本社会中，阶级意识将逐渐淡化，人们逐渐意识到自我价值的实现为他人价值的实现创造着条件，“权利政治”的价值关怀是尊重每个政治主体的权力和权利，人的政治主体性得到保障。以人为本的政治基调就是各阶层的政治主体享有平等的地位及获取利益的机会②，这类似于罗尔斯的正义原则之一，即在机会公平平等的条件下，职务和地位向所有人开放。③ 如果说，传统的经济社会在私利的基础上受功利性驱动，而零成本社会将逐渐受集体利益和与他人分享的精神驱动。如果说前者奉行的是产权、购者自慎和自治，那么后者推行的则是开源创新、透明度和对社区建设的追求。④

本书以为，在未来技术时代，即便哈贝马斯、阿伦特以及里夫金所描述的理想社会不能完全实现，利益斗争和阶级意识依然长时间存在，但有一点应该是无疑的，那就是随着大企业经济力量的逐渐衰弱，中小企业和产消者力量的逐渐崛起，“协同共享的经济模式在未来将大幅度提高公民在社会中的参与度与社会创新度”⑤。

（四）小结：未来技术时代专利私权制度的式微

正如本书第二章中的论述，历史地看，人类创新长河的大部分时期都是没有知识产权制度的，只是到了中世纪末期，专利制度才开始逐渐成形。专利制度创立于一个稀缺的世界，通过指定由某人享有的方式，人为地使技术变得更加稀缺，进而激励他人的创造和投资。之后的历史发展表明，发明人、工商业阶级、企业越来越依赖专利制度将其作为生产和竞争的“护身符”，尤其是到了后工业时代，技术对经济发展的作用越来越大，掌控着技术和雄厚经济实力的大企业不断利用公众选择的

---

① 杰里米·里夫金. 零边际成本社会：一个物联网、合作共赢的新经济时代. 赛迪研究院专家组，译. 北京：中信出版社，2014：25-30.

② 韩瑞波. 广义政治理论视角下的零边际成本社会——兼评《零边际成本社会——一个物联网，合作共赢的新经济时代》. 四川行政学院学报，2015（3）.

③ 约翰·罗尔斯. 正义论. 何怀宏，等译. 北京：中国社会科学出版社，2009：4.

④ 杰里米·里夫金. 零边际成本社会：一个物联网、合作共赢的新经济时代. 赛迪研究院专家，组译. 北京：中信出版社，2014：18.

⑤ 同④21.

方式塑造着专利制度的话语权，它们不断扩张专利权利范围，通过囤积和诉讼等方式，将专利制度作为其竞争策略和工具，专利制度逐渐走向异化的趋势。在专利制度演化的过程当中，政府一直将专利制度作为调控技术和经济发展的宏观调控工具，然而在与私权主体的博弈过程当中，它时而充当着公共利益的代言人，时而又是私权主体的守护者，消费者和公众力量在历史的舞台上始终是一个看客。如果说专利制度的要义是鼓励发明和创造，或许在那个特殊的历史时期，由于有用知识和技术的稀缺，专利制度因素对于促进技术发展曾经起到了非常重要的作用。然而，这并不意味着它将永远发挥作用。在未来的后稀缺性时代，技术、经济、文化以及权势主体将发生重大变化，专利制度的地位和作用也将发生改变。

首先，如果本书在这里讨论的有关技术发展轨迹的内容是正确的，那么有用知识的存量将随时间的上升不断扩大，积累越多，知识日趋普及。“知识遵循的是所谓不断丰富的规律，而不是逐渐耗尽的规律。”① 随着有用知识的自我积累、科学的促进作用以及技术系统通过自组织过程适应其他环境，未来的技术创新、传播速度将比后工业时代更加迅速、更加多样和更加复杂化。而当大数据技术、物联网技术、3D 打印技术以及人工智能技术发展和成熟到一定阶段，它们所形成的技术组合可能从根本上改变着技术创新的范式。技术创新范式的根本变化以及“创客”力量的崛起，意味着发明的创造、生产和商业化将变得不再稀缺。大数据技术和人工智能技术使技术创造的成本极大降低，3D 打印技术使得技术实体化和生产的成本极大下降，而互联网和物联网技术使技术的商业化成本极大下降。当然这些技术的发展并不会一次性消除所有的稀缺，但在后稀缺时代里，高成本的产品将逐渐成为例外，而不是常态，尤其是当社会发展到了里夫金所描述的“零边际成本社会”时。

其次，在未来的后稀缺性时代，由于技术创新范式所带来的产消者

① 彼得·德霍斯. 知识财产法哲学. 周林，译. 北京：商务印书馆，2008：中文版序，2-3.

社会的来临以及经济主体的变化，共享经济将逐渐兴起，技术发展也为共享经济的实现带来了可能。并且民众的行动能力和智力创作会带来更加革命性的飞跃，知识共享和参与文化也将更加普遍。在这样的技术、经济和文化的耦合作用下，人们将逐渐改变着根深蒂固的知识专有的概念，知识所有权和排他权的观念将逐渐式微。① 与排他性相比，包容性日益重要，未来社会将实现"从知识私有到共享"②。里夫金认为，物联网技术、共享经济和文化的到来，意味着知识所有权和产权观念将逐渐向使用权和纳入权转变。③

最后，专利制度建构的话语权总是由相关利益集团和政府所主导，分散化的公众利益、消费者的权利一度是无法凝聚的，甚至是无足轻重的。新技术的发展和"创客运动"的兴起将意味着"产消者"社会的到来，大企业的力量逐渐式微，中小企业和消费者力量逐渐崛起。随着经济范式的转变，多样化的民间力量将与政府、企业共同协商、平等地建构一个更加公平合理的专利私权制度。事实上，早在后工业时代，虽然私人利益集团依然占据着制度安排的主导权，但多样化的民间力量开始逐步崛起，例如社会组织和非政府组织、国际机构以及其他组织开始参与并试图影响知识产权制度的建构，有时候一些公众会自发地组织和团结起来进行反抗，抵制知识产权制度扩张所带来的负面影响。例如，1991 年印度民众就成功抵制了美国格雷斯公司从印度苦楝树中提取杀虫成分获得欧洲专利。2000 年，抗艾滋病活动家和人道主义组织成功参与了南非的获得药品运动，这

---

① 杰里米·里夫金. 零边际成本社会：一个物联网、合作共赢的新经济时代. 赛迪研究院专家组，译. 北京：中信出版社，2014：234-240.

② 杰里米·里夫金. 同理心文明：在危机四伏的世界中建立全球意识. 蒋宗强，译. 北京：中信出版社，2015：396-397.

③ "摒弃市场和产权交易，从观念上推动人际关系以实现结构性转变，这就是从产权观念向共享观念的转变。对今天的许多人来说，这种转变是难以置信的，就如 500 年前，人们很难相信圈地运动、土地私有化以及劳动会成为人与人之间的财产关系一样。未来对于越来越多的企业和消费者来说，知识所有权的概念将呈现明显的局限性，甚至有些不合时宜。" Rifkin J，*The Age of Access：The New Culture of Cybercapitalism Where All of Life is a Paid-for Experience*，Tarcher-Putman Books，New York，2000，p228.

些非政府间组织提供了有效的技术性权威分析。① 之后，一些以特定目的组建或成立的组织和社会团体纷纷出现，如倡导自由软件的自由软件基金会（FSF）、推动开放源代码软件的开放源代码协会（OSI）、知识共享组织（CC）等。这些民间力量通过积极的行动，抵制知识产权制度对技术创新和文化产业市场带来的束缚，遏制知识产权的扩张势头。② 正如苏姗·K. 塞尔所言，"Trips 同时激发了日益茁壮的市民社会活动组织来调解过去没有触及的产业主导知识产权议程，至少后 Trips 的趋势表明新竞技场出现了"③。基于对公共领域保护的担忧，为防止知识产权的过分扩展，他们将更加团结，尽管仍会面对那些企业集团力量的阻碍，这些非政府组织、公众力量巧妙地利用艾滋病毒（HIV/Aids）、药品公共健康和生物恐怖主义威胁的政治机会，逐渐改变集团、部门和政府的信念，挑战高保护主义者的标准。在这样的背景下，"没有理由认为这些对新观点作出非常积极回应的社会团体……在体系中总是处在服从的位置"④。

而当未来社会的技术创新不再稀缺，共享经济和文化成为主流意识的时候，公众力量的逐渐凝聚将使专利私权制度逐渐走向式微。当然，这并不意味着专利制度或将一夜之间消失，因为我们距离后稀缺时代还有很长一段时间，技术、经济、文化和权势力量的相互作用也将十分的漫长。更

---

① 再如，在《多哈宣言》出台前期，发表于《美国医学协会杂志》上的一篇文章认为：与专利权相对立的贫穷和医疗开支水平是解决非洲治疗艾滋病药品获取性问题的主要障碍。这一结论被美国药品研发与制造商协会（简称 PHRMA）利用，并且作为反对出台和适用《Trips 协定修正案》的有力证据。一些非政府间组织，比如无国界医生组织（简称 MSF），很快作出回应，并且认为：专利制度对药品获取性问题有很大的负面影响，进而推动了《多哈健康宣言》的诞生。Sell S. K，*Private power*，*public law*：*the globalization of intellectual property rights*，Cambridge University Press，2003，p278.

② 随着 TPP 和 ACTA 谈判的展开，民间力量继续发轫。此时，民间团体、非政府组织、利益相关者之外的一般公众开始积极参与到抵制知识产权强化保护的运动中。例如 2012 年，为抵制《禁止网上盗版行为法》（SOPA）的通过，包括维基百科在内的 7 000 多个网站关闭，谷歌从其网站上收到了七百多万抗议该法制定的签名。2012 年开始，抵制 ACTA 的民众抗议活动席卷欧洲。这些活动直接导致德国、波兰、立陶宛、捷克和斯洛伐克推迟了 ACTA 的批准程序。杜颖. 知识产权国际保护制度的新发展及中国路径选择. 法学家. 2016（3）.

③ Sell S·K，*Private power*，*public law*：*the globalization of intellectual property rights*，Cambridge University Press，2003，p278.

④ Archer M·S，*Realist social theory*：*The morphogenetic approach*，Cambridge university press，1995，p317.

加重要的是，那些掌控技术和经济力量的大企业将会与稀缺之死不断进行抗争。他们可能将会对根源的技术本身进行控制，因为专利制度本身为他们提供了最好的武器。历史的经验告诉我们，后工业时代，微生物、基因、细胞、器官、胚胎、商业方法与规则等知识创新成果纷纷成为发达国家和跨国企业的可专利对象，他们牢固控制着最先进的高新技术。事实上，一些公司早已呼吁强化专利制度，禁止 3D 打印机的呼吁已经屡见不鲜，甚至有人试图阻断专利产品 3D 打印机设计的发行。大型生物技术公司也极力抵制当前向模式化、开源化的合成生物学的转变。[①] 在版权法领域也是如此，内容所有者曾竭力阻挠数字内容的发展。他们曾试图停止该技术，也起诉过使用该技术的人，及任何与这些人有关的人。事实上，1980 年的索尼案例将给予我们启示，电影工业曾经试图利用版权法来消灭一种可能的新技术——录像机。电影工业的主要说客杰克・瓦伦蒂在一次国会听证会上将录影技术比作“波士顿杀人魔”，令人印象深刻。瓦伦蒂还进一步表明，录像机将会摧毁好莱坞：“法官阁下，如果市场中有这么一头无须授权的野兽，毫无束缚地横冲直撞，我们将无法生存。这将不再是市场，是丛林，而这种无须授权的机器将把那些为创造电影和电视节目付出心血的人们完全吞噬。简单地说，录像机将会彻底打破影视产品的有序传播。”[②] 这项诉求缘起于影视业对于人们自行录制电影和电视节目的恐惧，它差一点就要获得成功——最高法院以 5：4 的投票判定录像机合法。之后，他们也通过各种途径极力压制纳普斯特（Napster）等 P2P 共享技术的发展，甚至试图通过极为严苛的科斯特（SOPA）法案来关闭盗版网站。我们应当能够预见在未来时代，大企业会继续通过运用知识产权法律和诉讼对这些新技术加以控制，与公众和政府进行博弈。这也意味着专利制度将在未来的一段时间内继续存在，然而当上述四种驱动力量发生作用时，专利制度对技术创新的重要性将逐渐降低，乃至于最终退出历

① Syzdek N・A，Five Stages of Patent Grief to Achieve 3D Printing Acceptance，*USFL Rev.*，2015，p335.

② 卡尔・劳斯迪亚，等. Copy Right！模仿如何激发创新. 老卡，等译. 北京：电子工业出版社，2015：28－29.

史的舞台。①

正如莱姆利在《非稀缺性世界》一文中所言，在一个后稀缺性时代，尤其是在里夫金所描述的“零边际成本社会”，科学技术塑造了一个人们可以以较低成本创造更多东西的世界，降低成本的技术和经济的发展实际上会削弱知识产权的重要性，即使没有知识产权，创造和发行内容将越来越容易，能为人们提供的内容也越来越多。同时如果知识产权的意义在于鼓励创造或内容的发行，那么降低成本的技术实际上意味着我们对于知识产权的需求会变少，而不是变多。因而变化中的技术和经济特征可能会破坏知识产权的理论基础，削弱和改变知识产权作为一种商业激励手段的传统逻辑，同时也可能破坏知识产权是一种创造激励手段的经典理论。一旦创造变得足够廉价，人们可能不需要任何知识产权的激励。在未来，由于大企业等利益集团与“稀缺之死”的不断斗争和反抗，专利制度在未来的一段时间里将继续存在，然而其作为创新驱动器的重要性可能会降低。依赖专利制度的创造在后稀缺时代可能会扮演一个越来越不重要的角色，当生产成本和发行成本都低于某个点的时候，我们或许根本就不需要知识产权保护。因而“我们应该更加注重可以鼓励创作的替代性手段，而非假定知识产权制度具有优越性”②。

二、上帝死了？——一个没有专利制度的世界

“人类是不断高呼终结的历史，”尼采曾一声断喝，“上帝死了”③。在尼采看来，“上帝死了”是对上帝的无情无畏的批判，是最高价值的失落。后人不断丰富其含义，有人认为这象征着科学技术的兴起和宗教信仰的衰落。④ 历史地看，在中世纪之前的漫长历史中，技术的创新都是在没有专利制度的激励下开展的，技术的创新是由无数的前人在彼此互相借鉴和学

---

① Michael Abramowicz，Perfecting Patent Prizes，*56 VAND. L. REV.*，2003，pp. 115 – 122.

② Lemley M · A，IP in a World without Scarcity，*NYUL Rev.*，2015，p460.

③ 谢晓尧、吴楚敏. 转换的范式：反思知识产权理论. 知识产权，2016（7）.

④ 俞吾金. 究竟如何理解尼采的话“上帝死了”. 哲学研究，2006（9）。谢晓尧，吴楚敏. 转换的范式：反思知识产权理论. 知识产权，2016（7）.

习的基础上所累积的，进步虽然缓慢，但最终是不可抗拒的。① 专利制度直到15世纪才出现，仅仅到18世纪晚期才得到稳固的确立，并且专利制度仅是促进技术创新的一种法律手段，如公共研发资助、奖金等都为发明者提供了报酬选择。对于未来技术时代废除专利私权制度的想法，那些利益集团总是费尽心机地提醒说，专利制度关系到巨大的经济利益。没有了专利制度，那些大的企业可能不会再继续研发新产品了，世界将会是一个没有活力的，甚至停滞不前的世界。② 然而事实真是如此吗？对于大多数人而言，之所以对专利制度的消失感到害怕，是因为人们已经习惯了这一制度，他们认为一个已经有几百年历史的专利制度已经成为我们私人财产系统的一部分。专利制度可能对我们曾经的文化和技术的繁荣起到了一定的作用。即便他们意识到了专利制度已经脱轨了或者不再有效了，他们也只是继续倡导改革，而不是对这个体系进行剧烈的变动。人们总是渴望稳定，害怕剧烈的变动。③ 在未来的后稀缺时代，假如人们回到一个没有专利制度的世界，这个社会将呈现何种态势？

（一）技术创新与人类的自我需求性

首先，从技术本质和技术史的角度来说，技术创新本质上是人类满足自我需求的实践性活动。事实上，技术的创造是人类为了满足各种社会需求所创造的产物。人类的需求是多方面的，有名誉、生存、娱乐、文化、战争以及经济等。经济的需求也不仅包括获取报酬，还包括商业、投资、发展工业等。正如本书第一章所言，制度、经济、文化（价值观、宗教、技术观）、人口、军事等社会要素都会刺激人的需求进而影响人类进行创造。特权或财产仅是刺激人类创造需求的一个因素，正如一位英国科学家所言，人并不只需要财产或特权来激励其进行发明，发明的种子早已存在，一遇到合适环境就会发芽，在合适的季节无须立法干预其成长。④ 美

① 乔尔·莫基尔. 富裕的杠杆：技术革新与经济进步. 陈小白，译. 北京：华夏出版社，2008：60.

② Kinsella S，There's no such thing as a free patent，*Mises Daily*，2012，p7.

③ Stephan Kinsella，*Do Business WITHOUT Intellectual Property*，available at http://www.stephankinsella.com/2014/10/do-business-without-intellectual-property.

④ 乔尔·莫基尔. 富裕的杠杆：技术革新与经济进步. 陈小白，译. 北京：华夏出版社，2008：325－326.

国技术史学家乔治·巴萨拉、吉尔菲兰以及默顿都通过相关历史证据向我们揭示了社会其他因素如何通过刺激人类需求对技术创造产生影响（具体详见本书第一章“技术、经济与文化之间的关系”部分）。

其次，在创新和心理学文献中，越来越多的实质证据证明，创作的动机大部分是内生性的或是问题驱动性的。① 人们创作是因为拥有灵感，是因为他们被推动去做，或是因为他们希望解决问题。② 正如罗斯玛丽·库姆所强调的，“人性的本质就是创造、质疑和变革的能力”。由此她得出一个十分重要的结论：滥用知识产权并不断扩大知识产权的保护范围将夺走我们身上的人性。③ 技术史学家乔治·巴萨拉也指出发明家的技术梦想是他们进行创造的重要源泉。④ 实际上，甚至有证据证明，金钱奖励会降低积极性：出于需求或报酬承诺创作的事物不如为其他目的而创作的事物更有创造性，因为“为了钱而作”似乎挫伤了内在动机。⑤ 2007 年，欧莱利（O'Reily）传媒公司的编辑安迪·奥拉姆为了弄清楚网络共享中激励人们创作的动机，进行了为期一年的调查，调查的结果显示：居首的一个原因是“社群”——人们感到自己是某个社群的组成部分且希望为社群的活跃和发展贡献一分力量。其次是“个人发展”，在这一点上回归到了美国心

---

① Vartanian, Oshin, Adam S. Bristol, and James C, Kaufman, eds, *Neuroscience of creativity*, Mit Press, 2013; Erez Reuveni, Copyright, Neuroscience, and Creativity, *64 ALA. L. REV.* 735 , 2013.

② Henry Biggs, Towards a More Comprehensive Approach to the Promotion of Creativity, 38 *U. DAYTON L. REV*, 2013, p401; Julie E. Cohen, Creativity and Culture in Copyright Theory, *40 U. C. DAVIS L. REV.*, 2007, pp. 1151, 1178, 1183, 1190; Jeanne C, Fromer, A Psychology of Intellectual Property, *104 NW. U. L. REV.*, 2010, pp. 1441, 1443 - 44 ; Eric E. Johnson, Intellectual Property and the Incentive Fallacy, *39 FLA. ST. U. L. REV.*, 2012, pp. 623, 627.

③ 约斯特·斯密尔斯等. 抛弃版权——文化产业的未来. 刘金海，译. 北京：知识产权出版社，2010：3.

④ 乔治·巴萨拉指出，他们解决遇到的难题，征服摆在他们面前的挑战，绞尽脑汁对付自然和人类中的竞争者以赢得游戏，并从中获得极大的心理和社会利益的满足。正因为如此，人类在任何地点、任何时候和通过任何手段制造东西时，都会有创新的可能。乔治·巴萨拉. 技术发展简史. 周光发，译. 上海：复旦大学出版社，2000：146.

⑤ Amabile, Teresa M, *Creativity in context: Update to the social psychology of creativity*, Hachette UK, 1996, p171; Beth A, Hennessey & Teresa M, Amabile, Reward, Intrinsic Motivation, and Creativity, *53 AM. PSYCHOLOGIST*, 1998, pp. 674 - 675; John Quiggin & Dan Hunter, Money Ruins Everything, *30 HASTINGS COMM. & ENT. L. J.*, 2008, pp. 203, 214 - 215.

理学家亚伯拉罕·马斯洛需求定理中“金字塔”模型的最高一层，即自我实现。再次是相互扶持，即乐于共享。有趣的是，在奥拉姆的调查结果中，声誉和金钱激励在所有激励因素中排名相对较低。①

在未来的技术经济时代，大数据、物联网技术使资源和信息不再匮乏，技术无比充足，人们的物质也极大富足。正如尼尔·斯蒂芬森在《砖石年代》一书中所设想的，假设人们发明了纳米技术驱动的“物质编码器”，它能够制造各种东西——从气垫到食物，无所不包，唯一需要人类动手做的就是将设计交由编码器制作新东西，机器包揽了所有工作，那时候人们还会继续创新吗？我们继续前进的动力何在？克里森·安德森给了我们答案，他指出，雅典文明与斯巴达文明可供我们类比，那时候在大批奴隶人口的支撑下，两个古城邦均处于国力无比充裕的时期，奴隶们提供所有的物质生活必需品，贵族阶层基本上不用为生产而工作，与机器人社会颇为相似。那两个社会没有一个发现自己因缺乏目的性而陷入困顿或停滞不前的局面。相反，雅典人成了艺术家和哲学家，努力探寻着抽象世界的意义，而斯巴达人则倾注心血对于军事力量和权力进行追寻。换言之，金钱和物质上的富足并不会夺取人们创新和生活的意义。雅典人和斯巴达人沿着马斯洛“需求层次”金字塔拾级而上，探索伟大的创造力和自我实现的价值。②

（二）企业在法律之外如何确保创新

除财产激励之外，人类的其他需求激励着人类进行创新。如果这一假设成立，并不意味着专利制度在创作过程中从未发挥过作用，或者它在某些方面不能再继续发挥作用。这可能是因为即便发明人最初创作动机并非出于金钱，但企业却是这样的。企业为发明者的创作支付报酬，或者获得他们的发明并耗费成本将其带入公众视野，显然是为了获得产品的经济价值。然而这并不必然表明企业就必然需要专利制度。一方面，正如本书在第五章所言，企业在后工业时代中大多数情况下是基于市场竞争策略而申请专利，专利制度在现代社会的运行已经造成了社会资源的浪费和创新进

① 克里斯·安德森. 免费：商业的未来. 蒋旭峰，等译. 北京：中信出版社，2009：229.

② 同①.

程的减慢。专利制度实际上对企业产品商业化的发展起阻碍而非促进作用。甘斯和斯特恩认为，没有专利制度的保护，新兴的小公司将更有竞争力。科恩、纳尔逊和沃尔什的研究也表明，阻碍小公司而非大公司不去寻求知识产权保护的最根本的理由在于专利制度保护的成本太高。① 另一方面，大量的事实和证据表明激励企业创新的因素也是多方面的，企业通常使用多种方式而不仅仅是专利制度来保护他们的产品和创新，以确保相较于其他竞争者，他们能够保持竞争优势。这主要包括市场、社会准则、技术手段和人力资源等，这些多样性的机制足以为公司从事创新活动提供足够的激励。正如美国斯坦福教授劳伦斯·莱斯格所言，“现实世界中，四种规则制约人们的行为：法律、社会行为规范、市场和架构（技术）。这四项要素相互合作、共同作用于我们的行为”②。

1. 市场的力量

就市场力量而言，创新很大程度上是市场力量诱发和推动的。“诱致性创新”理论认为，当一种资源要素相对于其他要素更为稀缺时，会引导出节约使用比较昂贵要素的方法，追求利润的市场选择诱发了创新发明。③ 约翰·哈斯纳斯也曾经说过，“有人支持自由市场不是因为道德上的座右铭，而是因为人类没有能力对当地条件下的知识进行分配，也不可能具备对上千万个体进行有效组织经济关系的能力。当我们有一个自由的市场时，我们才有可能形容自由市场的形貌。……自由市场相较于国家垄断更能提供人们想要的，因为他们允许大量不受限制地提供者这么做。通过赞助那些最有效地能够满足他们特殊需求的人，使他们不会失效，消费者可以决定最有效的提供方式”④。经济学证据则表明通常是市场而不是

① 克里斯·安德森. 免费：商业的未来. 蒋旭峰，等译. 北京：中信出版社，2009：250－252.

② 劳伦斯·莱斯格. 代码 2.0：网络空间中的法律. 李旭，等译. 北京：清华大学出版社，2009：111.

③ 速水佑次郎等. 发展经济学——从贫困到富裕. 李周，译. 北京：社会科学文献出版社，2009：4－12.

④ John Hasnas，The Myth of the Rule of Law，*Wisconsin Law Review*，1995，p199.

垄断权利的诱惑激励企业创新。①

田村善之将知识产权法定位为“支援型激励机制”：当先行者优势等市场力量足以激励创新时，完全无须知识产权的介入；法律有介入必要时，在二者关系上，首先要依赖于市场激励，只有在例外的情况下，即事实上的激励机制本身不能发挥自律性功能时，才通过法律去“支援”②。李琛教授也指出，法律与市场应该形成一种良性互动，法律保护应激励市场创新而非导致市场的惰性，应提升市场效率而非交易成本。③ 事实上，美国对无线电产业的规制是最典型的例子。在20世纪早期，美国为了解决无线电产业的波段干扰问题，基于公共利益的考量对无线电产业进行强制性的宏观规制，通过颁布1927年《无线电法案》和1934年《通讯法案》，规定由联邦政府提供无线电波段的免费使用权，而非所有权，但任何企业利用波段进行无线广播都应该获得政府的许可和授权。然而在实践当中，政府的法律调控作用并不明显，正如科斯所指出的，土地、劳动力、资本都是稀缺的，但这本身并不要求政府规制的介入。稀缺物品都是市场而非政府来分配的，因为消费者的自由选择可以带来更高的总体满意度。在美国的经济制度中，解决问题的方式通常是价格机制。针对这一问题，政府最好的选择是从一开始就通过拍卖广播权的方式进行销售，而不是进行强制干预。自20世

① Arrow, Kenneth, Economic welfare and the allocation of resources for invention, in *The rate and direction of inventive activity: Economic and social factors*, Princeton University Press, 1962, pp. 619 - 620.

② 速水佑次郎等. 发展经济学——从贫困到富裕. 李周，译. 北京：社会科学文献出版社，2009：9 - 17.

③ 李琛教授认为，在评估知识产权法对某一问题的回应方式与程度时，首先，应判断：问题的症结主要在于市场环境还是法律环境？法律介入的程度对市场发展可能产生何种影响？合法的交易机会要仰仗对权利的保护，承认市场的作用，并不是否认法律的功能，但在设计法律的保护程度时必须考虑对市场的影响。法律首先要引导合法内容的提供。在合法在线内容提供不足的环境下，著作权法决定是否要提高现有的处罚力度，应当格外慎重，尤其要评估处罚力度对商业创新动力的影响。当然，既有的权利规则必须得到尊重，商业模式的创新只能由法律引导，而不能由法律强制。如果对著作权保护不力，权利人也无法获得交易机会。降低交易成本的商业模式，主要还是靠产业界探索，法律也不能过度干预。总之，在产业转型尚未完之际，法律抱持无为而治、因势利导的态度，或许比滥用严刑峻法更为明智。李琛. 著作权基本理论批判. 北京：知识产权出版社，2013：48 - 56.

纪90年代开始，政府开始采纳科斯的建议，最终取得了非常好的成效。①

市场力量包括先发优势、口碑、趋势和潮流、价格歧视、产品差异化、设计的复杂性、进入障碍（进入壁垒、复制成本）等。② 其中先发优势、口碑、趋势和潮流是企业经常使用的市场力量。先发优势指企业在他人尚未能够复制其创新产品之前所享有的实际排他期间。换言之，复制者需要一段时间才能成功复制一项创新作品或产品，而在这段时间内，创新者便享有先发优势。如果企业能够利用这段时间在市场中锁定其先发优势或至少让后来者难以对其产生威胁，这便是最佳的先发优势。在有些情况下，先发优势足以激励企业不断探索影响深远的创新。加利耶（Gallié）和莱格罗斯（Legros）用大量的证据表明，先发优势似乎是最受小规模公司青睐的方式。③ 莱文（Levin）等人认为，在计算机软件等产业领域中，先占优势所带来的激励作用往往比专利保护更为有效。④

口碑本质是企业的商誉所在，口碑本身对于消费者的消费意愿起到了一定的影响，使企业可以保持产品的高定价，并让企业获得更大的市场份额和更为活跃的市场表现。口碑在激励创新方面的作用体现在，如果创新者能够将其产品推广为成功的品牌，其便能在产品被仿制之后依然享有高定价的能力。例如艾德维尔的专利保护仅为其口碑赢得了短短两年的排他控制期，而几十年后，艾德维尔依然主导着布洛芬的市场。因此，无论排他期间有多短，只要创新者成功创建了品牌，就能继续盈利，而且是大规模盈利，仿制品的出现不太会威胁到其市场地位，即使其仿制品与其几乎是一模一样的也无妨。⑤ 而趋势与潮流指的是企业紧随产业的趋势与潮流进行创新。趋势向消费者传达了重要的信息，即什么产品是当前最流行的

① 斯图尔特·班纳. 财产故事. 陈贤凯，许可，译. 北京：中国政法大学出版社，2017：310－337.

② 谢晓尧，吴楚敏. 转换的范式：反思知识产权理论. 知识产权，2016（7）.

③ Richard C. Levin, et al, Appropriating the returns from industrial research and development, No. 862, *Cowles Foundation for Research in Economics*, Yale University, 1988, p125.

④ Richard C. Levin, et al, Appropriating the returns from industrial research and development, No. 862, *Cowles Foundation for Research in Economics*, Yale University, 1988, p127.

⑤ 卡尔·劳斯迪亚等. Copy Right! 模仿如何激发创新. 老卡，等译. 北京：电子工业出版社，2015：292.

产品，同时也让企业更便捷地获知将会大卖的产品，然后作出相应的创新。趋势造就了一种产品潮流的产生，而每当一种产品的潮流规模达到一定程度之后，相近的模仿便开始出现，模仿的泛滥让趋势与潮流传播得更快，同时也促使企业不断研发新的趋势和潮流。趋势与潮流对美食产业、时尚产业以及字形产业的创新激励起着十分重要的作用。

2. 社会准则

就社会准则而言，社会准则是在相关行业内构建的惯例，更能够反映该行业的特殊性及在该行业中竞争与复制的利弊权衡。这些惯例虽然没有法律的强制力，但是可以对产业内部的成员起到一定的约束作用，能够对产业内的复制抄袭行为进行有效的遏制，能够减少模仿给创新者所带来的损害，还能够提供法律之外的赔偿方式。社会准则在一些创意产业中非常有效地减少了复制所带来的危害，许多研究表明：准则在监管社会生活及特定市场中起到了重要的作用，同时也提供了普遍的“无须法律的秩序”①。例如埃马努埃莱福沙尔（Emmanuelle Fauchart）和埃里克·冯·希普尔（Eric von Hippel）发布的一份富有洞察力的研究证明，一个存在于法国厨师界的精英团体中的非正式的、以规范为基础的准知识产权制度调整了对他人原创食谱的使用，这阐释了反抄袭准则和指明出处的规定对法国厨界的深远影响。② 克里斯托弗·布卡福斯科（Christopher Buccafusco）的研究也表明，创意烹饪的以规范为基础的非正式产权制度的存在。③ 福沙尔（Fauchart）和冯·希普尔（von Hippel）认为，该非正式产权制度排除了以法律为基础的知识产权来保护食谱的需要。④ 阿兰姆辛里奇（Aram Sinnreich）和玛丽莎·格鲁克（Marissa Gluck）认为，时尚

---

① 卡尔·劳斯迪亚等. Copy Right! 模仿如何激发创新. 老卡，等译. 北京：电子工业出版社，2015：264.

② Emmanuelle Fauchart & Eric von Hippel, *Norm-Based Intellectual Property Systems: The Case of French Chefs*, available at http://papers.ssrn.com/sol3/papers.cfm?abstract_id=881781.

③ Christopher J. Buccafusco, *On the Legal Consequences of Sauces: Should Thomas Keller's Recipes Be Per Se Copyrightable?*, available at http://papers.ssrn.com/sol3/papers.cfm?abstract_id=923712.

④ Emmanuelle Fauchart & Eric von Hippel, *Norm-Based Intellectual Property Systems: The Case of French Chefs*, available at http://papers.ssrn.com/sol3/papers.cfm?abstract_id=881781.

产业中存在一个类似的以规范为基础的准知识产权制度。[①] 此外，事实证明，在魔术和喜剧产业中对于准则的内容有高度一致的约定，并且对越界行为有着明确的规定。此类准则的实施是世俗化的且不受法律约束的——有时甚至是非法的及暴力的。但关键是这些领域的人普遍认同准则体系，这对于维护这些产业的创新与自律提供了非常大的帮助。

3. 技术手段

技术手段也是企业所使用的非知识产权创新保护方式。就技术手段而言，美国斯坦福教授劳伦斯·莱斯格（Lawrence Lessing）认为，技术（代码）所起的作用比法律的更为强大和全面。技术可以提供几乎完美无缺、万无一失的控制，远远超过有许多瑕疵的法律制度。[②] 理查德·斯皮内洛认为，技术手段是一种强大的规范力，它依靠技术减少社会危害，使用无中心的管理方案。它是非入侵性的、简便的、费用低廉的方法，这种自下而上的方法也可以节省实施规制计划带来的昂贵的政府基础设施费用。[③] 国际出版商协会版权理事会的法律顾问查尔斯·克拉克（Charles Clark）于1995年6月，在阿姆斯特丹召开的知识产权学术会议上公开进行"技术问题要由技术解决"（The answer to the machine is in the machine）的演讲。在克拉克（Clark）看来，问题不在于如何阻止人们获取、使用和享有知识产品，而在于"如何监控这些获取与使用"。他的答案是，征召那些用以免费传播作品的数字系统。克拉克描述了全球范围内的几个项目，旨在搭建他所谓的"记录付费"系统的结构，得以追踪单个作品的使用情况，并为付费做好准备。技术保护措施是这个结构的一项核心要素，它利用计算机代码将搭便车者排除在外，而克拉克确认尚待解决的一个问题是，"强调技术保护的主导性立法尚付阙如"[④]。不仅在著作权领域

---

① Aram Sinnreich & Marissa Gluck, *Music & Fashion: The Balancing Act Between Creativity and Control6-8*, available at http://learcenter.org/pdf/RTSSinnreichGluck.pdf.

② 劳伦斯·莱斯格. 代码2.0：网络空间中的法律. 李旭，等译. 北京：清华大学出版社，2009：78.

③ 理查德·斯皮内洛. 铁笼，还是乌托邦——网络空间的道德与法律. 李伦，译. 北京：北京大学出版社，2007：40-44.

④ 保罗·戈斯汀. 著作权之道：从谷登堡到数字点播机. 金海军，译. 北京：北京大学出版社，2008：170.

如此，在专利保护实践中，技术措施也是常用手段。根据洛佩斯（López）所言，实践当中存在大量的保护技术方式，例如密码、电子手印、防止复制的保护机制。①

企业经常将这些法律之外的机制与知识产权法一起结合使用，并且强烈依赖于一些可选择的非法律机制。大量实证性的证据表明，上述力量的作用可能因产业和经济发展的水平而出现差异。正如皮萨诺所言，“企业创新的保护机制是一个多维概念并且它意味着不仅可以通过专利，而且可以通过其他可使用的方式，这些方式受到公司和产业特点以及市场策略的影响”②。例如劳尔森和索尔特的研究发现，先发优势是英国企业最常使用的方式。哈拉比（Harabi）对瑞士研发密集的制造产业的研究也得出了相同的结论。在产品发明中先发优势占据第二位。萨特勒（Sattler）的研究表明，德国企业认为这些机制的效率排名如下：长期的雇佣关系、先发优势、设计复杂性、商业秘密、专利和外观设计。对于西班牙的制造公司而言，最受偏爱的机制是先发优势，其他是模仿的实践和成本（设计创新的复杂性）、商业秘密和专利。芬兰的制造公司的排名如下：先发优势、技术或实践方式（包括商业秘密、密码和限制措施）、沉默知识、合同、知识产权法、劳动立法以及人力资源管理。依赖于甚至赞同这些非法律机制的大都是新兴的发展中国家。还有相关研究表明，先发优势和技术的限制措施是公司从产品和方法创新中营利的最核心的措施，排在之后的是品牌建设。③

（三）知识产权的负空间：几个产业的范例

专利制度创立于一个稀缺的世界，而对于未来技术时代，如果本书前文所讨论的有关技术发展轨迹的内容是正确的，技术将使得产品生产和发行变得不再稀缺，那么越来越多的行业将逐渐失去知识产权保护的必要性。可能很多人难以想象一个没有专利制度的世界，但实际上在我们当前的世界中就有许多产业不受专利制度乃至于其他知识产权保护，这些产业

① Eden Sarid, *Fostering Innovation without IP-What Enables Informal Creativity?*, available at http://www.epip2016.org/book-of-abstracts/sarid.

② 同①.

③ 同①.

和创意领域被视为知识产权的“负空间”，这些产业包括了那些理论上本应该受知识产权法调整的领域（正如下文所要提到的时尚产业一样），但基于偶然或非实质性原因导致知识产权未能对这些领域进行干预调整或知识产权保护十分薄弱。[①] 根本原因很可能是在知识产权政策的制定方面，一些领域产业的利益主体可能太过分散，或者不够团结一致，也可能因为遭到其他利益的反对而没有能够在寻求法律有利变化中占据优越地位。例如，亨普希尔（Hemphill）和萨克（Suk）指出美国版权不保护时尚设计的原因在于设计师“不够强大”，以及被零售商和生产商抵制。[②]

然而在没有知识产权保护或知识产权保护十分薄弱的情况下，市场力量、社会准则、技术手段等非知识产权保护机制使得这些产业的创新活动依然十分活跃。知识产权负空间向我们展示一种处在个人、生产链上的集体和创造性作品的消费之间的关系。个体性和集体性之间的相互影响构成了创新和有关创新的规定之间的永恒的张力。诠释、改编、再混合和共享中所体现的创新，非但不会因为没有法律保护或法律保护薄弱而遭受损害，反而会因此而受益。[③] 而这些领域所展示的图景很可能就是在未来技术时代，在没有专利制度保护的机制下，产业如何发展的态势。当前知识产权负空间的产业包括时尚产业、餐饮、喜剧、文身、数据库、微处理器、发型、魔术、字体、学术科学、“即兴乐队”、香水制造等，本书以时尚和数据库产业作为范例进行详述。

1. 时尚产业

时尚产业是当今世界最重要的创意产业之一，比电影、图书、音乐以及许多科学创新行业更为庞大[④]，但与上述产业不同的是，时尚产业的主要创造元素——服装设计——却基本上位于知识产权法律范围之外。在美

① 卡尔·劳斯蒂亚，克里斯托弗·斯普里格曼. 回应：重谈盗版悖论. 段芸蕾，译. 私法，2014，24（2）.

② C. Scott Hemphill & Jeannie Suk，The Law，Culture，and Economics of Fashion，*61 STAN. L. REV.*，2009，p1147.

③ C. 斯科特·汉姆菲尔，珍妮·苏克. 时尚中的法律、文化与经济. 蔡元臻，译. 私法. 2014，24（02）.

④ 作为商业全球化的一项主要产物，它在美国的年销售额超过 2 000 亿美元，全球时尚产业每年销售超过 7 500 亿美元的服装。Safia A，Nurbhai，Style Piracy Revisited，*10 J.L. & POL'Y*，2002，p489.

国，对于服装设计的知识产权保护一直以来是一个十分具有争议性的话题。首先，二维的时装设计图可以作为图画，但是三维的服装由于具有实用功能，而不能受到美国版权法的保护。其次，新的时尚设计虽然可以申请外观设计专利，从而免遭复制，如设计专利为“全新的、原创的、装饰性”提供 14 年的保护①，但实际上，外观设计专利条款基于两个原因未能保护时尚设计：其一，设计专利并不适用于那些对旧设计进行重构而生产的新设计，时尚设计大多不符合“全新”的标准，因此也就无法获得专利保护；其二，申请专利过程的花费很大，等待过程很长，而最终获得专利保护的可能性难以确定（美国专利商标局会否决将近半数的设计专利申请）。并且很多时尚设计只有一到两季的寿命，获取设计专利实在过于滞后，难以发挥作用。研究表明，对于设计专利的应用主要集中于箱包制造和制鞋行业，大多数时尚设计无法获得外观设计专利的有效保护。② 再次，商标对时尚产业具有重要作用，因为它帮那些特别的品牌维系其名誉和商品溢价，然而商标对时尚设计的保护近似于无。美国商标法固然保护“商品外观”，这个概念最初就是为了保护独特的包装方式而提出的，后来也适用于产品设计，但商品外观仅限于无实际功能的设计元素并且必须具有识别商品来源的作用。也即消费者看到这个设计时，必须能够识别出它是某个特定制造商的作品。服装设计很少能符合该标准。③

虽然美国时尚产业缺乏知识产权的保护，但庞大、充满活力和竞争的时尚产业始终持续快速创新，迅速开发出花样繁多的服装和配饰设计。一方面，设计者之间非但没有因为复制和盗版行为的广泛存在而失去创作的激励，相反他们相互模仿和共享，从别人的作品当中获得创意和启发。设计者们往往会在不复制原作的前提下，对流行商品进行一定程度上的“装饰”（furnish），如他们会采用“诠释”或者“参考”的方式。他们会引用

---

① 卡尔·劳斯迪亚，等. Copy Right！模仿如何激发创新. 老卡，等译. 北京：电子工业出版社，2015：44.

② 同①45.

③ 正如法院在“Knitwaves 案”中的所言，消费者可能欣赏一个服装设计，但是他们很少意识到特定的设计元素与品牌相连。少有时尚设计元素能达到足够刺激公众头脑中识别来源的程度以加强商业外观保护。最终的结果是，商业外观保护对大多数服装设计不管用。卡尔·劳斯蒂亚，克里斯托弗·斯普里格曼. 盗版悖论：时尚设计中的创新与知识产权. 段芸蕾，译. 私法，2014，24（02）。

(quote)、评论(comment)或者参照前人的作品。A. B. S.(Atlen B. Schwarl),时装品牌的施瓦茨先生对新生代设计师的忠告:停止发牢骚。"当你们谈论时尚的时候,去问问那些小设计师们,他们的灵感从何而来。他们也一样从其他人那里得到了启发。这很正常。你永远不可能只是呆坐在窗前,等着灵感自己转化为实物。"在美国的一期采访秀当中,当支持人奥普拉·温弗莱采访鼎鼎有名的服装设计师:"您是如何不断地再创造的呢?"拉夫·劳伦言道:"四十五年的仿制,这是我扬名立万的原因。"①

另一方面,时尚产业中多样化的非法律机制驱动着该产业保持着持久的创新生命力。首先,时尚产业的潮流和趋势的更新周期很快,新的服装设计先在一小部分时尚追随者间流行,随后被较大规模的顾客群体所接受。随着这些设计被复制和抄袭并在市场中广为流行,其对最初的一批消费群体便失去了吸引力。模仿和共享更进一步加速了流行元素的变化,在竞争市场的经济体中,这就促使企业家必须更快地摒弃已有的设计并寻求新设计,以吸引消费者的注意,以替换在市场中泛滥的旧作。其次,时尚产业得以直面猖獗的抄袭并持续创新,可能是因为"先发优势"带来了足以支撑创新的好处。如果企业家能在仿品涌现市场之前卖出足够多的正版服饰,那么总体而言,其利润相当可观,不断创新由此变得有利可图。②最后,社会准则对于时尚产业的创新可能发挥着一定的作用。有证据表明在美国的时尚产业中存在一套基于准则的系统,它"对于违规者处以严厉的惩罚,比如来自时尚评论界的恶评或被时尚媒体封杀,这些惩罚最终会损害品牌形象,降低利润"。在高端时装的领域,过于明显的抄袭有时会惹人非议,一个有抱负的设计师如果被评价为过度"借鉴"他人,其职业发展可能会受损。③

2. 数据库产业

随着信息技术的发展使得大量数据能够以数字格式被创建,或者被转换为数字格式,扫描仪和其他设备使得数据的数字转换成为可能,进而推

① 卡尔·劳斯迪亚,等. Copy Right! 模仿如何激发创新. 老卡,等译. 北京:电子工业出版社,2015:31-35.

② 同①80.

③ 同①77-78.

动了数据库的产生。数据库产业创造出一系列的产品，它们收集和整理各种信息，让人们可以使用计算机搜索相关信息。[①] 数据库本身也是一个十分庞大的商业体系，1989 年世界范围内的在线数据和实时信息服务的营业额总计大约 85 亿欧洲货币单位。1996 年欧洲市场上的电子信息供应市场的估计规模为 51.38 亿英镑。[②] 正是因为数据库所蕴含的庞大的商业利益，数据库利益集团千方百计地试图利用法律机制对抄袭复制行为进行遏制。

在美国，他们首先想到的是利用版权法对数据库进行保护，这一做法在一段时间内受到了美国法院的支持，美国法院支持对数据库采用汇编作品进行保护。但是在 1991 年的“Feist 案”中，最高法院推翻之前一系列关于数据库即便全部由事实组成也可以享有版权的案例，法院认为按照字母顺序对电话本的数据进行汇编，虽然花费了大量心血，但不满足版权法意义的独创性，据此无法获得版权法的保护。[③] 该案审结之后，在美国法律界曾发起一项运动，目的是改变法律，赋予数据库一些抵抗抄袭的法律保护。保护数据的利益集团主张：如果我们不为事实授予版权，人们就能自由抄袭它们，自由、合法的抄袭会破坏人们花费时间和金钱收集事实信息的动力。这些人甚至认为，最高法院的裁定会导致美国数据库产业走向衰弱。很快，欧洲数据库的发展给出了支持他们的论据。“Feist 案”过后不久，欧盟的数据库保护积极人士发起警告说，薄弱的版权法会使欧盟面临像美国“Feist 案”般，对产权保护的“无助”境况。在数据库产业利益集团的游说下，自 1996 年数据库指令开始，欧盟创建了一个泛欧盟的特殊知识产权，该指令为数据库的制作者设置了一个特别的权利，“以防止为商业目的的未经许可摘录或再利用该数据内容的全部或实质性部分”，该权利是一种内容广泛的专有财产权，几乎等同于获得一种不动产意义的财产权利，并且适用于任何格式的数据库，无论是电子的还是非电子的，

① 作为一种产业，它由三大要素构成：数据库、数据库生产者和数据库提供商。数据库由生产者制作，提供商发行或提供检索。同时，许多数据库生产者通过提供自己数据库的联机检索或发行自己数据库的 CD-ROM 版本，本身又成为数据库提供者。谢新洲，一凡. 欧美数据库产业的发展现状. 情报学报，1997（6）.

② 马克·戴维森. 数据库的法律保护. 朱理，译. 北京：北京大学出版社，2007：1.

③ Feist Publications, Inc. v. Rural Telephone Service Co., 499 U. S. 340 (1991).

也不论数据的内容是否存在版权，其保护期限是 15 年。并且欧洲的数据库指令只保护欧洲人，或采取了“相应保护”的第三方国家公民制作的数据库。① 欧盟的新法规施行后，美国的数据库的利益集团警告说，在新保护措施的帮助下，欧洲的数据库产业将胜过美国的。

但实际情况却令人惊讶，数据库产业在美国飞速发展，而在大西洋的另一边却陷入停滞。复制数据的自由并未扼杀美国的数据库产业，反之，似乎还深化了它的发展。2005 年，欧盟委员会完成了一份报告，分析 1996 年数据库指令在欧盟对计算机数据库所生产的影响。② 委员会报告发现，数据库指令在诱发欧盟数据库的增产上尚未发挥任何作用：“‘特殊’权利对数据库生产的经济影响尚未证实。虽然是作为刺激欧洲数据库的生产而引入，但这一新手段还未对数据库的生产带来实证影响。”③ 实际上，欧盟数据库产业的状况要比 2005 年的研究所揭露的更为糟糕。2004 年欧盟的数据库产量为 1998 年新法在全境生效前水平的一半。并且欧盟的全球数据库市场份额也陷于停滞。1992 年，网上数据约有 26%是由欧盟公司制作，约有 60%是由北美公司制作。到了 2005 年，北美的数据库产量暴涨到将近全球市场的 70%。欧盟的市场份额几乎没有变化，在有些调研中，甚至略微缩小了。④ 在相对弱知识产权环境下运营的美国数据库产业反而比欧盟的增长更快，美国数据库产业胜出欧盟的程度在增加。美国数据库企业的数量仍然在持续增加，并且这些企业的投资仍然在不断上升。例如财富 500 强邓白氏公司的数据库含有全球超过 1.5 亿家公司的详细信息，投资金额达到数亿美元。同时美国数据库的形式和类型日益多样化，只要访问信息业巨头道琼斯的网站，就能找到几十个基于事实的数据

---

① 马克·戴维森. 数据库的法律保护. 朱理，译. 北京：北京大学，2007：53－59.

② Commission of the European Communities，*DG Internal Market and Services Working Paper*，*First Evaluation of Directive* 96/9/*EC on the Legal Protection of Databases* 1.4，available at http://ec.europa.eu/internal_market/copyright/docs/databases/evaluation_report_en.pdf.

③ Commission of the European Communities，*DG Internal Market and Services Working Paper*，*First Evaluation of Directive* 96/9/*EC on the Legal Protection of Databases*，available at http://ec.europa.eu/internal_market/copyright/docs/databases/evaluation_report_en.pdf.

④ 卡尔·劳斯迪亚，等. Copy Right! 模仿如何激发创新. 老卡，等译. 北京：电子工业出版社，2015：241－242.

库，他们提供了包括能源、商品的数据，实时市场指数，外汇汇率，包括营收和关键公司官员、投资人的公司报告，美国财政部拍卖的价格信息和一系列包括政府反腐败和反洗钱制裁名单的常用数据。[①]

美国数据产业之所以能够保持旺盛的创新活力和发展势头，主要归结为以下几点：首先，在“Feist 案”后，美国的法院虽然没有对数据库进行版权保护，但是一些州对于未经许可使用数据的行为适用盗用侵权原则，这是美国法上一种独特的反不正当竞争保护，它要求数据库的制作方式出于原创且很有价值，竞争对手不能抄袭这种方式。他们还利用了合同法绑定用户和用途的政策禁止和限制抄袭，他们还利用了通常意义的财产权——如在线拍卖巨头易贝（ebay）打赢了和 Bidder's Edge 的侵害诉讼。Bidder's Edge 是一家拍卖“聚合”网站，它曾从 ebay 服务器获取拍卖信息。相对财产权利属性明确的版权和数据库特殊权利，盗用侵权保护和其他法律方式只能算是一种最弱的财产权利[②]，绝对安全的策略并不存在。更为关键的是，美国数据产业利用非法律机制，例如数据库制作者使用加密措施和数字版权管理工具等技术措施，对其数据进行保护。他们还积极探索不断创新的商业模式，并且相互借鉴，利用现有的数据不断探索新的功能，让用户的生活变得更加简单。例如《洛杉矶时报》微创新了洛杉矶联合学区维护的数据库就是个很好的例子。[③] 欧盟的措施让个人数据库制作者享有了更高的利润，但它却扼杀了不同数据库企业之间的微创新和相互提升的空间，不利于整个产业的发展。相反，美国法律允许的“自由抄袭”降低了创造新的数据库的成本，对数据库不提供大规模保护意味着竞争对手能用创新方式再利用现存的数据库。

（四）小结

“我们曾长期与稀缺为伴，乃至很难设想向后稀缺经济转变。专利制度让我们紧守稀缺性，将其奉为一个在我们的世界里不能失去它的总领原

---

① 卡尔·劳斯迪亚，等. Copy Right! 模仿如何激发创新. 老卡，等译. 北京：电子工业出版社，2015：240-241.

② 李谦. 法律如何处理数据财产——从数据库到大数据. 法律和社会科学，2016，15（1）.

③ 同①243-244.

则。”① 但这不会阻止转变的发生，如果后稀缺性时代来临，在一个我们生产的大多数东西都便宜甚至免费的世界里，技术创造将变得不再稀缺，人们将知识共享文化奉为圭臬，产销社会的来临意味着消费者力量的崛起。在这样一个后稀缺性的未来时代里，专利制度将逐渐走向式微。专利制度是由历史所生成的，也可能被历史所终结。

在未来技术时代，没有专利制度保护的企业和产业将如何发展呢？时尚产业、数据库产业这样的创意产业为我们提供了在未来技术时代，在没有专利制度的保障下，企业和产业如何发展的态势。像时尚产业、数据库产业这样的创意产业还有很多，我们有理由相信随着技术的发展，将会出现更多这样的产业。与我们当前的主流观点认为复制和共享对创造力会造成严重的乃至致命的威胁不同。这些例子向我们展示了在没有或弱知识产权保护下，一个创造力顽强生产的世界，在这个世界里，模仿、共享和创新是能够共存的。硅谷的发展也呈现了类似的图景，硅谷在世界创新市场中一枝独秀，其成功主要归因于开放性、流动性与共享性，“通常把法律的实施撇在一边”②。

专利制度的历史告诉我们，专利制度最初是政府发展技术和经济的一种政策工具。为了服务于有价值的社会目的，政府进行了适当的调控，如政府监管市场准入，或者控制市场准入价格。在工业时代和后工业时代里，政府依然在使用这一工具进行调控。过去，政府监管着各种各样的行业——铁路、公路运输、电力、天然气、电话——因为考虑到这些行业的经济体制，政府看不到一个自由的市场如何能够产生对社会最优的结果。但在数量惊人的现实案例中，我们发现当我们放开对这些行业的监管时，市场和其他非法律管制可以找到一种方法来提供我们原本以为只能在政府管制下提供的物品。③ 在这方面，专利制度与其他任何形式的监管没有什

---

① Lemley M・A, IP in a World without Scarcity, *NYUL Rev.*, 2015, p460.

② 罗纳德・吉尔森认为，较弱的知识产权保护成就了硅谷，原因之一是加利福尼亚州的立法禁止规定竞业禁止条款，这表面对创新公司不利，但整个行业却从跳槽的知识溢出中获益。Ronald J. Gilson, The Legal Infrastructure of High Technology Industrial Districts: Silicon Valley, Route 128, and Covenants Not to Compete, *74 N. Y. U. L. Rev.* 575 , 1999, p195.

③ 同①480.

么不同。我们往往夸大了垄断性权利对企业创新的影响和作用，进而使得垄断性权利成为公司市场竞争的躲避屋。然而复制和盗版自古以来都是存在的，并且不可能根绝，在未来的技术时代，知识共享将成为一股趋势和潮流。同时高新技术的飞速发展将导致产品的生产和发行变得不再稀缺，维护知识和技术不被复制的成本将越来越高，专利制度将在后稀缺的时代逐渐丧失其作用。

在没有专利制度的自由社会中，之前受专利制度保护的产业（例如制造业、化学、制药、生物技术、半导体和软件等）公司将会与知识产权负空间的产业（时尚、数据库等产业）公司一样共同面对竞争。这些企业必须意识到，在缺乏政府管控的情况下，产品容易被他人模仿或抄袭是它们自己的责任，在这个自由的市场中，每一个企业和生产者都面对残酷的竞争。在不受监管的情况下，企业为追求排他性的利润，将探索新型的商业模式或文化产品，将不断寻找更好的服务方式来取悦消费者，并且在不同产业，企业将结合产业的特点采取不一样的策略。因而如何探索更好的创新和竞争方式应该交由企业自身去解决。正视法律之外的创新，摈弃法律万能的观点，可以使企业回归制度的多样性，探寻更有效率的选择。①

① Kinsella S, Law and Intellectual Property in a Stateless Society, *Libertarian Papers*, 2013, p5.

参考文献

一、中文译著

[1] 詹姆斯·W. 汤普逊. 中世纪晚期欧洲经济社会史. 徐家玲，等译. 北京：商务印书馆，1992

[2] 道格拉斯·C. 诺思. 经济史中的结构与变迁. 陈郁，等译. 上海：上海三联书店，1994

[3] 布拉德·谢尔曼，莱昂内尔·本特利. 现代知识产权法的演进：英国的历程（1760—1911）. 金海军，译. 北京：北京大学出版社，2006

[4] 道格拉斯·C. 诺思. 制度、制度变迁与经济绩效. 杭行，译. 上海：格致出版社，上海三联书店，上海人民出版社，2014

[5] 保罗·戈斯汀. 著作权之道：从谷登堡到数字点播机. 金海军，译. 北京：北京大学出版社，2008

[6] 约翰·亨利·梅利曼. 大陆法系. 顾培东，禄正平，译. 北京：法律出版社，2004

[7] 德埃加·博登海默. 法理学：法哲学及其方法. 邓正来，译. 北京：中国政法大学出版社，1998

[8] R. 科斯，A. 阿尔钦，D. 诺斯，等. 财产权利与制度变迁——产权学派与新制度学派译文集. 刘守英，等译. 上海：格致出版社，上海人民出版社，上海三联书店，2014

[9] 加藤雅信. "所有权"的诞生. 郑芙蓉，译. 北京：法律出版社，2012

[10] F. 拉普. 技术哲学导论. 刘武，译. 沈阳：辽宁科学技术出版社，1986

[11] 卡尔·米切姆. 通过技术思考——工程与哲学之间的道路. 陈凡，秦书生，译. 沈阳：辽宁人民出版社，2008

[12] F. 拉普. 技术科学的思维结构. 刘武，等译. 长春：吉林大学出版社，1988

[13] 布莱恩·阿瑟. 技术的本质：技术是什么，它是如何进化的. 曹东溟，王健，译. 杭州：浙江人民出版社，2014

[14] 凯文·凯利. 科技想要什么. 严丽娟，译. 北京：电子工业出版社，2016

[15] 乔治·巴萨拉. 技术发展简史. 周光发，译. 上海：复旦大学出版社，2000

[16] 乔尔·莫基尔. 雅典娜的礼物：知识经济的历史起源. 段异兵，唐乐，译. 北京：科学出版社，2011

[17] 罗伯特·金·默顿. 十七世纪英格兰的科学、技术与社会. 范岱年，等译. 北京：商务印书馆，2000

[18] 托尔斯坦·凡勃伦. 科学在现代文明中的地位. 张林，张天龙，译. 北京：商务印书馆，2012

[19] 凡勃伦. 有闲阶级论：关于制度的经济研究. 甘平，译. 武汉：武汉大学出版社，2014

[20] 威廉·M. 杜格，霍华德·J. 谢尔曼. 回到进化：马克思主义和制度主义关于社会变迁的对话. 张林，等译. 北京：中国人民大学出版社，2007

[21] 大卫・兰德斯. 解除束缚的普罗米修斯. 谢怀筑，译. 北京：华夏出版社，2007

[22] 道格拉斯・C. 诺思. 理解经济变迁过程. 钟正生，等译. 北京：中国人民大学出版社，2013

[23] 杰弗里・M. 霍奇逊. 演化与制度：论演化经济学和经济学的演化. 任荣华，等译. 北京：中国人民大学出版社，2007

[24] 赫伯特・西蒙. 现代决策理论的基石. 杨砺，徐立，译. 北京：北京经济学院出版社，1989

[25] 卡尔・马克思，弗里德里希・恩格斯. 马克思、恩格斯全集：第3卷. 中共中央马克思恩格斯列宁斯大林著作编译局，译. 北京：人民出版社，1995

[26] 列宁. 列宁选集：第2卷. 中共中央马克思恩格斯列宁斯大林著作编译局，译. 北京：人民出版社，1995

[27] 克里斯・弗里曼、弗朗西斯科・卢桑. 光阴似箭：从工业革命到信息革命. 沈宏亮，等译. 北京：中国人民大学出版社，2007

[28] 克利福德・格尔茨. 文化的解释. 韩莉，译. 南京：译林出版社，2008

[29] 乔尔・莫基尔. 富裕的杠杆：技术革新与经济进步. 陈小白，译. 北京：华夏出版社，2008

[30] 大卫・李嘉图. 政治经济学及赋税原理. 郭大力，王亚南，译. 北京：商务印书馆，1962

[31] 亚当・斯密. 国富论. 杨敬年，译. 西安：陕西人民出版社，2006

[32] 苏姗・K. 塞尔. 私权、公法：知识产权的全球化. 董刚，译. 北京：中国人民大学出版社，2008

[33] 约翰・肯尼思・加尔布雷思. 新工业国. 嵇飞，译. 上海：上海人民出版社，2012

[34] 戴维・凯瑞斯. 法律中的政治：一个进步性批评. 信春鹰，译. 北京：中国政法大学出版社，2008

[35] 青木昌彦，奥野正宽，等. 经济体制的比较制度分析. 魏加宁，等译. 北京：中国发展出版社，1999

[36] 麦克莱伦第三，哈罗德·多恩. 世界科学技术通史. 王鸣阳，译. 上海：上海科技教育出版社，2007

[37] 丹皮尔. 科学史及其与哲学和宗教的关系. 李珩，译. 桂林：广西师范大学出版社，2001

[38] 苏珊娜·斯科奇姆. 创新与激励. 刘勇，译. 上海：格致出版社，2010

[39] 伊迪丝·汉密尔顿. 希腊方式：通向西方文明的源流. 徐齐平，译. 杭州：浙江人民出版社，1988

[40] 让-伊夫·戈菲. 技术哲学. 董茂永，译. 北京：商务印书馆，2000

[41] 鲁道夫·克拉瑟. 德国专利和实用新型法、欧洲和国际专利法. 单晓光，张韬略，等译. 北京：知识产权出版社，2016

[42] 亚里士多德. 尼各马可伦理学. 廖申白，译. 北京：商务印书馆，2003

[43] 托比·胡弗. 近代科学为什么诞生在西方. 于霞，译. 北京：北京大学出版社，2010

[44] 埃里克·琼斯. 欧洲奇迹：欧亚史中的环境、经济和地缘政治. 陈小白，译. 北京：华夏出版社，2015

[45] 尤瓦尔·赫拉利. 人类简史：从动物到上帝. 林俊宏，译. 北京：中信出版社，2014

[46] 波斯坦，等主编. 剑桥欧洲经济史：4 卷　16 世纪、17 世纪不断扩张的欧洲经济. 王春法，等译. 北京：经济科学出版社，2003

[47] 波斯坦，等主编. 剑桥欧洲经济史：5 卷　近代早期的欧洲经济组织. 王春法，等译. 北京：经济科学出版社，2002

[48] 罗杰·克劳利. 财富之城：威尼斯海洋霸权. 陆大鹏，张骋，译. 北京：社会科学文献出版社，2015

[49] 费尔南·布罗代尔. 15 至 18 世纪的物质文明、经济和资本主义. 顾良，施康强，译. 北京：生活·读书·新知三联书店，1992

[50] 卡特. 中国印刷术的发明和它的西传. 吴泽炎，译. 北京：商务印书馆，1957

[51] 丹尼斯·哈伊. 意大利文艺复兴的历史背景. 李玉成，译. 北京：生活·读书·新知三联书店，1988

[52] 亚·沃尔夫. 十六、十七世纪科学、技术和哲学史. 周昌忠，译. 北京：商务印书馆，1985

[53] 亨利·皮郎. 中世纪欧洲经济社会史. 乐文，译. 上海：上海人民出版社，2001

[54] 瓦莱里奥·林特纳. 周末读完意大利史. 郭尚兴，刘亚杰，等译. 上海：上海交通大学出版社，2009

[55] 汤普逊. 中世纪经济社会史. 耿炎如，译. 北京：商务印书馆，1984

[56] 伊利奇·考夫. 专利制度经济学. 柯瑞豪，译. 北京：北京大学出版社，2005

[57] 乔治·杜比主编. 法国史. 吕一民，译. 北京：商务印书馆，2010

[58] 富田彻男. 市场竞争中的知识产权. 廖正衡，等译. 北京：商务印书馆，2000

[59] 罗伯特·科尔. 周末读完德国史. 欧阳林，等译. 上海：上海交通大学出版社，2012

[60] 斯塔夫里阿诺斯. 全球通史：从史前史到 21 世纪　下. 吴象婴，译. 北京：北京大学出版社，2005

[61] 斯科特·戈登. 控制国家——西方宪政的历史. 应奇，等译. 南京：江苏人民出版社，2001

[62] 墨杰斯，等. 新技术时代的知识产权法. 齐筠，译. 北京：中国政法大学出版社，2003

[63] 刘易斯·芒福德. 技术与文明. 陈允明，等译. 北京：中国建筑工业出版社，2009

[64] 菲利普·潘什梅尔. 法国. 漆竹生，译. 上海：上海译文出版社，1980

[65] 孔多塞. 人类精神进步史表纲要. 何兆武，译. 南京：江苏教育出版社，2006

[66] 汉默顿. 西方名著提要：历史学部分. 何宁，译. 北京：商务印

书馆，1959

[67] 罗杰·夏蒂埃. 法国大革命的文化起源. 洪庆明，译. 南京：译林出版社，2015

[68] 梅利尔·D. 彼得森. 杰斐逊集. 刘祚昌，等译. 上海：上海三联书店，1993

[69] F·H. 欣斯利. 新编剑桥近代史：物质进步与世界范围的问题 1870—1898). 中国社会科学院世界史研究所组，译. 北京：中国社会科学出版社，1987

[70] 吉尔伯特·C. 菲特，吉姆·E. 里斯. 美国经济史. 司徒淳，等译. 沈阳：辽宁人民出版社，1981

[71] 梅里亚姆. 美国政治思想. 朱曾汶，译. 北京：商务印书馆，1984

[72] 多米尼克·格莱克，布鲁诺·范·波特斯伯格. 欧洲专利制度经济学：创新与竞争的知识产权政策. 张南，译. 北京：知识产权出版社，2016

[73] 戴维·哈维. 后现代状况. 阎嘉，译. 北京：商务印书馆，2003

[74] 中山信弘. 多媒体与著作权. 张玉瑞，译. 北京：专利文献出版社，1997

[75] 阿尔文·托夫勒. 第三次浪潮. 黄明坚，译. 北京：中信出版社，2006

[76] 让·波德里亚. 消费社会. 刘成富，全志钢，译. 南京：南京大学出版社，2001

[77] 约翰·奈斯比特. 大趋势：改变我们生活的十个新方向. 梅艳，译. 北京：中国社会科学出版社，1984

[78] 彼得·达沃豪斯、约翰·布雷斯韦特. 信息封建主义. 刘雪涛，译. 北京：知识产权出版社，2005

[79] 约瑟夫·熊彼特. 资本主义、社会主义与民主. 吴良健，译. 北京：商务印书馆，1999

[80] W·W. 罗斯托. 这一切是怎么开始的：现代经济的起源. 黄其祥，等译. 北京：商务印书馆，2014

[81] 卡尔·马克思. 1844 年经济学哲学手稿. 中共中央马克思恩格

斯列宁斯大林著作编译局，译. 北京：人民出版社，2002

[82] 普拉蒂普・N. 托马斯，等主编. 亚洲知识产权与传播. 高蕊，译. 北京：清华大学出版社，2009

[83] 威廉・M. 兰德斯，等. 知识产权法的经济结构. 金海军，译. 北京：北京大学出版社，2005

[84] 杰克・赫什莱佛，等. 不确定性与信息分析. 刘广灵，等译. 北京：中国社会科学出版社，2000

[85] 丹・L. 伯克，马克・A. 莱姆利. 专利危机与应对之道. 马宁，余俊，译. 北京：中国政法大学出版社，2013

[86] 田村善之. 日本知识产权法. 4 版. 周超，等译. 北京：知识产权出版社，2011

[87] J・M. 穆勒. 专利法. 3 版. 沈超，等译. 北京：知识产权出版社，2013

[88] J・D. 贝尔纳. 科学的社会功能. 陈体芳，译. 北京：商务印书馆，1982

[89] 本杰明・N. 卡多佐. 法律的成长、法律科学的悖论. 董炯，等译. 北京：中国法制出版社，2002

[90] 劳伦斯・莱斯格. 思想的未来：网络时代公共知识领域的警世喻言. 李旭，译. 北京：中信出版社，2004

[91] 凯文・凯利. 新经济新规则——网络经济的十项策略. 刘仲涛，译. 北京：电子工业出版社，2014

[92] 凯文・凯利. 失控：全人类的最终命运和结局. 东西文库，译. 北京：新星出版社，2010

[93] 哈巴哈江・科尔. 21 世纪的外包与离岸外包：一个社会经济学分析. 姜荣春，译. 上海：格致出版社，2012

[94] 拉杰什・纳如拉. 全球化与技术：相互依赖、创新系统与产业政策. 冷民，译. 北京：知识产权出版社，2011

[95] 迈克尔・赫勒. 困局经济学. 闾佳，译. 北京：机械工业出版社，2009

[96] 克莱・舍基. 认知盈余：自由时间的力量. 胡泳，等译. 北京：

中国人民大学出版社，2011

[97] 霍华德·莱茵戈德. 网络素养：数字公民、集体智慧和联网的力量. 张子凌，等译. 北京：电子工业产权出版社，2013

[98] 克里斯·安德森. 长尾理论. 乔江涛，译. 北京：中信出版社，2012

[99] 亨利·詹金斯. 融合文化：新媒体和旧媒体的冲突地带. 杜永明，译. 北京：商务印书馆，2012

[100] 劳伦斯·雷席格. REMIX：将别人的作品重混成赚钱生意. 叶心岚，译. 台北：大是文化有限公司，2011

[101] 汤姆·斯丹迪奇. 从莎草纸到互联网：社交媒体 2000 年. 林华，译. 北京：中信出版社，2015

[102] 刘易斯·海德. 礼物：创新精神如何改变世界. 孙天，译. 北京：电子工业出版社，2015

[103] 马塞尔·莫斯. 礼物——古式社会中交换的形式与理由. 汲喆，译. 上海：上海人民出版社，2005

[104] 莫里斯·古德利尔. 礼物之谜. 王毅，译. 上海：上海人民出版社，2007

[105] 威廉·W. 费舍尔. 说话算数：技术、法律以及娱乐的未来. 李旭，译. 上海：上海三联出版社，2008

[106] 卡尔·劳斯迪亚，等. Copy Right！模仿如何激发创新. 老卡，等译. 北京：电子工业出版社，2015

[107] 尤尔根·哈贝马斯. 公共领域的结构转型. 曹卫东，等译. 上海：学林出版社，1999

[108] 约翰·罗尔斯. 正义论. 何怀宏，等译. 北京：中国社会科学出版社，2009

[109] 彼得·德霍斯. 知识财产法哲学. 周林，译. 北京：商务印书馆，2008

[110] 杰里米·里夫金. 零边际成本社会：一个物联网、合作共赢的新经济时代. 赛迪研究院专家组，译. 北京：中信出版社，2014

[111] 杰里米·里夫金. 同理心文明：在危机四伏的世界中建立全球

意识. 蒋宗强，译. 北京：中信出版社，2015

[112] 雷切尔·博茨曼，等. 共享经济时代：互联网思维下的协同消费商业模式. 唐朝文，译. 上海：上海交通大学出版社，2015

[113] 约斯特·斯密尔斯，等. 抛弃版权——文化产业的未来. 刘金海，译. 北京：知识产权出版社，2010

[114] 克里斯·安德森. 免费：商业的未来. 蒋旭峰，等译. 北京：中信出版社，2009

[115] 劳伦斯·莱斯格. 代码 2.0：网络空间中的法律. 李旭，等译. 北京：清华大学出版社，2009

[116] 速水佑次郎等. 发展经济学——从贫困到富裕. 李周，译. 北京：社会科学文献出版社，2009

[117] 理查德·斯皮内洛. 铁笼，还是乌托邦——网络空间的道德与法律. 李伦，译. 北京：北京大学出版社，2007

[118] 马克·戴维森. 数据库的法律保护. 朱理，译. 北京：北京大学出版社，2007

[119] 托马斯·库恩. 科学革命的结构. 金吾伦，等译. 北京：北京大学出版社，2012

[120] 安纳利·萨克森宁. 硅谷优势. 曹蓬，译. 上海：上海远东出版社，2000

[121] 杰里米·阿塔克、彼得·帕塞尔. 新美国经济史：从殖民地时期到 1940 年. 罗涛，等译. 北京：中国社会科学出版社，2000

[122] 田村善之. 田村善之论知识产权. 李扬，等译. 北京：中国人民大学出版社，2013

[123] 恩斯特·卡西尔. 人论. 甘阳，译. 上海：上海译文出版社，2004

[124] 杰夫·豪. 众包：群体力量驱动商业未来. 牛文静，译. 北京：中信出版社，2011

[125] 埃尔曼. 比较法律文化. 贺卫方，高鸿钧，译. 北京：生活·读书·新知三联书店，1990

[126] 安东尼·吉登斯. 社会的构成：结构化理论纲要. 李康，等译. 北京：生活·读书·新知三联书店，1998

[127] 约翰·康芒斯. 制度经济学. 赵睿，译. 北京：华夏出版社，2017

[128] 卡尔·波普尔. 历史决定论的贫困. 杜汝楫，等译. 北京：华夏出版社，1987

[129] 斯图尔特·班纳. 财产故事. 陈贤凯，许可，译. 北京：中国政法大学出版社，2017

[130] 色诺芬. 经济论：雅典的收入. 张伯健，等译. 北京：商务印书馆，1981

[131] 麦基文. 宪政古今. 翟小波，译. 贵阳：贵州出版社，2004

[132] 帕特里斯·伊戈内，伊戈内. 巴黎神话：从启蒙运动到超现实主义. 喇卫国，译. 北京：商务印书馆，2013

[133] 拉尔夫·德·贝兹. 美国史：上册. 南京大学历史系英美对外关系研究室，译. 北京：人民出版社，1984

[134] 莫顿·J. 霍维茨. 美国法的变迁（1780—1860）. 谢鸿飞，译. 北京：中国政法大学出版社，2004

[135] 伯纳德·施瓦茨. 美国法律史. 王军，译. 北京：中国政法大学出版社，1990

[136] 亚当·杰夫，乔希·勒纳. 创新及其不满：专利体系对创新与进步的危害及对策. 罗建平，兰花，译. 北京：中国人民大学出版社，2007

[137] 克里斯·安德森. 创客：新工业革命. 萧潇，译. 北京：中信出版社，2015

[138] 埃里克·冯·希普尔. 民主化创新：用户创新如何提升公司的创新效率. 陈劲，译. 北京：知识产权出版社，2007

[139] 莫韦里，罗森伯格. 革新之路：美国 20 世纪的技术革新. 王宏宇，译. 成都：四川人民出版社，2002

[140] 查尔斯·A. 比尔德，玛丽·R. 比尔德. 美国文明的兴起. 徐亚芬，等译. 北京：商务印书馆，2011

[141] 詹姆斯·柯比，兰迪·罗伯茨，等. 美国史：上册. 范道丰，等译. 北京：商务印书馆，2012

[142] 吉米·边沁. 道德与立法原理导论. 时殷弘，译. 北京：商务印书馆，2000

[143] 世界经济合作与发展组织编. 以知识为基础的经济. 杨宏进，薛澜，译. 北京：机械工业出版社，1997

[144] 欧洲专利局. 未来知识产权制度的愿景. 北京：知识产权出版社，2008

二、中文著作

[1] 吴汉东. 著作权合理使用制度研究. 北京：中国政法大学出版社，1996

[2] 杨利华. 美国专利法史研究. 北京：中国政法大学出版社，2012

[3] 张新锋. 专利权的财产权属性：技术私权化路径研究. 武汉：华中科技大学出版社，2011

[4] 李宗辉. 历史视野下的知识产权制度. 北京：知识产权出版社，2015

[5] 王景川，胡开忠. 知识产权制度现代化问题研究. 北京：北京大学出版社，2010

[6] 王太平. 知识经济时代专利适格标的研究. 北京：知识产权出版社，2015

[7] 胡适. 胡适文集. 北京：北京大学出版社，1998

[8] 黄海峰. 知识产权的话语与现实——版权、专利与商标史论. 武汉：华中科技大学出版社，2011

[9] 程琥. 历史法学. 北京：法律出版社，2005

[10] 胡适. 中国哲学史大纲. 北京：中华书局，2012

[11] 王伯鲁. 技术困境及其超越. 北京：中国社会科学出版社，2011

[12] 唐世平. 制度变迁的广义理论. 北京：北京大学出版社，2016

[13] 任力. 经济增长中的技术进步机制：基于理论变迁的研究. 上海：上海社会科学院出版社，2014

[14] 杨勇华. 演化经济学视角下的技术创新机制与政策研究. 北京：社会科学文献出版社，2015

[15] 张福军. 技术与制度共同演化理论研究. 北京：经济科学出版

社，2013

[16] 刘业进. 经济演化：探索一般演化范式. 北京：中国社会科学出版社，2015

[17] 秦海. 制度、演化与路径依赖——制度分析综合的理论尝试. 北京：中国财政经济出版社，2004

[18] 张旭昆. 制度演化分析导论. 杭州：浙江大学出版社，2007

[19] 王鸿生. 世界科学技术史. 北京：中国人民大学出版社，2008

[20] 黄欣荣. 现代西方技术哲学. 南昌：江西人民出版社，2011

[21] 罗瑞林，刘柏茂. 中国丝绸史话. 北京：北京纺织工业出版社，1986

[22] 北京大陆桥时代出版物有限公司. 意大利往事. 重庆：重庆出版社，2007

[23] 孙大鹏. 自然、技术与历史. 上海：复旦大学出版社，2009

[24] 尚洁. 中世纪晚期近代早期威尼斯贵族政治研究. 武汉：武汉大学出版社，2013

[25] 黄仁宇. 资本主义与二十一世纪. 北京：生活·读书·新知三联书店，1997

[26] 北京大学哲学系外国哲学史教研室主编. 西方哲学原著选读：上卷. 北京：商务印书馆，1981

[27] 许良. 技术哲学. 上海：复旦大学出版社，2004

[28] 陈文海. 法国史. 北京：人民出版社，2014

[29] 刘成，刘金源，吴庆宏. 英国——从称霸世界到回归欧洲. 西安：三秦出版社，2005

[30] 张卫良. 英国社会的商业化历史进程：1500—1750. 北京：人民出版社，2004

[31] 伍纯武. 法国社会经济史. 北京：商务印书馆，1937

[32] 王昌亚. 专利学基础. 武汉：湖北科学技术出版社，1985

[33] 李剑鸣. 美国通史：第1卷. 北京：人民出版社，2002

[34] 韩毅. 美国工业现代化的历史进程：1607—1988. 北京：经济科学出版社，2007

[35] 张卓元. 政治经济学大辞典. 北京：经济科学出版社，1998

[36] 世界经济合作与发展组织编. 以知识为基础的经济. 北京：机械工业出版社，1997

[37] 张文显. 知识经济与法律制度创新. 北京：北京大学出版社，2012

[38] 高洪深，杨宏志. 知识经济学教程. 北京：中国人民大学出版社，2002

[39] 赵玉林. 创新经济学. 北京：中国经济出版社，2006

[40] 吴欣望，朱全涛. 创新市场与国家兴衰. 北京：社会科学文献出版社，2012

[41] 王太平. 知识经济时代专利制度变革研究. 北京：法律出版社，2016

[42] 杨武. 专利技术创新——法与经济学分析. 北京：科学出版社，2013

[43] 吴欣望. 专利经济学. 北京：社会科学文献出版社，2005

[44] 徐晋. 大数据经济学. 上海：上海交通大学出版社，2014

[45] 张玉明，等. 共享经济学. 北京：科学出版社，2017

[46] 徐远重. 社群经济. 北京：中信出版社，2015

[47] 李琛. 著作权基本理论批判. 北京：知识产权出版社，2013

[48] 汪娜. 近代中国商标法制的变迁——从寄生到自主的蜕变. 上海：上海人民出版社，2016

[49] 余俊. 商标法律进化论. 武汉：华中科技大学出版社，2011

[50] 张功耀. 科学技术的历史与哲学论稿. 长沙：中南大学出版社，2007

[51] 金海军. 知识产权私权论. 北京：中国人民大学出版社，2004

[52] 张泽乾. 法国文明史. 武汉：武汉大学出版社，1997

[53] 刘绪贻，杨生茂，张友伦，等. 美国通史：美国的独立和初步繁荣（1775—1860）. 北京：人民出版社，2002

[54] 王晋刚，张铁军. 专利化生存. 北京：知识产权出版社，2005

[55] 刘祚昌. 杰斐逊传. 北京：中国社会科学出版社，1990

[56] 刘森林. 追寻主体. 北京：社会科学文献出版社，2008

[57] 赵文洪. 私人财产权利体系的发展——西方市场经济和资本主义的起源问题研究. 北京：中国社会科学出版社，1998

三、中文论文

[1] 王剑锋. 专利制度的发展沿革：技术的垄断与反垄断. 科技与法律，2014（2）

[2] 包海波，盛世豪. 20 世纪 80 年代以来美国专利制度创新及其绩效. 科技与法律，2002（4）

[3] 袁真富. 知识产权异化：囚徒的困境—以知识产权立法目的为参照. 知识产权法研究，2006（1）

[4] 肖尤丹. 著作权文化转型与微观历史研究方法. 北方法学，2009（4）

[5] 唐健. 系统、时间与社会进化——评唐世平《国际政治的社会进化》. 国际政治科学，2015（2）

[6] 唐世平. 社会科学的基础范式. 国际社会科学杂志，2010（1）

[7] 陈慧平. 辩证地发展马克思主义意识论. 山东科技大学学报：社会科学版，2018（1）

[8] 周冠雄. 牛顿的机械论和形而上学世界观及其在微分学上的表现——学习马克思《数学手稿》笔记. 华中科技大学学报（自然科学版），1975（1）

[9] 盛国荣. 试析科学、技术与社会——三者关系的历史演进. 东北大学学报（社会科学版），2006（3）

[10] E·A. 鲍加台赫，B·H. 列夫钦科. 资产阶级专利制度的起源和阶级实质. 中外法学，1979（6）

[11] 蒋浙安. 论中世纪威尼斯经济繁荣的原因. 安徽大学学报（哲学社会科学版），1998（4）

[12] 王渊明. 16—17 世纪英法两国政府工业政策的比较研究. 杭州大学学报，1992（1）

[13] 沈汉. 15—16世纪德国在资本主义发生史中的地位. 贵州社会科学，2016 (1)

[14] Paul A. David. 知识产权制度和熊猫的拇指：经济理论和历史中的专利、版权与商业秘密. 谷彦芳，译. 科技与法律，1998 (4)

[15] 杨利华. 从"特权"到"财产权"专利权之起源探微. 湘潭大学学报（哲学社会科学版），2009 (1)

[16] 韩瑞波. 广义政治理论视角下的零边际成本社会——兼评《零边际成本社会——一个物联网合作共赢的新经济时代》. 四川行政学院学报，2015 (3)

[17] 楼均信. 试论法国的工业近代化. 杭州大学学报（哲学社会科学版），1991 (3)

[18] 王章辉. 英国和法国工业革命比较. 史学理论研究，1994 (2)

[19] 李小芬. 20世纪以前美国个人主义的历史演变. 厦门大学学报，2003 (5)

[20] 梁志文. 论专利危机及其解决路径. 政法论丛，2011 (3)

[21] 梁志文. 论TRIPS协议下的国家自主性——知识产权正义论的视角. 法治研究，2009 (5)

[22] 刘强，罗凯中. 3D打印背景下的专利制度变革研究. 中南大学学报（社会科学版），2015 (5)

[23] 谢晓尧，吴楚敏. 转换的范式：反思知识产权理论. 知识产权，2016 (7)

[24] 谢新洲，一凡. 欧美数据库产业的发展现状. 情报学报，1997 (6)

[25] 卡尔·劳斯蒂亚，克里斯托弗·斯普里格曼. 回应：重谈盗版悖论. 段芸蕾，译. 私法，2014 (2)

[26] C. 斯科特·汉姆菲尔，珍妮·苏克. 时尚中的法律、文化与经济. 蔡元臻，译. 私法，2014 (2)

[27] 卡尔·劳斯蒂亚，克里斯托弗·斯普里格曼. 盗版悖论：时尚设计中的创新与知识产权. 段芸蕾，译. 私法，2015，12 (2)

[28] 石必胜. 美国专利创造性制度的司法变迁. 比较法研究，

2012（5）

[29] 李扬. 知识产权与反垄断法关系的几个特殊问题：下. 学习论坛，2008（1）

[30] 余涛，翁凌峻. 国际技术贸易发展趋势及我国的对策选择. 经济师，2008（11）

[31] 周肇光. 如何看待西方新自由主义思潮及其国际影响. 福建论坛（人文社会科学版），2007（3）

[32] 华民. 经济全球化与中国的对外开放. 学术月刊，2007（7）

[33] 梁优彩. 1997年世界经济展望. 经济与信息，1997（1）

[34] 华民，孙烽. 经济全球化的成因、特征、效应与中国的应对. 复旦学报（社会科学版），2000（5）

[35] 杨立雄. 商品抑或礼物：新自由主义与新左派在赛博空间的对垒. 自然辩证法研究，2004（1）

[36] 陈业奎. 对“信息崇拜”的理性批判. 情报资料工作，1999（6）

[37] 马也. 论新自由主义的三项基本原则. 马克思主义研究，2006（2）

[38] 刘友华. 专利制度的未来模式：替代、革新抑或全球化. 华南师范大学学报（社会科学版），2011（4）

[39] 杜颖. 知识产权国际保护制度的新发展及中国路径选择. 法学家，2016（3）

[40] 胡波. 共享模式与知识产权的未来发展——兼评“知识产权替代模式说”. 法制与社会发展，2013（4）

[41] 李谦. 法律如何处理数据财产——从数据库到大数据. 法律和社会科学，2016（1）

[42] 傅正. 斯宾塞“社会有机体”论与清季国家主义. 近代史研究，2017（2）

[43] 斋藤优. 知识产权制度的国际政治经济学——霸权的基础从资本转向科学技术. 李学英，译. 世界科技研究与发展，1991（2）

[44] 洪志生，薛澜，周源. 以“共享”理念驱动产业创新和经济转型. 党政视野，2016（7）

[45] 曹源. 人工智能创作物获得版权保护的合理性. 科技与法律，2016（3）

四、国外著作及论文

[1] Frank D. Prager，A History of Intellectual Property from 1545 to 1787，26 J. Pat. Off. Soc'y 711，1944

[2] Mandich，Giulio，Venetian Patents（1450—1550），J. Pat. Off. Soc'y，1948

[3] Oren Bracha，The Commodification of Patents 1600—1836：How Patents Became Rights and Why We Should Care，Loy. LAL Rev.，2004

[4] Goldstein，Judith，and Robert Owen Keohane，eds，Ideas and foreign policy：beliefs，institutions，and political change. Cornell University Press，1993

[5] Eisenhardt，Kathleen M. & D. Charles Galunic，Coevolving：At Last，a Way to Make Synergies Work，Harvard Business Review，2000

[6] Strange·S，The persistent myth of "lost" hegemony，International Organi-zation，1987

[7] Larry D. Kramer，When Lawyers Do History，72 GEO. WASH. L. Rev，2003

[8] Daniel H. Janzen，When is it Coevolution，Evolution，Vol. 34，Issue. 3，May，1980

[9] J·J. Pollitt，Art and Experience in Classical Greece，Cambridge，1972

[10] Long P·O，Invention，authorship， "intellectual property，" and the origin of patents：Notes toward a conceptual history，Technology and culture，1991

[11] Scotchmer S，Innovation and incentives，MIT press，2004

[12] Louis Uchitele，In a productivity Surge，No proof of A "New economy"，New York times，2008-10-08

[13] Bugbee B·W，Genesis of American patent and copyright law，Public Affairs Press，1967

[14] Nicholas of Cusa, Opera omnia, ed. L. Bauer, Leipzig, 1937

[15] Richard Mackenney, Tradesmen and Traders: The World of the Guilds in Venice and Europe, c. 1250-c. 1650, Totowa, N. J., 1987

[16] Mandich G, Venetian Origins of Inventors' Rights, J. Pat. Off. Soc'y, 1960

[17] Phager F · D, The early growth and influence of intellectual property, J. Pat. Off. Soc'y, 1952

[18] May C, The Venetian moment: New technologies, legal innovation and the institutional origins of intellectual property, Prometheus, 2002

[19] F. Braudel, The Structures of Everyday Life. The Limits of the Possible, Collins, London, 1981

[20] May C, The hypocrisy of forgetfulness: The contemporary significance of early innovations in intellectual property, Review of International Political Economy, 2007

[21] Pia weisu, Patent policy: Legal-economic effects in a national and international france-work, London and New York: Routlege Taylor and Francis Group, 2010

[22] Walterscheid E · C, The early evolution of the United States patent law: Antecedents (Part 1), J. Pat. & Trademark Off. Soc'y, 1994

[23] Epstein S · R, Property rights to technical knowledge in pre-modern Europe, 1300—1800, American Economic Review, 2004

[24] Frumkin M, Early history of patents for invention, Transactions of the Newcomen Society, 1947

[25] Z · S. Fink, Venice and English political thought in the seventeenth century, Modern Philology , 38, November 1940

[26] Sherwood R · M, Intellectual property and economic development, Westview Press, 1990

[27] MacLeod C, Inventing the industrial revolution, Cambridge Books, 2002

[28] Pohlmann H, The Inventor's Right in Early German Law, J.

Pat. Off. Soc'y, 1961

[29] M. Frumkin, The Orgin of Patents, 27 J. Pat. Off. Soc'y 143, 1945

[30] Maximilian Frumkin, Early history of patents for invention, T. N. S., 26, 1947

[31] E. W. Hulme, On the Consideration of the Patent Grant, Past and Present, 13 LAW Q. REV. 313, 315, 1897

[32] Webster, Thomas, Reports and notes of cases on letters patent for inventions, Vol. 1. T. Blenkarn, 1844

[33] William S. Holdsworth, A History of English Law, 3rd ed., vol. 4, London: Methuen, 1945

[34] P・J. Federico, State Patents, 13 J. PAT. OFF. Soc'Y, 1931

[35] Lamoreaux N・R, Sokoloff K・L, Long-term change in the organization of inventive activity, Proceedings of the National Academy of Sciences, 1996

[36] Perovic S, The Frankenstein of 1790 and Other Lost Chapters from Revolutionary France, American Historical Review, 2013

[37] Galvez-Behar G, Was the French Patent System democratic? France, 19th century, Working Papers, 2008.

[38] Anderfelt U, International patent-legislation and developing countries, Springer Science & Business Media, 2013

[39] Machlup F, Penrose E, The patent controversy in the nineteenth century, The Journal of Economic History, 1950

[40] S・P. Ladas, The International Protection of Industrial Property, Cambridge: Harvard University Press, 1930

[41] B. Zorina Khan, The Democratization of Invention : Patents and Copyright in American Development, 1790—1920, Cambridge University Press, 2005

[42] MacLeod C, The 1690s Patents Boom: Invention or Stock-Jobbing?, The Economic History Review, 1986

[43] Edward C. Walterscheid, The early evolution of the united states patent law: antecedents (part 2), J. Pat. & Trademark Off. Soc'y, 1994

[44] E. Wyndham Hulme, Privy Council Law and Practice of Letters Patent for Invention from the Restoration to 1794 (pt. 2), 33 LAw. Q. REv., 1917

[45] Ramon A. Klitzke, Historical Background of the English Patent Law, Journal of the Patent Office Society, September, 1959

[46] John N. Adams &Gwen Averley, The Patent Specification the Role of Liardet v Johnson, The Journal of Legal History, 1986

[47] Mossoff A, Rethinking the development of patents: An intellectual history, 1550—1800, Hastings LJ, 2000

[48] Davies, The Early History of the Patent Specification (pt. 1), 50 LAW Q. REv., 1934

[49] MacLeod C, Inventing the industrial revolution, Cambridge Books, 2002

[50] Mossoff A, Who Cares What Thomas Jefferson Thought about Patents-Reevaluating the Patent Privilege in Historical Context, Cornell l. reV., 2006

[51] Dutton Harold Irvin, The patent system and inventive activity during the industrial revolution, 1750—1852, Manchester University Press, 1984

[52] Walterscheid E • C, The nature of the intellectual property clause: A study in historical perspective, William S. Hein & Co., Inc., 2002

[53] Godson R, A Practical Treatise on the Law of Patents for Inventions and of Copyright, London, Joseph Butterworth & Son , 1823

[54] W • M., A Treatise on the Law Relative to Patent Privileges for the Sole Use of Inventions: And the Practice of Obtaining Letters Patents for Inventions, 431 London, Stevens &Norton & Benning, 1846

[55] Collier J • D, An Essay on the Law of Patents for New Inventions., at v, xiv , London, A. Wilson , 1803

[56] Walterscheid E · C, To promote the progress of science and useful arts: the background and origin of the intellectual property clause of the United States constitution, J. Intell. Prop. L., 1994

[57] Vaidyanathan S. Copyrights and copywrongs, New York: NYU Press , 2001

[58] Walterscheid E · C, Patents and the Jeffersonian Mythology, J. Marshall L. Rev., 1995

[59] Thornton W, Short Account of the Origin of Steam Boats, Rapine and Eliot, 1983

[60] Wyman W · I, The Patent Act of 1836, J. Pat. Off. Soc'y, 1918

[61] MacLeod C, The paradoxes of patenting: invention and its diffusion in 18th-and 19th-century Britain, France, and North America, Technology and Culture, 1991

[62] Hofstadter R, The American political tradition: And the men who made it, Vintage, 2011

[63] May C, Sell S · K, Intellectual property rights: A critical history, Boulder, CO: Lynne Rienner Publishers, 2006

[64] Arnold Plant, The Economics Theory Concerning Patents for Innovation, Economica, 1934

[65] Stapleton D · H, Stapleton D. H, The Origin of American Railroad Technology, 1825—1840, Railroad History, 1978

[66] Hollabaugh M · A, Wright R, Compulsory Licensing under Antitrust Judgments [R]. Staff Report, Subcommittee on Patents, Trademarks, and Copyrights, US Senate Committee on the Judiciary, Washington, 1960

[67] Schiff E, Industrialization without National Patents: The Netherlands, 1869—1912; Switzerland, 1850—1907, Princeton University Press, 2015

[68] Sen G, Comment on Gill and Law, Millennium-Journal of International Studies, 1987

[69] Woods N，Economic ideas and international relations：beyond rational neglect，International Studies Quarterly，1995

[70] Wilks S，Comparative capitalism and the political power of business，Globalisation and Capitalist Diversity：Experience on the Asian Mainland，1996

[71] Hoff P，Inventions in the Marketplace：Patent Licensing and the US Antitrust Laws Washington，DC American Enterprise Institute，1986

[72] Kastriner L·G，The revival of confidence in the patent system，J. Pat. & Trademark Off. Soc'y，1991

[73] Enyart，J，A GATT intellectual propertycode，Les Nouvelles，1990

[74] Ostry S，Governments & corporations in a shrinking world：trade & innovation policies in the United States，Europe & Japan，Council on Foreign Relations，1990

[75] Ryan M·P，The function-specific and linkage-bargain diplomacy of international intellectual property lawmaking，U. Pa. J. Int'l Econ. L.，1998

[76] Drahos P，Global property rights in information：the story of TRIPS at the GATT，Prometheus，1995

[77] Weissman R，Long，strange trips：The pharmaceutical industry drive to harmonize global intellectual property rules，and the remaining WTO legal alternatives available to third world countries，U. Pa. J. Int'l Econ. L.，1996

[78] Drahos P，Thinking strategically about intellectual property rights，Telecommunications Policy，1997

[79] Rodrik D，Comments on Maskus and Eby-Konan，Analytical and Negotiating Issues in the Global Trading System，1994

[80] Merges R·P，One Hundred Years of Solicitude：Intellectual Property Law，1900—2000，Cal. L. Rev.，2000

[81] Merges R·P，As Many as Six Impossible Patents Before Breakfast：Property Rights for Business Concepts and Patent System Reform，Berkeley Technology Law Journal，1999

[82] Feinberg R, Peculiar Patents: A Collection of Unusual and Interesting Inventions from the Files of the US Patent Office, Carol Publishing Group, 1994

[83] Cohen W · M, Levinthal D · A, Absorptive capacity: A new perspective on learning and innovation, Strategic Learning in a Knowledge economy, 2000

[84] Arundel A, Kabla I, What percentage of innovations are patented? Empirical estimates for European firms, Research policy, 1998

[85] Bessen J, Meurer M · J, Patent failure: How judges, bureaucrats, and lawyers put innovators at risk, Princeton University Press, 2008

[86] Reichman J · H, The TRIPS Component of the GATT's Uruguay Round: Competitive Prospects for Intellectual Property Owners in an Integrated World Market, Fordham Intell. Prop. Media & Ent. LJ, 1993

[87] Foray D, Knowledge distribution and the institutional infrastructure: the role of intellectual property rights, WZB Publication, 1995

[88] Scotchmer S, Standing on the shoulders of giants: cumulative research and the patent law, Journal of economic perspectives, 1991

[89] Sawyer K, The collaborative nature of innovation, Wash. UJL & Pol'y, 2009

[90] Syzdek N · A, Five Stages of Patent Grief to Achieve 3D Printing Acceptance, USFL Rev., 2015

[91] Kinsella S, There's no such thing as a free patent, Mises Daily, 2012

[92] John Hasnas, The Myth of the Rule of Law, Wisconsin Law Review, 1995

[93] Lemley M · A, IP in a World without Scarcity, NYUL Rev., 2015

图书在版编目（CIP）数据

专利制度的历史变迁：一个演化论的视角/袁锋著
.--北京：中国人民大学出版社，2021.6
（知识产权法律与政策前沿问题研究丛书/主编　王迁）
ISBN 978-7-300-29397-4

Ⅰ.①专… Ⅱ.①袁… Ⅲ.①专利制度-研究 Ⅳ.
①G306.3

中国版本图书馆 CIP 数据核字（2021）第 094562 号

知识产权法律与政策前沿问题研究丛书
主编　王　迁
专利制度的历史变迁——一个演化论的视角
袁　锋　著
Zhuanli Zhidu de Lishi Bianqian——Yige Yanhualun de Shijiao

出版发行	中国人民大学出版社		
社　　址	北京中关村大街 31 号	**邮政编码**	100080
电　　话	010－62511242（总编室）		010－62511770（质管部）
	010－82501766（邮购部）		010－62514148（门市部）
	010－62515195（发行公司）		010－62515275（盗版举报）
网　　址	http://www.crup.com.cn		
经　　销	新华书店		
印　　刷	北京玺诚印务有限公司		
规　　格	170 mm×228 mm　16 开本	**版　　次**	2021 年 6 月第 1 版
印　　张	18.5　插页 1	**印　　次**	2021 年 6 月第 1 次印刷
字　　数	278 000	**定　　价**	68.00 元
